冯玉增　陈宏义　徐玉杰　主编

梨
病虫草害诊治
生态图谱

Atlas of Diagnosis and Treatment for Disease Pest and Weed
Disease of Pear

U0199317

中国林业出版社
China Forestry Publishing House

编委会

主　　编：冯玉增　　陈宏义　　徐玉杰
副 主 编：（以姓氏笔画为序）
　　　　　冯晓静　　李洪超　　吕慧娟　　朱　磊　　闫世贤　　梁　静　　程守云

图书在版编目（CIP）数据

梨病虫草害诊治生态图谱 / 冯玉增，陈宏义，徐玉杰主编 . -- 北京：中国林业出版社，
2019.8
ISBN 978-7-5219-0238-9

Ⅰ . ①梨… Ⅱ . ①冯… ②陈… ③徐… Ⅲ . ①梨 – 病虫害防治 – 图谱 Ⅳ . ① S436.612-64

中国版本图书馆 CIP 数据核字 (2019) 第 177657 号

策划编辑： 何增明
责任编辑： 张　华

出版发行　中国林业出版社（100009　北京西城区德内大街刘海胡同 7 号）
　　　　　　　电话：（010）83143566
发　　行　中国林业出版社
印　　刷　固安县京平诚乾印刷有限公司
版　　次　2019 年 9 月第 1 版
印　　次　2019 年 9 月第 1 次印刷
开　　本　880mm×1230mm　1/32
印　　张　11
字　　数　440 千字
定　　价　69.00 元

前 言 Preface

　　梨在我国栽培面积和产量仅次于苹果，居第二位，栽培范围较广。由于各地自然条件不同、生态环境复杂多样，导致病虫草害种类繁多，危害严重，对梨生产安全构成了直接威胁。由病虫草害引起的品质下降、产量降低以及市场损失更难以计量。防治失当，不合理的使用农药，还会造成果品农药残留超标与环境污染。随着我国人民生活水平的提高，对果品品质、质量安全要求也越来越高，加之我国农产品市场对国际市场的开放程度越来越广，出口量增加，对果品的质量要求也在不断提升。

　　笔者长期从事果树病虫草害研究与防治技术的推广应用工作，在与果农的长期交往实践中，深知果农到底需要什么，渴望什么。

　　正确认识病虫草害、科学预防、合理用药、降低成本，是广大果农的迫切需求；吃上高品质的放心果品，减少农药残留影响，是广大消费者的迫切愿望。很多果农对果树病虫草害的诊断与防治技术还较落后，现在很多果树栽培类书，有关病虫草害多局限于文字描述，缺乏详实的生态图谱，即便是从事病虫草害研究和技术推广的专业技术人员，也很难通过阅读文字准确识别，而没有果树病虫草害专业知识的果农，就更不可能通过文字描述正确认识果树的病虫草害，从而进行正确的防治了。

　　为此，笔者早在 20 多年前就自费数千元，购买了当时较先进的数码相机，深入田间、果园拍照，与果农交朋友，收集他们的经验体会。为正确识别病虫草并拍摄生态图片，查阅了大量的果树专业技术文献，以图找病虫，由文字描述找病虫，对有些病虫草，请有关专家进行鉴定或征询同行意见。为了找全找齐各个虫态的生态图，采用沙网袋套袋饲养、夜晚观察、特殊天气条件下观察、昆虫周年生活史观察等方法，争取拍摄出理想的各虫态生态图片。对于昆虫尽量拍摄到各虫态的生态图片，对于病害尽量拍摄到不同发病期、树体不同发病部位的生态图片，对于杂草尽量拍摄到从幼苗到成株的各个生长阶段的生态图片。经过多年辛苦和不懈努力，拍摄积累了我国北方十余种落叶果树、数万张果树病虫草害及天敌生态图片。希望通过自己的努力，编写出版一套图像清晰、色彩真实、病状全面、真正实用的果树病虫草害及无公害防治图谱，同时配以简单而贴切的症状文字描述、发生规律和防治方法，让果农一看就懂、一学就会，用药用工少，防治效益好。

本书编写旨在为果农做点事，为我国北方落叶果树生产做点事，为提高果品产量、改善品质、减少农药残留，为国民果品消费安全，建设生态安全、还绿水青山，尽自己的一份力。

本套丛书包括苹果、梨、石榴、桃、杏、李、柿、枣、核桃、板栗、樱桃、山楂等 12 个分册。每个树种 1 个分册，书中绝大部分照片为田间实拍，清晰度高，色彩逼真。同一种病害尽可能表现在植株不同部位、不同时期的典型症状；同一种害虫尽可能表现出不同虫态，同一虫态尽可能表现不同的龄期、不同的表现型以及害虫危害症状；同一种杂草尽可能表现出从幼苗到成熟期不同的生长龄期；同一种天敌，也尽量提供不同虫态的生态照片。在病虫草害防治方面，坚持"预防为主，综合防治"的农业植物保护方针，着重介绍最新研究推广的成功经验、新药剂、新方法。

丛书邀请国内在该领域有丰富实践经验的专家共同编写完成。内容突破了以往农业科普读物中以语言文字介绍为主的局限性，更多的采用生态数码照片，图片形象生动、文字通俗易懂、内容科学简要、技术先进实用，使读者可以简明、快捷、准确地诊断病虫草害，适时、科学、正确、合理地开展防治。

全书的编写，也引用、借鉴了同行的部分内容，由于篇幅所限，不一一列出，在此一并感谢。

由于编著者水平所限，加之内容宽泛，书中难免有疏漏和不当之处，敬请同行专家、广大读者朋友批评指正。

冯玉增

2019 年 1 月

目 录 Contents

第3章 果园主要杂草识别与防治 / 123

第 4 章　果园害虫主要天敌保护与识别利用 / 149

第 5 章　果园病虫草无公害综合防治 / 159

参考文献 / 168

附　录 / 169

1-1-1	1-1-2
1-1-3	1-1-4
1-1-5	1-1-6
1-1-7	

图 1-1-1 梨锈病叶病斑正面
图 1-1-2 梨锈病叶病斑背面
图 1-1-3 梨锈病叶病斑背面锈孢子器
图 1-1-4 梨锈病叶病斑背面锈孢子器后期
图 1-1-5 梨锈病果上病斑
图 1-1-6 梨锈病转主寄主生长期桧柏上的冬孢子角
图 1-1-7 梨锈病转主寄主桧柏上的冬孢子角

1-2-1	1-2-2
1-2-3	1-2-4
1-2-5	

图 1-2-1 梨黑星病果初期

图 1-2-2 梨黑星病果症状 1

图 1-2-3 梨黑星病果症状 2

图 1-2-4 梨黑星病果症状 3

图 1-2-5 梨黑星病果症状 4

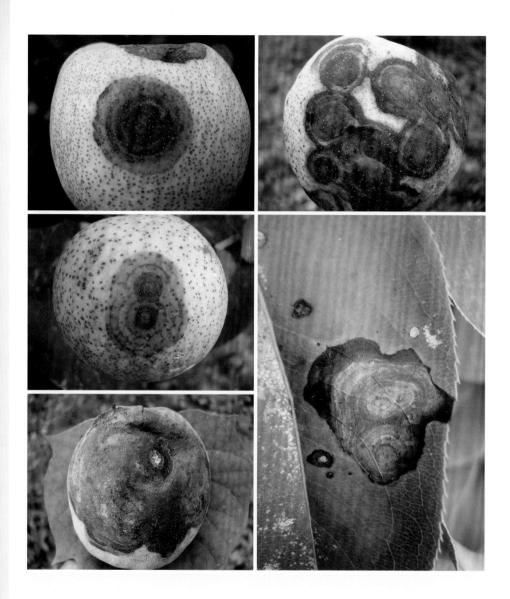

图 1-3-1　梨轮纹病病果

图 1-3-2　梨轮纹病病果面多个病斑

图 1-3-3　梨轮纹病病果双环病斑

图 1-3-4　梨轮纹病病果病斑融合腐烂

图 1-3-5　梨轮纹病病叶

1-3-1	1-3-2
1-3-3	
1-3-4	1-3-5

1-4-1

1-4-2   1-4-3

1-4-4

图 1-4-1 梨褐斑病病叶初期

图 1-4-2 梨褐斑病病叶中期

图 1-4-3 梨褐斑病病叶后期

图 1-4-4 梨褐斑病病果

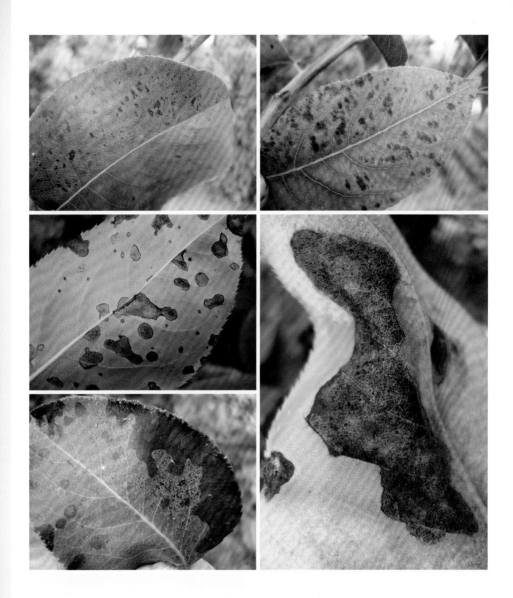

1-5-1	1-5-2
1-5-3	
1-5-4	1-5-5

图 1-5-1　梨黑斑病病叶初期

图 1-5-2　梨黑斑病病叶中期

图 1-5-3　梨黑斑病病叶后期叶正面

图 1-5-4　梨黑斑病病叶中后期

图 1-5-5　梨黑斑病病叶后期病斑连在一起

図 1-7-1　梨蒂腐病病果

図 1-8-1　梨黑腐病病果

図 1-9-1　梨心腐病病果

図 1-10-1　梨果柄基腐病病果

図 1-10-2　梨果柄基腐病病果剖面

1-11-1	1-11-2
1-11-3	1-11-4
1-12-1	1-12-2

图 1-11-1　梨青霉病病果初期
图 1-11-2　梨青霉病病果中期
图 1-11-3　梨青霉病病果中后期
图 1-11-4　梨青霉病病果后期
图 1-12-1　梨褐腐病病果
图 1-12-2　梨褐腐病病果剖面

图 1-13-1　梨炭疽病病叶缘病斑
图 1-13-2　梨炭疽病病叶正面
图 1-13-3　梨炭疽病病叶背面
图 1-13-4　梨炭疽病病果
图 1-13-5　梨炭疽病病果后期

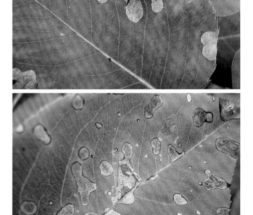

1-14-1	1-14-2
	1-15-1
	1-15-2
	1-15-3

图 1-14-1　梨石果病病果初期
图 1-14-2　梨石果病毒病果
图 1-15-1　梨灰斑病病叶初期
图 1-15-2　梨灰斑病病叶中期
图 1-15-3　梨灰斑病病叶后期

1-16-1	
1-16-2	1-16-3
1-16-4	

图 1-16-1　梨疫腐病病叶
图 1-16-2　梨疫腐病病叶正面
图 1-16-3　梨疫腐病病果初期
图 1-16-4　梨疫腐病病果后期

1-17-1	1-17-2
1-17-3	1-17-4
1-17-5	1-17-6
1-17-7	

图 1-17-1　梨白粉病初期
图 1-17-2　梨白粉病病叶前期
图 1-17-3　梨白粉病病叶上黄色
　　　　　孢子堆
图 1-17-4　梨白粉病病叶上褐色
　　　　　孢子堆
图 1-17-5　梨白粉病病叶后期
图 1-17-6　梨白粉病病叶落叶
图 1-17-7　梨白粉病致梨树早落叶

1-18-1	1-19-1
	1-19-3
1-19-2	1-19-4

图 1-18-1 梨火疫病花变黑干枯
图 1-19-1 梨煤污病病叶
图 1-19-2 梨煤污病病果上煤斑
图 1-19-3 梨煤污病病果
图 1-19-4 梨煤污病病果后期

図 1-20-1　梨黑皮病病果
图 1-21-1　梨腐烂病早期病斑
图 1-21-2　梨腐烂病病干
图 1-21-3　梨腐烂病病枝
图 1-22-1　梨干枯病生长期病枝
图 1-22-2　梨干枯病病枝

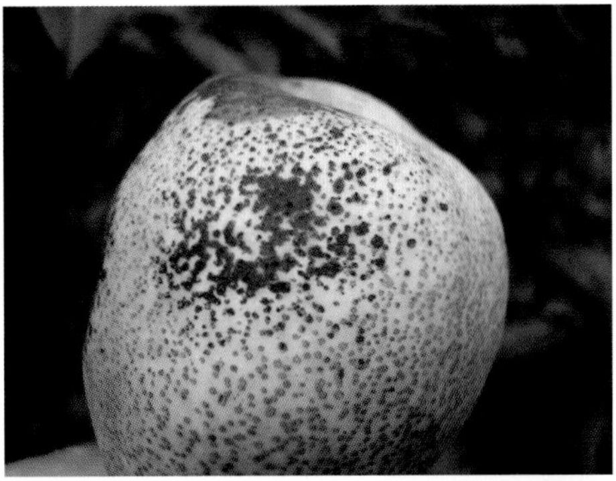

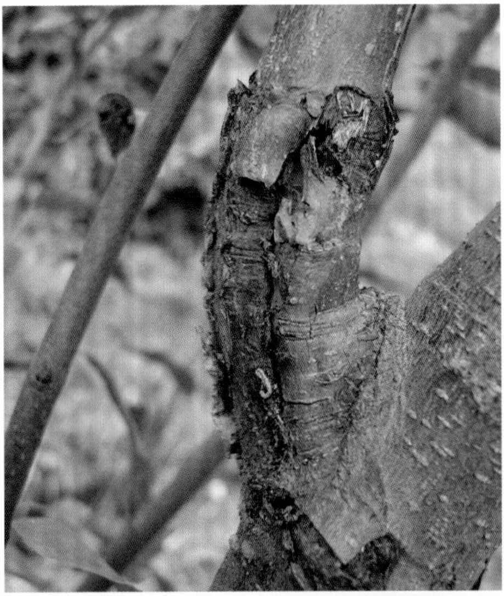

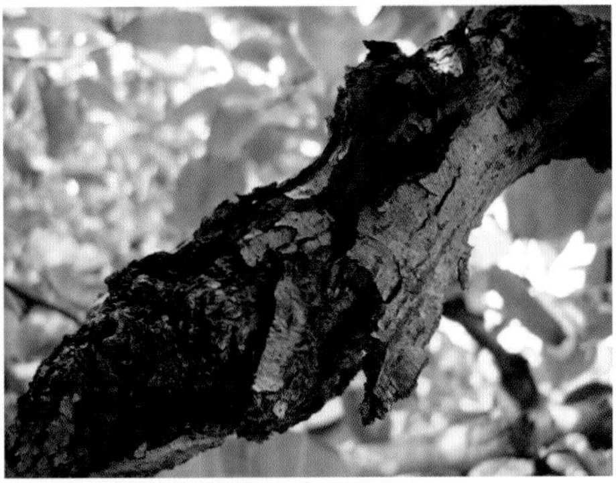

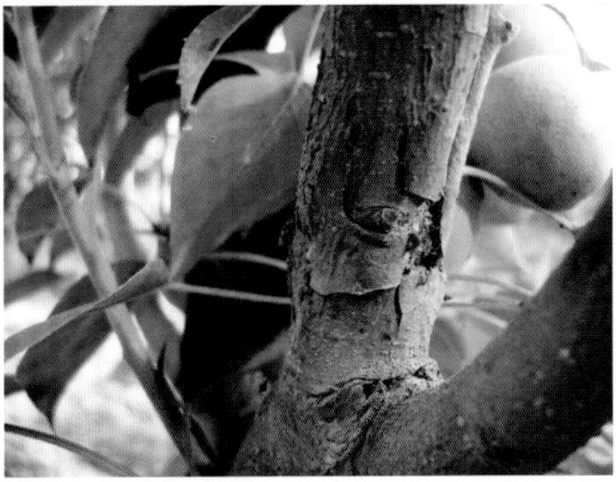

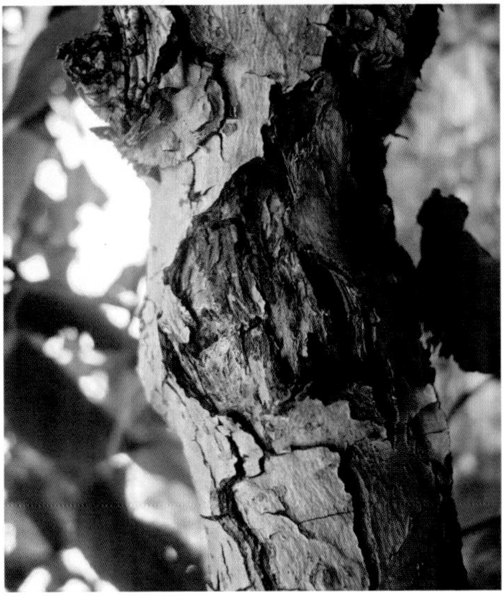

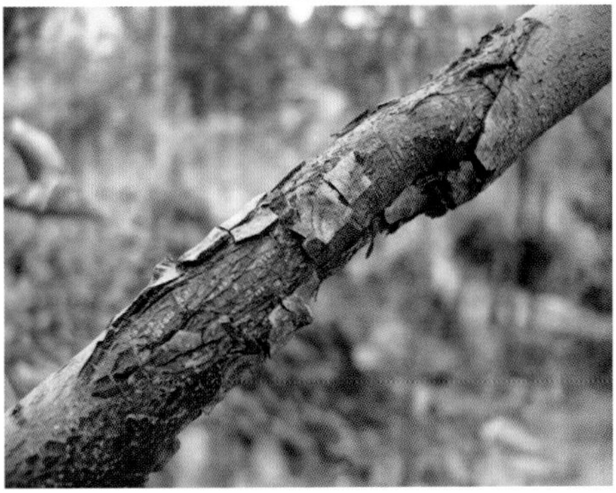

图 1-28-1　梨缺铁症病叶

图 1-28-2　梨缺铁症叶缘焦枯

图 1-28-3　梨缺铁症叶焦枯

图 1-29-1　梨细菌性花腐病花蕾

图 1-29-2　梨细菌性花腐病花瓣背面

图 1-29-3　梨细菌性花腐病花瓣正面

1-28-1	1-28-2
1-28-3	1-29-1
1-29-2	1-29-3

1-30-1	1-30-2
	1-30-3
	1-30-4
	1-30-5

图 1-30-1　梨脉黄病毒病叶脉黄型初期
图 1-30-2　梨脉黄病毒病叶脉黄型中期
图 1-30-3　梨脉黄病毒病叶脉黄型后期
图 1-30-4　梨脉黄病毒病叶脉红型病叶正面
图 1-30-5　梨脉黄病毒病叶脉红型病叶背面

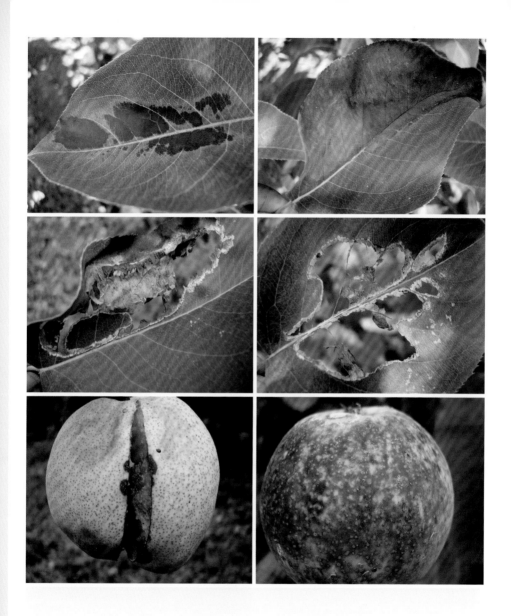

1-31-1	1-31-2
1-31-3	1-31-4
1-32-1	1-33-1

图 1-31-1　梨日灼病病叶初期

图 1-31-2　梨日灼病病叶中期

图 1-31-3　梨日灼病病叶中后期

图 1-31-4　梨日灼病病叶后期

图 1-32-1　梨裂果病病果

图 1-33-1　甲基硫菌灵致梨果药害

2-1-1	2-2-1
2-1-2	2-2-2
	2-2-3
	2-2-4

图 2-1-1 梨大食心虫幼虫危害果内状

图 2-1-2 梨大食心虫幼虫危害幼果状

图 2-2-1 梨小食心虫成虫

图 2-2-2 梨小食心虫幼虫

图 2-2-3 梨小食心虫危害梨果状及幼虫脱果孔

图 2-2-4 梨小食心虫危害梨嫩梢

图 2-4-1　梨实蜂幼虫

图 2-5-1　梨蝽成虫

图 2-5-2　梨蝽卵

图 2-5-3　梨蝽初羽成虫

图 2-5-4　梨蝽危害梨果状

2-4-1	
2-5-1	2-5-2
2-5-3	2-5-4

2-6-1	2-6-2
2-6-3	2-6-4
2-6-5	2-6-6

图 2-6-1　桃蛀螟成虫

图 2-6-2　桃蛀螟产卵于石榴萼筒内

图 2-6-3　桃蛀螟幼虫

图 2-6-4　桃蛀螟茧

图 2-6-5　桃蛀螟蛹

图 2-6-6　桃蛀螟幼虫危害梨果状

图 2-7-1　麻皮蝽成虫

图 2-7-2　麻皮蝽成虫交尾

图 2-7-3　麻皮蝽卵及初孵若虫

图 2-7-4　麻皮蝽低龄若虫

图 2-7-5　麻皮蝽大龄若虫

图 2-7-6　麻皮蝽危害梨果状

2-7-1	2-7-2
2-7-3	2-7-4
2-7-5	2-7-6

2-8-1	
2-8-2	2-8-3
	2-8-4

图 2-8-1　梨笠圆蚧危害枝状

图 2-8-2　梨笠圆蚧

图 2-8-3　梨笠圆蚧危害果状

图 2-8-4　梨笠圆蚧危害干

2-9-1	2-9-2
2-9-3	2-9-4
2-9-5	2-9-6

图 2-9-1　白星花金龟成虫

图 2-9-2　白星花金龟成虫交尾

图 2-9-3　白星花金龟成虫危害梨果状

图 2-9-4　白星花金龟成虫危害树干

图 2-9-5　白星花金龟土中蛹

图 2-9-6　白星花金龟幼虫

图 2-10-1　嘴壶夜蛾成虫

图 2-10-2　嘴壶夜蛾低龄幼虫

图 2-10-3　嘴壶夜蛾幼虫侧面

图 2-10-4　嘴壶夜蛾幼虫背面

图 2-10-5　嘴壶夜蛾幼虫腹面

图 2-10-6　嘴壶夜蛾蛹

2-10-1	2-10-2
2-10-3	2-10-4
2-10-5	2-10-6

图 2-15-1　梨网蝽成虫和若虫

图 2-15-2　梨网蝽成虫和初羽成虫

图 2-15-3　梨网蝽危害梨叶背面初期

图 2-15-4　梨网蝽危害梨叶正面初期

图 2-15-5　梨网蝽危害梨叶背面中后期

图 2-15-6　梨网蝽危害梨叶正面中后期

图 2-15-7　梨网蝽危害梨枝叶状

2-15-1	2-15-2
2-15-3	2-15-4
2-15-5	2-15-6
	2-15-7

图 2-16-1　梨尺蠖成虫
图 2-16-2　梨尺蠖幼虫
图 2-17-1　梨二叉蚜成蚜
图 2-17-2　梨二叉蚜若蚜
图 2-17-3　梨二叉蚜危害梨叶状
图 2-17-4　梨二叉蚜危害梨叶纵卷内情况
图 2-17-5　梨二叉蚜危害梨梢状

2-16-1	2-16-2
2-17-1	2-17-2
2-17-3	2-17-4
2-17-5	

2-18-1	
2-18-2	2-19-1
2-19-2	

图 2-18-1　梨叶蜂幼虫取食叶片
图 2-18-2　梨叶蜂幼虫危害梨叶状
图 2-19-1　梨缩叶壁虱危害叶状
图 2-19-2　梨缩叶壁虱危害状

2-23-1	2-23-2
2-23-3	2-23-4
2-23-5	2-23-6

图 2-23-1　黄刺蛾成虫
图 2-23-2　黄刺蛾成虫交尾状
图 2-23-3　黄刺蛾卵
图 2-23-4　黄刺蛾初孵幼虫群集危害
图 2-23-5　黄刺蛾低龄幼虫群集害梨叶
图 2-23-6　黄刺蛾中龄幼虫

2-23-7	2-23-8
2-23-9	2-23-10
2-23-11	

图 2-23-7　黄刺蛾成龄幼虫
图 2-23-8　黄刺蛾老龄幼虫
图 2-23-9　黄刺蛾茧
图 2-23-10　黄刺蛾蛹
图 2-23-11　黄刺蛾茧被茧蜂寄生

图 2-24-1　扁刺蛾成虫

图 2-24-2　扁刺蛾卵

图 2-24-3　扁刺蛾低龄幼虫

图 2-24-4　扁刺蛾中龄幼虫

图 2-24-5　扁刺蛾成龄幼虫

图 2-24-6　扁刺蛾茧

2-24-1	2-24-2
2-24-3	2-24-4
2-24-5	2-24-6

2-25-1	2-25-2

2-25-3

2-25-4

图 2-25-1　褐边绿刺蛾成虫
图 2-25-2　褐边绿刺蛾低龄幼虫及危害状
图 2-25-3　褐边绿刺蛾成龄幼虫
图 2-25-4　褐边绿刺蛾越冬茧

图 2-27-1 白囊蓑蛾囊
图 2-27-2 白囊蓑蛾雄成虫
图 2-27-3 白囊蓑蛾雌成虫
图 2-27-4 白囊蓑蛾蛹
图 2-27-5 白囊蓑蛾雄蛾羽化蛹壳外露
图 2-27-6 白囊蓑蛾幼虫

2-27-1	2-27-2
2-27-3	2-27-4
2-27-5	2-27-6

图 2-28-1　茶蓑蛾雄成虫

图 2-28-2　茶蓑蛾雌成虫

图 2-28-3　茶蓑蛾成虫交尾

图 2-28-4　茶蓑蛾幼虫低龄期虫囊

图 2-28-5　茶蓑蛾囊

图 2-28-6　茶蓑蛾蛹

图 2-28-7　茶蓑蛾雄成虫羽化蛹壳外露

2-28-1	2-28-2
2-28-3	2-28-4
2-28-5	2-28-6
2-28-7	

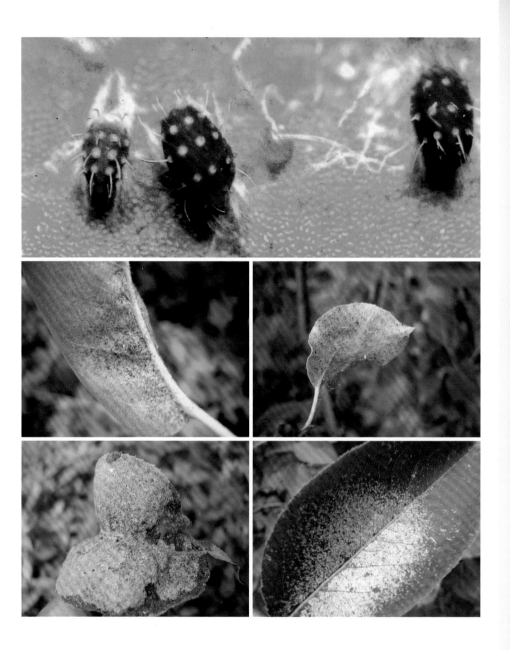

图 2-29-1　山楂叶螨

图 2-29-2　山楂叶螨危害梨叶背面

图 2-29-3　山楂叶螨危害梨叶背面结网

图 2-29-4　山楂叶螨危害梨叶严重失绿

图 2-29-5　山楂叶螨危害梨叶正面

2-30-1	
2-30-2	2-30-3
2-30-4	2-30-5

图 2-30-1　梨剑纹夜蛾幼虫危害梨叶状
图 2-30-2　梨剑纹夜蛾成虫
图 2-30-3　梨剑纹夜蛾幼虫背面观
图 2-30-4　梨剑纹夜蛾幼虫侧面观
图 2-30-5　梨剑纹夜蛾幼虫头部观

图 2-31-1　美国白蛾成虫

图 2-31-2　美国白蛾成虫交尾

图 2-31-3　美国白蛾成虫正在产卵

图 2-31-4　美国白蛾卵

图 2-31-5　美国白蛾低龄幼虫群集危害叶

图 2-31-6　美国白蛾幼虫背面观

2-31-1	2-31-2
2-31-3	2-31-4
2-31-5	2-31-6

图 2-31-7　美国白蛾幼虫侧面观

图 2-31-8　美国白蛾幼虫腹面

图 2-31-9　美国白蛾成龄幼虫集中危害状

图 2-31-10　美国白蛾蛹

图 2-31-11　美国白蛾危害网幕

图 2-31-12　美国白蛾幼虫危害状

2-31-7	2-31-8
2-31-9	2-31-10
2-31-11	2-31-12

图 2-32-1　梨叶肿瘿螨危害梨叶初期状

图 2-32-2　梨叶肿瘿螨危害梨叶穿孔

图 2-33-1　油桐尺蠖成虫

图 2-33-2　油桐尺蠖幼虫

图 2-34-1　山楂绢粉蝶成虫（左）、茧（右）

图 2-34-2　山楂绢粉蝶幼虫

2-32-1	2-32-2
2-33-1	2-33-2
2-34-1	2-34-2

2-35-1	2-35-2
2-36-1	2-36-2
2-36-3	2-36-4

图 2-35-1　小绿叶时蝉成虫

图 2-35-2　小绿叶蝉若虫

图 2-36-1　梨茎蜂花期危害枝折断

图 2-36-2　梨茎蜂幼虫

图 2-36-3　梨茎蜂害梨枝枯

图 2-36-4　梨茎蜂幼虫危害枝虫道内粪屑

图 2-37-1　梨瘿华蛾幼虫危害状

图 2-37-2　梨瘿华蛾蛀孔

图 2-37-3　梨瘿华蛾虫瘿

图 2-37-4　梨瘿华蛾危害梨枝状

图 2-38-1　梨金缘吉丁虫成虫

图 2-38-2　梨金缘吉丁虫幼虫

图 2-38-3　梨金缘吉丁虫危害状

2-37-1	2-37-2
2-37-3	2-37-4
2-38-1	2-38-2
2-38-3	

2-39-1	
2-39-2	2-39-3
2-39-4	

图 2-39-1　梨卷叶瘿蚊危害梨叶纵卷双筒形

图 2-39-2　梨卷叶瘿蚊成虫

图 2-39-3　梨卷叶瘿蚊幼虫

图 2-39-4　梨卷叶瘿蚊危害梨幼嫩叶

图 2-40-1　黑蝉成虫

图 2-40-2　黑蝉若虫

图 2-40-3　黑蝉若虫蜕皮羽化

图 2-40-4　黑蝉蝉蜕

图 2-40-5　黑蝉成虫产卵梨枝

图 2-40-6　黑蝉产卵危害枝中的卵

图 2-42-3　碧蛾蜡蝉若虫

图 2-42-4　碧蛾蜡蝉产卵叶背面主脉上

图 2-43-1　梨长白壳虫雌介壳

图 2-43-2　梨长白壳虫雄介壳及危害树干

图 2-43-3　梨长白壳虫雄虫及天敌红点唇瓢虫幼虫（中）

图 2-43-4　梨长白壳虫危害枝

2-42-3	2-42-4
2-43-1	2-43-2
2-43-3	2-43-4

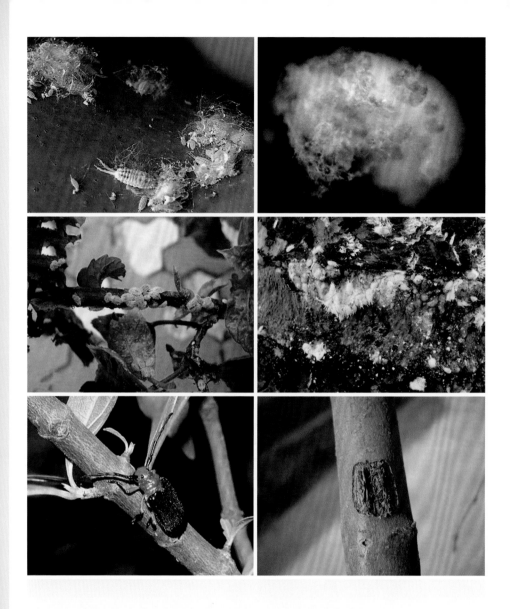

图 2-44-1　梨粉蚧雌成虫危害果

图 2-44-2　梨粉蚧卵

图 2-44-3　梨粉蚧危害枝条状

图 2-44-4　梨粉蚧危害树干

图 2-45-1　梨眼天牛成虫

图 2-45-2　梨眼天牛树枝上产卵"H"形痕

2-44-1	2-44-2
2-44-3	2-44-4
2-45-1	2-45-2

图 2-45-3 梨眼天牛幼虫
图 2-45-4 梨眼天牛蛀干危害孔
图 2-46-1 光肩星天牛成虫
图 2-46-2 光肩星天牛成虫交尾
图 2-46-3 光肩星天牛幼虫
图 2-46-4 光肩星天牛蛀干危害状

2-45-3	2-45-4
2-46-1	2-46-2
2-46-3	2-46-4

2-47-1	2-47-2
2-47-3	2-48-1
2-48-2	2-48-3
2-48-4	

图 2-47-1　八点广翅蜡蝉成虫

图 2-47-2　八点广翅蜡蝉若虫

图 2-47-3　八点广翅蜡蝉危害枝

图 2-48-1　扁锯颚锹甲成虫

图 2-48-2　扁锯颚锹甲成虫危害梨果状

图 2-48-3　扁锯颚锹甲幼虫

图 2-48-4　扁锯颚锹甲蛹

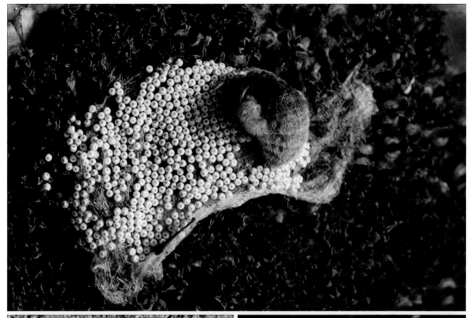

2-51-1	
2-51-2	2-51-3
2-51-4	

图 2-51-1　古毒蛾雌成虫及卵
图 2-51-2　古毒蛾雄成虫
图 2-51-3　古毒蛾茧
图 2-51-4　古毒蛾幼虫

图 2-52-1　黑绒金龟成虫及食害花蕊

图 2-52-2　黑绒金龟成虫交尾状

2-52-1	2-52-2
2-52-3	2-52-4
2-52-5	2-52-6

图 2-52-3　黑绒金龟成虫食害花瓣

图 2-52-4　黑绒金龟成虫危害梨梢状

图 2-52-5　黑绒金龟成虫危害梨叶

图 2-52-6　黑绒金龟幼虫（蛴螬）

2-53-1	2-53-2
2-53-3	2-54-1
2-54-2	2-54-3

图 2-53-1　黄钩蛱蝶成虫
图 2-53-2　黄钩蛱蝶幼虫
图 2-53-3　黄钩蛱蝶蛹
图 2-54-1　金环胡蜂成虫
图 2-54-2　金环胡蜂蜂巢
图 2-54-3　金环胡蜂成虫食害梨

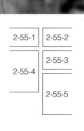

2-55-1	2-55-2
2-55-4	2-55-3
	2-55-5

图 2-55-1　梨豹蠹蛾成虫

图 2-55-2　梨豹蠹蛾低龄幼虫

图 2-55-3　梨豹蠹蛾幼虫

图 2-55-4　梨豹蠹蛾幼虫蛀害梨枝蛀害孔

图 2-55-5　梨豹蠹蛾幼虫危害梨枝枯

2-56-1	
2-56-2	2-56-3
2-57-1	2-57-2

图 2-56-1　梨卷叶象甲蛹
图 2-56-2　梨卷叶象甲成虫
图 2-56-3　梨卷叶象甲危害状
图 2-57-1　荔枝拟木蠹蛾幼虫
图 2-57-2　荔枝拟木蠹蛾幼虫危害状

	2-58-1	
2-58-2	2-58-3	
2-58-4	2-58-5	

图 2-58-1　柳毒蛾蛹
图 2-58-2　柳毒蛾成虫
图 2-58-3　柳毒蛾成虫交尾状
图 2-58-4　柳毒蛾成龄幼虫
图 2-58-5　柳毒蛾老龄幼虫

2-59-1	2-59-2
2-59-3	2-59-4
2-59-5	2-59-6

图 2-59-1　苹果小卷蛾成虫

图 2-59-2　苹果小卷蛾卵

图 2-59-3　苹果小卷蛾幼虫

图 2-59-4　苹果小卷蛾蛹

图 2-59-5　苹果小卷蛾蛹壳

图 2-59-6　苹果小卷蛾幼虫危害梨嫩梢

2-60-1	
2-60-2	2-60-3
	2-60-4

图 2-60-1 日本龟蜡蚧雄蚧及危害叶状

图 2-60-2 日本龟蜡蚧雌蚧

图 2-60-3 日本龟蜡蚧雌蚧及卵

图 2-60-4 日本龟蜡蚧雌蚧危害枝状

2-61-1	
2-61-2	2-61-3
2-61-4	2-61-5
2-62-1	2-62-2

图 2-61-1　柿长绵粉蚧雌成虫
图 2-61-2　叶上的柿长绵粉蚧卵囊
图 2-61-3　果上的柿长绵粉蚧卵囊
图 2-61-4　柿长绵粉蚧卵囊及内部卵粒
图 2-61-5　柿长绵粉蚧危害枝状
图 2-62-1　相思拟木蠹蛾幼虫
图 2-62-2　相思拟木蠹蛾幼虫及危害状

图 2-63-1　云斑天牛成虫

图 2-63-2　云斑天牛成虫交尾

图 2-63-3　云斑天牛成虫羽化后从羽化孔出孔

图 2-63-4　云斑天牛卵

图 2-63-5　云斑天牛幼虫

图 2-63-6　云斑天牛幼虫危害状

2-63-1	2-63-2
2-63-3	2-63-4
2-63-5	2-63-6

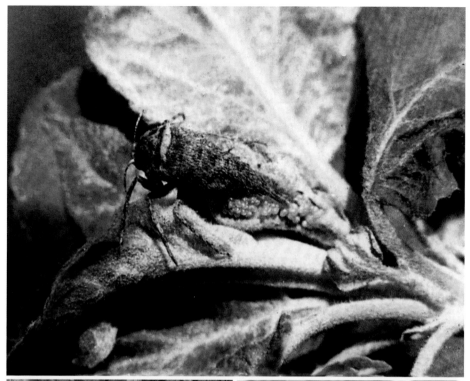

2-64-1	
2-64-2	2-64-3
2-64-4	

图 2-64-1 枣尺蠖雌成虫及卵

图 2-64-2 枣尺蠖雄成虫

图 2-64-3 枣尺蠖幼虫

图 2-64-4 枣尺蠖幼虫危害枣叶状

图 2-65-1　枣刺蛾成虫

图 2-65-2　枣刺蛾中龄幼虫

图 2-65-3　枣刺蛾成龄幼虫

图 2-65-4　枣刺蛾羽化茧

图 2-66-1　枣飞象成虫

图 2-66-2　枣飞象成虫食叶

2-65-1	2-65-2
2-65-3	2-65-4
2-66-1	2-66-2

2-67-1	2-67-2
2-67-3	2-68-1
2-68-3	2-68-2

图 2-67-1　梨刺蛾成虫

图 2-67-2　梨刺蛾低龄幼虫

图 2-67-3　梨刺蛾成龄幼虫

图 2-68-1　梨大叶蜂成虫

图 2-68-2　梨大叶蜂幼虫

图 2-68-3　梨大叶蜂成虫危害梨梢状

图 2-70-1 苹掌舟蛾成虫

图 2-70-2 苹掌舟蛾卵

图 2-70-3 苹掌舟蛾幼虫群集危害

图 2-70-4 苹掌舟蛾中龄幼虫群集危害

图 2-70-5 苹掌舟蛾成龄幼虫侧面观

图 2-70-6 苹掌舟蛾蛹

2-70-1	2-70-2
2-70-3	2-70-4
2-70-5	2-70-6

2-71-1	2-71-2
2-71-3	2-71-4
2-71-5	2-71-6
2-71-7	

图 2-71-1　硕蝽初羽化若虫

图 2-71-2　硕蝽中龄若虫

图 2-71-3　硕蝽成龄若虫

图 2-71-4　硕蝽羽化

图 2-71-5　硕蝽初羽化成虫

图 2-71-6　硕蝽成虫

图 2-71-7　硕蝽成虫交尾

图 2-74-1　果蝇幼虫
图 2-74-2　果蝇危害梨果状
图 2-75-1　白小食心虫成虫
图 2-75-2　白小食心虫幼虫
图 2-75-3　白小食心虫越冬型幼虫
图 2-75-4　白小食心虫茧和幼虫

2-74-1	2-74-2
2-75-1	2-75-2
2-75-3	2-75-4

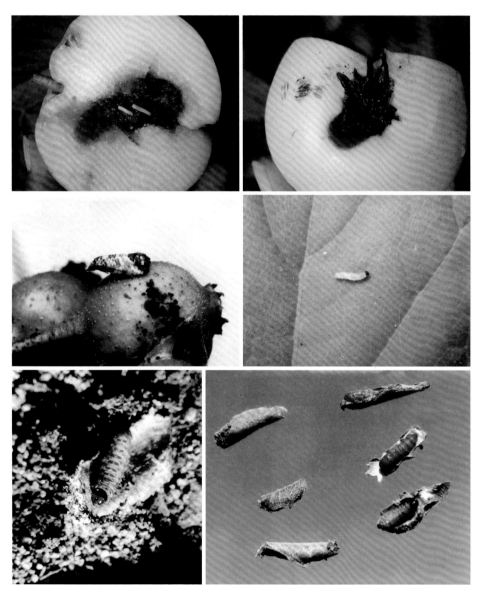

图 2-78-1　大青叶蝉成虫

图 2-78-2　大青叶蝉成虫产卵

图 2-78-3　大青叶蝉卵

图 2-78-4　大青叶蝉若虫

图 2-78-5　大青叶蝉若虫蜕皮

2-78-1	2-78-2
2-78-3	2-78-4
2-78-5	

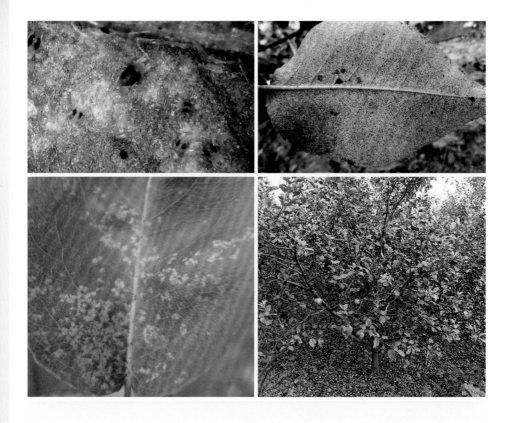

2-81-1	2-81-2
2-81-3	
2-82-1	2-82-2

图 2-81-1　海棠透翅蛾成虫
图 2-81-2　海棠透翅蛾产卵刻巢
图 2-81-3　海棠透翅蛾幼虫
图 2-82-1　褐点粉灯蛾成虫
图 2-82-2　褐点粉灯蛾幼虫

2-83-1	
2-83-2	2-83-3
2-83-4	

图 2-83-1　红缘灯蛾成虫

图 2-83-2　红缘灯蛾成虫交尾

图 2-83-3　红缘灯蛾幼虫

图 2-83-4　红缘灯蛾幼虫啃食叶片

2-84-1

2-84-2 | 2-84-4
2-84-3

图 2-84-1　黄褐天幕毛虫成虫
图 2-84-2　黄褐天幕毛虫成虫正在产卵
图 2-84-3　黄褐天幕毛虫幼虫群害
图 2-84-4　黄褐天幕毛虫幼虫群害及网幕

图 2-85-1　角斑古毒蛾幼虫

图 2-85-2　角斑古毒蛾雄成虫

图 2-85-3　角斑古毒蛾蛹

图 2-85-4　角斑古毒蛾雌成虫及卵

图 2-85-5　角斑古毒蛾雌成虫

图 2-86-1　金毛虫成虫

图 2-86-2　金毛虫成虫腹末黄毛

图 2-86-3　金毛虫卵块

图 2-86-4　金毛虫茧

图 2-86-5　金毛虫幼虫

2-86-1	2-86-2
2-86-3	
2-86-4	2-86-5

2-87-1	2-87-2
2-87-3	2-87-4
2-88-1	2-88-2
	2-88-3

图 2-87-1　枯叶夜蛾成虫

图 2-87-2　枯叶夜蛾成虫刺吸果实汁液

图 2-87-3　枯叶夜蛾幼虫

图 2-87-4　枯叶夜蛾蛹

图 2-88-1　阔胫赤绒金龟成虫

图 2-88-2　阔胫赤绒金龟成虫交尾

图 2-88-3　阔胫赤绒金龟幼虫（蛴螬）

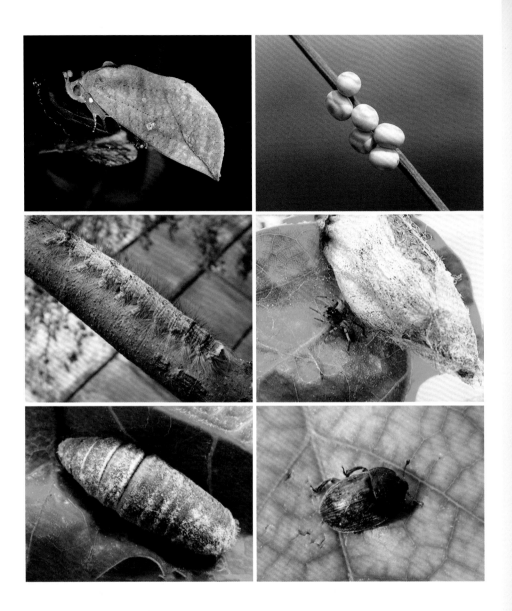

图 2-89-1　李枯叶蛾成虫

图 2-89-2　李枯叶蛾卵

图 2-89-3　李枯叶蛾幼虫侧面观

图 2-89-4　李枯叶蛾茧

图 2-89-5　李枯叶蛾蛹

图 2-90-1　李叶甲

2-89-1	2-89-2
2-89-3	2-89-4
2-89-5	2-90-1

图 2-91-1　丽绿刺蛾成虫交尾

图 2-91-2　丽绿刺蛾幼龄龄幼虫及危害状

图 2-91-3　丽绿刺蛾低龄幼虫群害叶

图 2-91-4　丽绿刺蛾成龄幼虫

图 2-91-5　丽绿刺蛾幼茧

图 2-91-6　丽绿刺蛾蛹

图 2-91-7　丽绿刺蛾快羽化茧蛹壳外露

图 2-92-1　栗毒蛾雌成虫

图 2-92-2　栗毒蛾雌成虫产卵

图 2-92-3　栗毒蛾幼虫

图 2-92-4　栗毒蛾茧

2-91-6	2-91-7
2-92-1	2-92-2
2-92-3	2-92-4

	2-97-1	
2-97-2		2-97-3

图 2-97-1　苹果剑纹夜蛾幼虫
图 2-97-2　苹果剑纹夜蛾成虫
图 2-97-3　苹果剑纹夜蛾茧

图 2-98-1　柿黄毒蛾成虫

图 2-98-2　柿黄毒蛾蛹

图 2-98-3　柿黄毒蛾幼龄幼虫群集危害

图 2-98-4　柿黄毒蛾低龄幼虫

图 2-98-5　柿黄毒蛾中龄幼虫

图 2-98-6　柿黄毒蛾成龄幼虫

图 2-98-7　柿黄毒蛾老龄幼虫

2-98-1	2-98-2	2-98-3
2-98-4		2-98-5
2-98-6		2-98-7

2-99-1	
2-99-2	2-100-1
2-100-2	

图 2-99-1　双线盗毒蛾幼虫

图 2-99-2　双线盗毒蛾成虫

图 2-100-1　四星尺蠖成虫

图 2-100-2　四星尺蠖幼虫

2-101-1	2-101-2
2-101-3	2-102-1
2-102-2	2-102-3
	2-102-4

图 2-101-1　桃黄斑卷叶蛾成虫

图 2-101-2　桃黄斑卷叶蛾幼虫

图 2-101-3　桃黄斑卷叶蛾幼虫危害状

图 2-102-1　桃潜叶蛾成虫

图 2-102-2　桃潜叶蛾冬型成虫

图 2-102-3　桃潜叶蛾茧

图 2-102-4　桃潜叶蛾危害状

2-103-1	
2-103-2	2-103-3
2-103-4	

图 2-103-1 桃小蠹成虫
图 2-103-2 桃小蠹成虫蛀害孔
图 2-103-3 桃小蠹成虫正在蛀害
图 2-103-4 桃小蠹危害状

	2-104-1
2-104-2	2-104-3
2-104-4	
2-104-5	2-104-6

图 2-104-1　舞毒蛾雄成虫
图 2-104-2　舞毒蛾雌成虫及卵块
图 2-104-3　舞毒蛾成虫
　　　　　　（上雌下雄）交尾
图 2-104-4　舞毒蛾卵
图 2-104-5　舞毒蛾成龄幼虫
图 2-104-6　舞毒蛾老龄幼虫

图 2-105-1　小青花金龟成虫

图 2-105-2　小青花金龟成虫食害花

图 2-105-3　小青花金龟成虫食害花药

图 2-105-4　小青花金龟幼虫（蛴螬）

图 2-105-5　小青花金龟成虫羽化

图 2-106-1　杏星毛虫幼虫侧面观

图 2-106-2　杏星毛虫成虫

图 2-106-3　杏星毛虫成虫交尾

图 2-106-4　杏星毛虫幼虫食害叶

图 2-106-5　杏星毛虫幼虫背面观

2-106-1	
2-106-2	2-106-3
2-106-4	2-106-5

| 2-107-1 | |
| 2-107-2 | 2-107-3 |

图 2-107-1　芽白小卷蛾幼虫

图 2-107-2　芽白小卷蛾成虫

图 2-107-3　芽白小卷蛾幼虫危害叶状

2-108-1	2-108-2
2-108-3	2-108-4
2-108-5	2-108-6

图 2-108-1　银杏大蚕蛾成虫

图 2-108-2　银杏大蚕蛾卵

图 2-108-3　银杏大蚕蛾幼龄幼虫

图 2-108-4　银杏大蚕蛾低龄幼虫

图 2-108-5　银杏大蚕蛾幼虫

图 2-108-6　银杏大蚕蛾茧

2-109-1	2-109-2
2-109-3	2-110-1
2-110-2	

图 2-109-1　云斑腮金龟成虫

图 2-109-2　云斑腮金龟成虫腹面观

图 2-109-3　云斑腮金龟幼虫（蛴螬）

图 2-110-1　桃天蛾成虫

图 2-110-2　桃天蛾幼虫

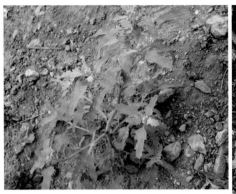

3-1-1	
	3-1-2
	3-2-1
3-2-2	3-2-3

图 3-1-1　灰绿黎 1
图 3-1-2　灰绿黎 2
图 3-2-1　稻槎菜 1
图 3-2-2　稻槎菜 2
图 3-2-3　稻槎菜 3

图 3-3-1　冬葵幼株

图 3-3-2　冬葵叶

图 3-3-3　冬葵茎秆

图 3-3-4　冬葵花苞

图 3-3-5　冬葵花

3-4-1	
3-4-2	3-4-3

图 3-4-1　火麻植株

图 3-4-2　火麻茎秆

图 3-4-3　火麻花

	3-5-1	
3-5-2		
	3-5-3	

图 3-5-1 金狗尾草 1

图 3-5-2 金狗尾草 2

图 3-5-3 金狗尾草 3

图 3-6-1　马兜铃植株

图 3-6-2　马兜铃茎秆

图 3-6-3　马兜铃叶

图 3-6-4　马兜铃花

图 3-6-5　马兜铃果

3-6-1	3-6-2
3-6-3	3-6-4
3-6-5	

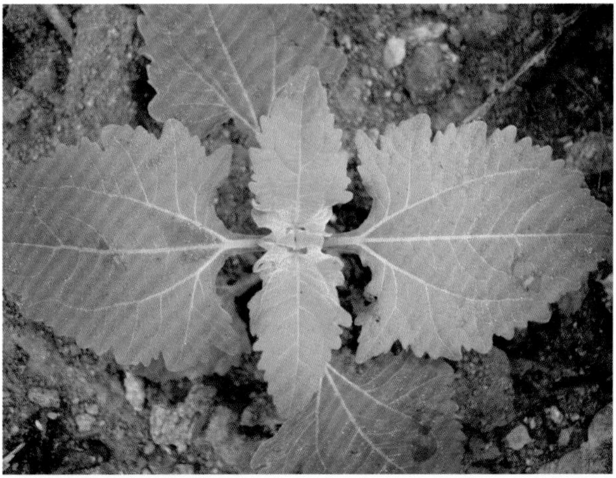

3-9-1
3-9-2
3-10-1

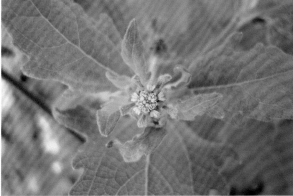

图 3-9-1　稀莶草幼株
图 3-9-2　稀莶草花
图 3-10-1　香薷

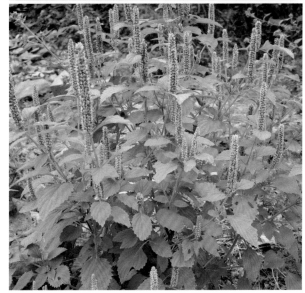

3-11-1	3-11-2
3-11-3	3-11-4
3-11-5	

图 3-11-1　洋金花 1
图 3-11-2　洋金花 2
图 3-11-3　洋金花 3
图 3-11-4　洋金花 4
图 3-11-5　洋金花 5

3-12-1	3-12-2
	3-13-1
	3-13-3
3-13-2	

图 3-12-1　百日草植株
图 3-12-2　百日草花
图 3-13-1　宝盖草植株
图 3-13-2　宝盖草花
图 3-13-3　宝盖草茎秆

3-14-1

3-14-2

图 3-14-1　狗娃花植株

图 3-14-2　狗娃花花

3-15-1	
3-15-2	3-15-3

图 3-15-1　马鞭草植株

图 3-15-2　马鞭草茎秆

图 3-15-3　马鞭草花

图 3-16-1　柔弱斑种草 1
图 3-16-2　柔弱斑种草 2
图 3-16-3　柔弱斑种草 3
图 3-16-4　柔弱斑种草 4
图 3-16-5　柔弱斑种草 5

3-17-1

3-17-2

图 3-17-1　夏枯草植株
图 3-17-2　夏枯草花

3-18-1	3-18-2
3-18-3	
3-18-4	

图 3-18-1　早开堇菜植株
图 3-18-2　早开堇菜茎秆
图 3-18-3　早开堇菜花
图 3-18-4　早开堇菜种子

3-19-1

3-19-2

图 3-19-1 紫苜蓿花
图 3-19-2 紫苜蓿植株

图 3-20-1　簇生卷耳

图 3-20-2　簇生卷耳叶

图 3-20-3　簇生卷耳花

3-20-1	
3-20-2	3-20-3

3-21-1

3-21-2

3-21-3

图 3-21-1　聚合草 1
图 3-21-2　聚合草 2
图 3-21-3　聚合草 3

3-23-1	3-23-2
3-23-3	

图 3-23-1　狗尾草幼苗
图 3-23-2　狗尾草
图 3-23-3　狗尾草

图 3-24-1　牛筋草 1

图 3-24-2　牛筋草 2

图 3-24-3　牛筋草 3

3-25-1	
3-25-2	3-25-3

图 3-25-1　白茅 1
图 3-25-2　白茅 2
图 3-25-3　白茅 3

图 3-26-1　荩草 1

图 3-26-2　荩草 2

图 3-26-3　荩草 3

3-27-1	3-27-2
3-27-3	

图 3-27-1　猪殃殃 1
图 3-27-2　猪殃殃 2
图 3-27-3　猪殃殃 3

3-28-1

3-28-2

图 3-28-1　蛇莓 1

图 3-28-2　蛇莓 2

图 3-29-1　刺儿菜 1
图 3-29-2　刺儿菜 2
图 3-29-3　刺儿菜 3

3-30-1	3-30-2

3-30-3

3-30-4

图 3-30-1　苍耳 1
图 3-30-2　苍耳 2
图 3-30-3　苍耳 3
图 3-30-4　苍耳 4

3-31-1	3-31-2
3-31-3	3-31-4

图 3-31-1　硬质早熟禾 1

图 3-31-2　硬质早熟禾 2

图 3-31-3　硬质早熟禾 3

图 3-31-4　硬质早熟禾 4

| 3-32-1 | |
| 3-32-2 | 3-32-3 |

图 3-32-1　蒌蒿 1
图 3-32-2　蒌蒿 2
图 3-32-3　蒌蒿 3

3-33-1		
3-33-2	3-33-3	3-33-4
		3-33-5

图 3-33-1　苘麻叶

图 3-33-2　苘麻茎秆

图 3-33-3　苘麻花

图 3-33-4　苘麻

图 3-33-5　苘麻

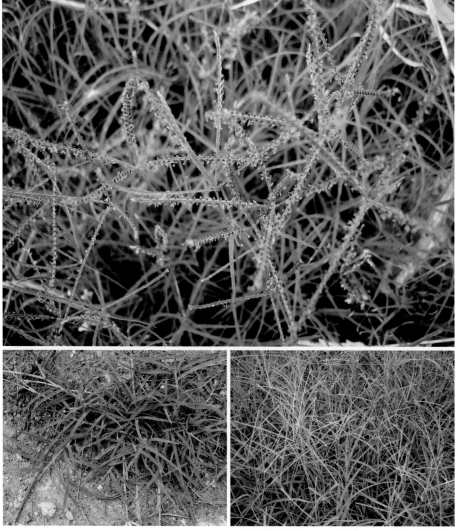

	3-34-1	
3-34-2		3-34-3

图 3-34-1　狗牙根 1
图 3-34-2　狗牙根 2
图 3-34-3　狗牙根 3

图 3-35-1　野燕麦 1
图 3-35-2　野燕麦 2
图 3-35-3　野燕麦 3
图 3-35-4　野燕麦 4

3-36-1	3-36-2
3-36-3	
3-36-4	3-36-5

图 3-36-1　小花山桃草 1

图 3-36-2　小花山桃草 2

图 3-36-3　小花山桃草 3

图 3-36-4　小花山桃草 4

图 3-36-5　小花山桃草 5

3-37-1

3-37-2 | 3-37-3

图 3-37-1 蒺藜 1
图 3-37-2 蒺藜 2
图 3-37-3 蒺藜 3

3-38-1	
3-38-2	3-38-3
3-38-4	

图 3-38-1　虎尾草 1

图 3-38-2　虎尾草 2

图 3-38-3　虎尾草 3

图 3-38-4　虎尾草 4

3-39-1	
3-39-2	3-39-3
	3-39-4

图 3-39-1　刺苋 1
图 3-39-2　刺苋 2
图 3-39-3　刺苋 3
图 3-39-4　刺苋 4

图 3-40-1　播娘蒿 1

图 3-40-2　播娘蒿 2

图 3-40-3　播娘蒿 3

图 3-40-4　播娘蒿 4

4-1-1	4-1-2
4-1-3	4-1-4
4-1-5	4-1-6
4-1-7	

图 4-1-1　七星瓢虫成虫捕食蚜虫
图 4-1-2　七星瓢虫幼虫
图 4-1-3　七星瓢虫成虫
图 4-1-4　大红瓢虫
图 4-1-5　二星瓢虫
图 4-1-6　四星瓢虫成虫捕食蚜虫
图 4-1-7　四星瓢虫

4-2-1

4-2-2

4-2-3

4-2-4

图 4-2-1　草青蛉成虫
图 4-2-2　草青蛉幼虫
图 4-2-3　草青蛉卵
图 4-2-4　草蛉幼虫捕食蚜虫

4-3-1	4-3-2
4-3-3	4-3-4
	4-3-5

图 4-3-1　桃粉蚜被蚜茧蜂寄生变黑
图 4-3-2　黄刺蛾茧被茧蜂寄生
图 4-3-3　茧蜂寄生绿尾大蚕蛾幼虫
图 4-3-4　茧蜂寄生栗六点天蛾幼虫
图 4-3-5　小茧蜂幼虫寄生鳞翅目幼虫

4-3-6	4-3-7
4-3-8	
4-3-9	

图 4-3-6　金小蜂寄生柑橘凤蝶蛹羽化孔

图 4-3-7　天敌姬蜂成虫

图 4-3-8　上海青蜂成虫交尾状

图 4-3-9　寄生蝇寄生蛾类蛹

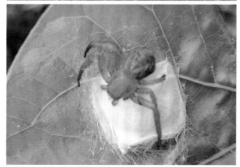

4-4-1	4-5-1
	4-5-2
	4-5-3
	4-5-4

图 4-4-1　钝绥螨（上）捕食红蜘蛛

图 4-5-1　蜘蛛

图 4-5-2　大花蜘蛛

图 4-5-3　绿蜘蛛

图 4-5-4　长腿蜘蛛

4-5-5	4-5-6
4-5-7	4-5-8

图 4-5-5　蜘蛛若虫

图 4-5-6　蜘蛛成蛛

图 4-5-7　蜘蛛猎杀食蚜蝇

图 4-5-8　绿蜘蛛捕食斑柿斑叶蝉成虫

| 4-6-1 |
| 4-6-2 |
| 4-6-3 |
| 4-6-4 |

图 4-6-1　羽芒宽盾食蚜蝇
图 4-6-2　黑纹食蚜蝇
图 4-6-3　食蚜蝇幼虫
图 4-6-4　黑带食蚜蝇幼虫捕食蚜虫

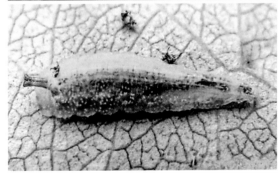

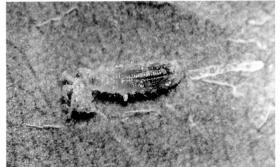

4-7-1

4-7-2

4-7-3

图 4-7-1　光肩猎蝽成虫

图 4-7-2　光肩猎蝽若虫

图 4-7-3　小花蝽若虫捕食红蜘蛛

4-8-1	4-8-2
4-8-3	4-8-4
4-9-1	

图 4-8-1　螳螂成虫

图 4-8-2　螳螂若虫

图 4-8-3　螳螂茧

图 4-8-4　螳螂捕食黑蝉

图 4-9-1　白僵菌致鳞翅目幼虫死亡状

4-12-1	4-12-2
4-12-3	4-12-4
4-12-5	4-12-6

图 4-12-1 戴胜

图 4-12-2 喜鹊

图 4-12-3 大山雀

图 4-12-4 大斑啄木鸟

图 4-12-5 啄木鸟啄食树干内害虫虫孔

图 4-12-6 灰喜鹊

	图 4-13-1 青蛙
4-13-1	图 4-13-2 蟾蜍
4-13-2	

5-1-1	5-1-2
5-2-1	

图 5-1-1　太阳能能源频振式杀虫灯

图 5-1-2　交流电源频振式杀虫灯

图 5-2-1　大棚内黄色黏虫板

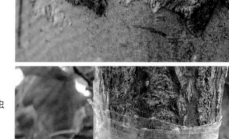

5-3-1

5-3-2

5-3-3

图 5-3-1　树干上黏虫带
图 5-3-2　黏虫带阻尺蠖上树
图 5-3-3　树干上缠普通塑料薄膜阻虫

5-4-1	
	5-5-1

图 5-4-1　涂捕虫圈
图 5-5-1　防虫网

5-6-1

5-6-2

图 5-6-1　诱捕器
图 5-6-2　盲蝽诱捕器

5-7-1	
5-7-2	
5-7-3	5-8-1

图 5-7-1　白色木浆纸袋
图 5-7-2　白色无纺布袋
图 5-7-3　双层纸袋
图 5-8-1　释放天敌寄生蜂

第**1**章

梨病害诊断与防治

01 梨锈病（图1-1-1至图1-1-7）

症状诊断 叶染病，正面近圆形、直径4~8毫米、中部密生橙黄色性子器，外围具黄色晕圈圆斑；病组织正面凹陷，背面隆起，长出灰褐色毛状病菌锈子腔，先端成熟开裂后散出黄褐色粉状锈孢子；后期病斑枯死多引起早落叶。果实染病，病部稍凹陷，中间密生橙黄色性子器，周围产生灰褐色毛状锈子腔，果实停止发育，畸形早落。新梢、果柄、叶柄上病部发生龟裂，易被折断。转主寄主桧柏染病，针叶、叶腋或小枝上现浅黄色稍隆起病斑；翌年3、4月病部露出红褐色圆锥状或扁平形冬孢子角，孢子角吸水膨大呈橘黄色舌状胶质体，干燥时缩成表面有皱纹的污胶物。

病原 为担子菌门梨胶锈菌又称赤星病、羊胡子。危害叶、新梢和果实。

发病规律 病菌以多年生菌丝体在圆柏病组织中越冬，翌春形成冬孢子角并产生担孢子，借风传播，但距离较近；侵染梨树幼叶、嫩枝、幼果，不能进行重复侵染，一年只发病一次；6~10天后生成病斑和性孢子，由昆虫传带进行有性结合，生成锈子腔和锈孢子。锈孢子经风传送再侵染转主寄主圆柏嫩枝叶。3~4月气温回升慢，气温偏低，降雨多，风向和风速适宜，易引起该病发生和流行。

防治方法

农业防治 梨园附近禁植圆柏、龙柏或相距不少于5千米。梨园附近若有圆柏，应在春雨前剪除圆柏上病瘿，并用2~3波美度石硫合剂或1：2：150倍式波尔多液喷射圆柏，减少初侵染源。

化学防治 在圆柏上冬孢子角变软呈水渍状时，开始在梨树上喷洒1：2：200倍式波尔多液或0.3~0.5波美度石硫合剂、40%多菌灵·硫黄悬浮剂800倍液、50%硫黄悬浮剂400倍液、15%三唑酮可湿性粉剂1000倍液、20%三唑酮·硫悬浮剂1000~1500倍液等。12~15天1次，防治2~3次。

02 梨黑星病（图1-2-1至图1-2-5）

症状诊断 从落花到果实近成熟期均可发病，病部形成显著的黑色霉层。花序染病，花萼、花梗基部产生霉斑。叶簇基部染病，致花序、叶簇萎蔫枯死。叶片染病，正面发生多角形或近圆形褪色黄斑，叶背产生辐射状霉层，重致大量落叶。新梢染病，梭形病斑皮层开裂呈粗皮状的疮痂。幼果染病，多早落或病部木质化形成畸形果。大果染病，形成多个疮痂状龟裂凹斑，常被其他腐生菌侵染而致全果腐烂。

病原 为子囊菌门梨黑星病菌。危害鳞片、叶、新梢、花器、果实等梨树所有绿色幼嫩组织。

发病规律 病菌以菌丝在病芽鳞片、病果、病落叶上越冬。翌春产生子囊孢子借雨水传播，一般在落花期后不久新梢先发病形成病芽梢，成为再侵染中心，7月进入雨季病害盛发，10月后停止扩展。春雨早且偏多、夏季多雨、地势低洼、果园郁闭湿度大、树势弱发病重；不同品种抗病性不同。

防治方法

农业防治 ①选用抗病品种。一般中国梨系统的白梨和秋子梨系统最易感病，日本梨次之，西洋梨较抗病。②清除病源。冬春彻底清除园内外落叶和落果，剪除病梢，集中烧毁或深埋。发病初期摘除病梢和病花簇。5月中旬，按宽与枝粗度1：10环剥大枝基部，深达木质部，把调好的医用四环素药片填平环剥口，并用塑料条包严。

化学防治 梨芽膨大期，用1%～2%尿素液或硫酸铵液加上0.1%～0.2%代森铵可湿性粉剂液喷洒枝条。梨树花前、花后或套袋前后，各喷洒1次12.5%烯唑醇可湿性粉剂3000倍液预防。发病期，喷洒24%唑菌腈悬浮剂2500～3000倍液或80%碱式硫酸铜可湿性粉剂600～800倍液；机油乳剂：代森锰锌：水＝10：1：500倍液、25%多菌灵可湿性粉剂800倍液、75%百菌清可湿性粉剂700倍液、65%代森锌可湿性粉剂600倍液、40%氟硅唑乳油8000倍液等。15～20天1次，连防2～3次。

03 梨轮纹病（图1-3-1至图1-3-5）

症状诊断 枝干染病，初现0.3～2厘米扁椭圆形略带红色、中心突起上翘呈马鞍状、边缘有环沟状裂缝的褐斑；多个病斑相连致表皮粗糙，又称粗皮病。果实染病，多在近成熟和贮藏期发病，初现水浸状褐斑，渐呈同心轮纹状向四周扩散，几天内全果腐烂有酸臭味。叶片染病，为直径0.5～1.5厘米同心轮纹状近圆形褐色病斑，重时致叶干枯早落。

病原 有性态为子囊菌门贝氏葡萄座腔菌梨专化型。无性态为半知菌类轮纹大茎点菌。又名梨轮纹褐腐病、粗皮病。危害枝干、果实和叶。

发病规律 病菌在枝干病组织中可存活4～6年，以菌丝体在病枝干上越冬，翌年4～6月产生分生孢子，借雨水传播，从幼果期开始侵染但不马上发病，一直持续到采收，待果实近成熟期或贮藏期发病。中国梨系统、西洋梨、西洋梨与中国梨杂交种较抗病；日本梨系统较感病。

防治方法

农业防治 选用抗病品种和无病苗木；加强综合管理，配方施肥，合理负载，增强树势，提高树体抗病力。生长期及时摘病果深埋。采用低温冷库贮运，入库前严格剔除病果及残伤果。休眠期刮除病皮后喷涂杀菌剂，病皮带出园外销毁，减少越冬菌源。

化学防治　发芽前，枝干喷洒二硝基邻甲酚200倍液。生长期，结合防治其他病害喷洒1：1：240倍式波尔多液或30%碱式硫酸铜胶悬剂300～500倍液、80%代森锰锌可湿性粉剂800倍液、5%菌毒清水剂500倍液、40%多菌灵·硫黄悬浮剂400倍液、50%甲基硫菌灵可湿性粉剂1500倍液+40%三乙膦酸铝可湿性粉剂600倍液、40%多菌灵悬浮剂1000倍液等，15～20天1次，连防3～4次。

04　梨褐斑病（图1-4-1至图1-4-4）

症状诊断　叶片染病，初现灰白色1～2毫米点状斑，渐扩大为具紫色边缘、圆形或多角形、上生黑色小粒点病斑，重致病斑相连叶片变黄或坏死脱落。果实染病，症状与病叶相似，为稍凹陷褐色病斑。在我国北部，尤以东北该病发生较多。

病原　为子囊菌门梨球腔菌。又称梨叶斑病、梨斑枯病、圆斑病。危害叶、果。

发病规律　病菌以分生孢子器在病落叶上越冬，翌年产生分生孢子传播蔓延，4～6月发生。降水多、树势弱、过度密植、偏施氮肥、通风排水不良，发病重。不同品种抗病性不同。

防治方法

农业防治　冬春彻底清除落叶集中烧毁或深埋，减少越冬菌源是防治该病的关键。加强梨园管理，增强树势，提高抗病能力。

化学防治　花后喷药是防治此病的最佳期，喷洒70%甲基硫菌灵悬浮剂800倍液或50%多菌灵可湿性粉剂600倍液、28%多菌灵·井冈霉素悬浮剂400～600倍液、1：2：200倍式波尔多液，15～20天1次，连防2～3次。

05　梨黑斑病（图1-5-1至图1-5-10）

症状诊断　幼嫩叶最易染病，叶面具0.1～1厘米近圆形、微带淡紫色轮纹黑斑；多病斑合并为不规则大斑，引起早落叶。成叶染病，叶面现2厘米左右、微显轮纹的淡黑褐色病斑。一年生新梢染病，为椭圆形稍凹陷、淡褐色溃疡斑。幼果染病，初现黑色小圆斑，渐扩大略凹陷，继致果面发生深达果心的龟裂，病果早落。潮湿条件下不同病处都生黑色菌丝霉层。

病原　为半知菌类菊池链格孢菌。危害叶、新梢、花及果。

发病规律　病菌以菌丝体在病叶果及病枝上越冬。翌春产生分生孢子借风、雨传播及再侵染。整个生长期各部位均可发病。果实5月出现病斑，6～7月迅速增加。树势弱、修剪整枝不当、虫害多、地势低洼、排水不良、通风透光差果园，发病重。

防治方法

农业防治　选栽抗病品种。随时将病果及病残体清除焚烧或深埋。加强树体管理，增强树势，提高抗病力。提倡果实套袋保护。

化学防治　对有发病史果园，发芽前喷洒45%晶体石硫合剂300倍液或加入300倍液五氯酚钠；芽后、花前，花后及雨季发病前喷洒1：2：200倍式波尔多液或70%代森锰锌可湿性粉剂500倍液、75%百菌清可湿性粉剂800倍液、50%异菌脲可湿性粉剂1000倍液、40%代森锰锌可湿性粉剂500倍液、1%多抗霉素水剂300~400倍液等3~4次。

06　梨红粉病（图1-6-1）

症状诊断　病初果面产生近圆形黑至黑褐色凹陷病斑，直径1至数十毫米，果实变褐软化，很快引起果腐。果皮破裂时上生粉红色病菌霉层，重致整个果实腐烂。

病原　为半知菌类粉红单端孢菌：又称红腐病。危害果实。

发病规律　红粉病菌是一种腐生或弱寄生菌，病菌分生孢子分布很广，孢子借气流传播，通过伤口侵入。也可在选果、包装和贮藏期通过接触传染，病菌一般在20~25℃时发病快，降低温度对病菌有一定抑制作用。在果实生长后期及贮藏期发病重。

防治方法

农业防治　该病以预防为主，在采收、分级、包装、搬运过程中尽可能防止果实碰伤、挤伤。入贮时剔除伤果，贮藏期及时去除病果。贮前对贮藏窖进行消毒或药剂熏蒸，注意控制好贮藏温度。提倡采用果品气调贮藏法贮藏。

化学防治　在果实生长期喷洒50%百菌清可湿性粉剂或50%甲基硫菌灵·硫黄悬浮剂800倍液，或70%甲基硫菌灵可湿性粉剂1200~1500倍液、25%多菌灵可湿性粉剂1000倍液等，10~15天1次，连防2~3次。

07　梨蒂腐病（图1-7-1）

症状诊断　果实染病，幼果期即在梨果萼洼周围出现淡褐色稍浸润晕环，病斑渐大，颜色渐深，重致病斑波及果顶大半部，病部坚硬黑色，中央灰褐色，有时长出霉菌，致病果早落。

病原　为半知菌类蒂腐色二孢菌。又名洋梨顶腐病、尻腐病。危害果实。

发病规律　6~8月发病多，病斑扩展迅速，果实近成熟时停滞发展。西洋梨易发病。

防治方法

农业防治 提倡选用杜梨作砧木嫁接西洋梨，提高树体抗病性。加强果园综合管理，壮树保果，提高抗病力。

化学防治 发病初期及时喷洒1∶2∶200倍式波尔多液或53.8%氢氧化铜干悬浮剂1000倍液、27%碱式硫酸铜悬浮剂600倍液、36%甲基硫菌灵可湿性粉剂800倍液、45%噻菌灵悬浮剂3000~4000倍液等，15~20天1次，连防3~4次。

08 梨黑腐病（图1-8-1）

症状诊断 果实染病，病斑初圆形褐色；后变为黑褐色上布小黑点，病斑上有同心轮纹，表皮皱缩病组织较坚硬，成为僵果。叶片染病，病斑初圆形紫色，扩大后中央凹陷黑褐色、形状不规则，正面密生小黑点，边缘隆起。枝干染病，多发生在衰老树的上部枝条，现红褐色凹陷斑，皮层下突出许多黑色小粒点，树皮粗糙开裂，重致枝条枯死。

病原 为子囊菌门仁果囊孢壳菌。危害果、枝干和叶。

发病规律 病菌以菌丝体在病枝、落叶及僵果中越冬，翌年4月释放出分生孢子，借风雨传播，通过气孔或伤口侵入。弱树、幼叶和近成熟果实发病重，不同品种抗病性不同。

防治方法

农业防治 及时清除僵果、枯枝，集中烧毁可深埋；科学修剪，及时防治其他病虫害，减少伤口。

化学防治 从萌芽期开始，喷洒50%代森锰锌可湿性粉剂600倍液或50%甲基硫菌灵·硫黄悬浮剂500倍液、36%甲基硫菌灵可湿性粉剂800倍液、50%多菌灵可湿性粉剂1000倍液，15~20天1次，连防2~3次。

09 梨褐心和心腐病（图1-9-1）

症状诊断 褐心病又称空心病，只限于果心部分变褐，变褐部分多干缩中空，少部分褐变延伸到果肉中。心腐病又叫内部崩溃、果心褐变、果心粉质崩溃、梨果失调等，也只限于果心部分变褐，但病部软化多水而腐烂，渐变为黑褐色。

病原 褐心病：由于环境中缺氧而二氧化碳含量过高造成，用聚乙烯箱密封或气调贮藏易发病。心腐病：贮、售期因温、湿度不适宜而发病。巴梨、布斯梨易发病，安久梨较抗病。

防治方法

适期成熟采收 贮前用50%甲基硫菌灵·硫黄悬浮剂800倍液或25%多菌灵

可湿性粉剂1000倍液、50%腐霉利可湿性粉剂2000倍液等，浸果10分钟后晾干贮存。

贮具消毒　采用透气性好的筐、箱、塑料袋包装，并用50%多菌灵可湿性粉剂200~300倍液喷洒，后每立方米空间用20~25克硫黄密闭熏蒸48小时后使用。

控制二氧化碳浓度　气调贮藏中控制二氧化碳浓度在1%以下；销售时采用穿孔聚乙烯包装箱贮存。

⑩　梨果柄基腐病（图1-10-1、图1-10-2）

症状诊断　贮藏期病害，从果柄基部开始腐烂，分三种类型常混合发生：水烂型。初在果柄基部产生淡褐色，水渍状溃烂斑，很快致全果腐烂。褐腐型。自果柄基部产生褐色溃烂病斑，向果面扩展腐烂，烂果速度较水烂型慢。黑腐型。自果柄基部产生黑色腐烂病斑，向果面扩展，烂果速度较褐腐型慢。

病原　为交链孢菌、小穴壳菌、束梗孢菌等真菌复合侵染所致。

发病规律　病原菌导致果实发病，另一些腐生性较强的霉菌，如根霉菌等进一步腐生，使果实腐烂。采收及采后摇动果柄造成内伤，是诱发致病的主因；贮藏期果柄失水干枯加重发病。

防治方法

农业防治　采收和采后尽量不摇动果柄，防止内伤。贮藏湿度保持在90%~95%，防止果柄干燥枯死。

化学防治　入库前用50%多菌灵可湿性粉剂1000倍液或50%腐霉利可湿性粉剂1500倍液、50%乙烯菌核利可湿性粉剂1200倍液、75%百菌清可湿性粉剂800倍液等洗果，洗后凉干入库。

⑪　梨青霉病（图1-11-1至图1-11-4）

症状诊断　病初病斑淡白色近圆形，果肉由外向内很快腐烂，果肉凹陷，表面出现初为白色菌丝，渐变为青绿色、堆粉状病菌孢子霉斑，腐烂果实有霉味。

病原　为半知菌类扩展青霉菌。危害生长后期及贮藏期果实。

发病规律　青霉菌分布很广，孢子借气流、操作接触传播，从伤口侵入。贮藏场所带菌多少与发病轻重呈正相关；青霉病发生扩展最快，降低温度有一定抑制作用；病菌在0℃下也能缓慢生长，长期贮藏可陆续腐烂。

防治方法

农业防治　采收、包装及贮运，尽量避免机械伤；入库前剔除病伤果；贮藏中及时去除病果，防止传染；合理控制贮藏场所温、湿度，在不伤害果实情况下尽量低温。

化学防治　贮藏场所严格药剂熏蒸消毒，方法：用硫黄粉每100立方米2～2.5千克掺适量锯末，点燃后封闭48小时；或用1～2%福尔马林、4%漂白粉水溶液喷洒库房后密闭2天或3天。然后通风启用。贮前，用50%多菌灵可湿性粉剂1000倍液或70%甲基硫菌灵可湿性粉剂800倍液、50%腐霉利可湿性粉剂2000倍液等，浸果2～3分钟后凉干入库，兼防其他病害。

12　梨褐腐病（图1-12-1、图1-12-2）

症状诊断　病初果面产生褐色圆形水渍状小斑点，后病斑扩大、中央生灰白至褐色绒状、呈同心轮纹排列的霉层，一周左右可致全果腐烂，病果失水干缩成黑色僵果，多脱落；贮藏中的病果呈特殊的蓝黑色斑块。

病原　为子囊菌门果生链核盘菌。又名菌核病。危害近成熟和贮藏期果实。

发病规律　病原菌在病果或僵果上越冬，翌年春产生分生孢子借风雨传播，通过伤口或皮孔侵染果实；病菌扩展温度为0～35℃，适温为25℃，在生长季或贮藏期都能危害。高温、高湿、伤口多，病害蔓延迅速；果园管理差，水分供应失调，虫害重，采摘致果实伤口多，利于病害发生和流行。

防治方法

农业防治　加强果园管理，增强树势；秋后清除树上树下病果，生长季节随时摘除病果深埋。适时采收，收、运、贮时尽量减少伤口；贮藏窖温保持1～2℃，相对湿度90%。

化学防治　花前喷洒45%晶体石硫合剂30倍液。花后及果实成熟前喷洒1：3：200～240倍式波尔多液或45%晶体石硫合剂300倍液、50%多菌灵可湿性粉剂600倍液、50%甲基硫菌灵悬浮剂800倍液、53.8%氢氧化铜干悬浮剂500倍液等。贮前用50%甲基硫菌灵可湿性粉剂700倍液或45%噻菌灵悬浮剂3000～4000倍液浸果10分钟，晾干后贮藏。贮藏库及器具消毒，用50%多菌灵可湿性粉剂300倍液喷洒后，每立方米用20～25克硫黄密闭熏蒸48小时；或用1%～2%福尔马林、4%漂白粉水溶液喷洒后熏蒸2～3天。

13　梨炭疽病（图1-13-1至图1-13-5）

症状诊断　果实染病，初现浅褐色水浸状小圆斑，后扩大为颜色深浅交替、软腐下凹的同心轮纹状病斑。病皮下具轮纹状排列的、粒点状黑色病菌孢子盘，温暖高湿涌出粉红色病菌黏物。病斑呈圆锥形向果心深入，扩展致烂入果心，果实变褐有苦味，重致果实腐烂或干缩为僵果。枝梢染病，病斑长条形、中部凹陷或干缩呈深褐色或枯死。

病原　为子囊菌门围小丛壳菌。又名苦腐病。危害果、枝。

发病规律 病菌以菌丝在病果、病枝上越冬。翌年5月条件适宜时产生分生孢子，借雨水、昆虫传播，直接或通过伤口重复侵染，果实生长前期为主要侵染期，果实生长中后期为发病盛期。一般先在园内形成中心发病株，逐渐向周围蔓延；树冠内膛、中下部较外部和上部病果多；7~8月雨后高温利于病害流行；带菌果实贮运期间温度高、湿度大易发病；树势弱、果园郁闭、偏施氮肥、排水不良的低洼地或土质黏重的果园发病重。

防治方法

农业防治 加强栽培管理，增施有机肥，合理修剪，增强树势；及时灌排水，防止果园郁闭。冬春彻底剪除病僵果、病枝，减少越冬病源；果实生长期及时摘除初发病果，集中深埋。

化学防治 果树发芽前，树冠喷洒50%百菌清可湿性粉剂500倍液或5%~10%轻柴油乳剂、45%噻菌灵可湿性粉剂800倍液等，铲除树体上越冬宿存的病菌。果实生长中后期喷洒25%溴菌腈乳油400~500倍液或50%硫黄悬浮剂400倍液、80%炭疽福美可湿性粉剂700~800倍液、50%多菌灵可湿性粉剂600倍液、80%多菌灵可湿性粉剂1000倍液、2%农抗120水剂200倍液等2~3次。

⑭ 梨石果病毒病（图1-14-1、图1-14-2）

症状诊断 果实染病，花瓣脱落后10~20天，果面现暗绿色区，果实变形或凹陷，一个病果可具1至多个凹窝，病部迅速坏死难于切开，别于缺硼引致的凹陷。叶片染病，沿叶脉现狭窄褪绿区，或有轻微的斑驳。

病原 为梨石果病毒。又名梨石痘病。危害果、叶。

发病规律 病毒通过芽接、枝接或扦插等无性繁殖传播。对感病品种是毁灭性病害；但在系统侵染的树上，症状严重度随年份不同而变化。

防治方法 严格用无病毒的接穗和砧木进行繁殖或嫁接；病树及时挖除，以防传染。加强果园管理，配方施肥、合理灌排水，科学修剪，及时防治病虫害，增强树势，提高抗病力。

⑮ 梨灰斑病（图1-15-1至图1-15-3）

症状诊断 病斑圆形灰色、直径1~5毫米、具深色边缘，斑上散生黑褐色粒点状病菌孢子器。发病普遍，重病园病叶发生率达100%，每叶病斑多达几十个；北方重于南方。

病原 为半知菌类梨叶点霉菌。又名斑点病。危害叶。

发病规律 以分生孢子器在病落叶上越冬，翌年温、湿度适宜条件下释放分生孢子进行重复侵染。6月份发病，7~8月发病盛期。

防治方法

农业防治　及时清除落叶集中烧毁或深埋，减少菌源是防治该病的关键。加强梨园管理，增强树势，提高抗病能力。

化学防治　发病初期及时喷药是防病关键，喷洒50%多菌灵可湿性粉剂600倍液或70%甲基硫菌灵悬浮剂800倍液、28%多菌灵·井冈霉素悬浮剂400~600倍液、1∶2∶200倍式波尔多液，15~20天1次，连防2~3次。

⑯ 梨疫腐病（图1-16-1至图1-16-4）

症状诊断　果实染病，产生不规则水浸状、边缘不清晰、颜色深浅不一病斑，重时扩展至全果，高湿度下现白色絮状菌丝层。叶染病，多从叶缘或中部发病，产生灰褐至暗褐色不规则病斑，湿度大时叶变黑软腐。根颈部染病，皮层变褐腐烂，干缩凹陷，重致整株枯死。

病原　为鞭毛菌门恶疫霉菌。危害果实、树的根颈部及叶片。

发病规律　病菌为土壤习居菌，生长季节病菌随雨水重复侵染。幼树易染病；果实在整个生育期均可染病，近地面果实先发病，多雨发病重；地势低洼、园土黏重、湿气滞留易发病。

防治方法

农业防治　严格苗木检疫，禁栽带病苗木。加强栽培管理，合理密度和修剪，保持果园通风透光；雨后及时排水，防湿气滞留和积水；及时疏果，摘除病果及病叶，集中深埋或烧毁。树冠下覆盖地膜或覆草，防止土壤中的病菌溅射到果实上。

化学防治　及时刮治病疤，对根颈病部春季扒土晾晒，在病部涂抹2.2%腐植酸铜水剂原液或70%三乙膦酸铝可湿性粉剂500倍液、10%霜脲氰可湿性粉剂400倍液等。发病重的果园在落花后浇灌或喷洒10%霜脲氰可湿性粉剂600~800倍液或50%代森锰锌可湿性粉剂600倍液、50%腐霉利可湿性粉剂700倍液等，7~10天1次，连防2~3次。

⑰ 梨白粉病（图1-17-1至图1-17-7）

症状诊断　病叶上有多个近圆形病斑，叶背面具白色粉状物，病斑中初生黄色小点，渐变为黑色病斑闭囊壳，重致叶早落。新梢染病后上具白色菌丝。

病原　为子囊菌门梨球针壳菌。危害老叶、新梢。

发病规律　病原菌以闭囊壳在落叶和短枝梢上越冬。翌年产生分生孢子借风传播重复侵染，多秋季发病；白粉菌为专化型外寄生菌，不同梨品种间表现出明显差异。春季温暖干旱，夏季有雨凉爽，秋季晴朗年份病害易流行；果园郁闭、土壤黏重、缺肥尤其缺钾肥、管理粗放利于发病；不同品种抗病性不同。

防治方法

农业防治 栽种抗病品种。冬春季剪除病枝、清除落叶，集中烧毁或深埋。加强栽培管理，合理密植，控制灌水，科学修剪，配方施肥，增施磷钾肥，提高树体抗病力。

化学防治 花前和花后各喷洒1次20%三唑酮乳油1500~2000倍液或70%甲基硫菌灵可湿性粉剂800~900倍液、40%多菌灵·硫黄悬浮剂800倍液、50%多菌灵可湿性粉剂800倍液、0.3~0.5波美度石硫合剂、45%晶体石硫合剂300倍液、2%农抗120水剂100倍液、50%硫黄悬浮剂300倍液、12.5%腈菌唑乳油3000倍液等。苗圃中幼苗发病初期，喷洒上述药液2~3次，10~15天1次。

(18) 梨火疫病（图1-18-1）

症状诊断 为梨树上毁灭性病害，可侵染梨等几乎所有蔷薇科植物，是我国最主要的检疫对象。叶染病，先从叶缘开始变黑，后沿叶脉扩展致全叶变黑、凋萎下垂。花器染病，萎蔫深褐色，向下蔓延至花柄成水浸状。果实染病，初生水浸状斑，后变暗褐色并渗出黄色黏液，致病果变黑干枯。枝干染病，病部下凹呈溃疡状，渐由褐变黑。

病原 为欧氏杆菌属梨火疫欧文氏杆菌（细菌）。危害新梢、枝干、叶、花及果实。

发病规律 病原细菌在枝干病部、病残体上越冬，翌年借雨水或昆虫传播，通过蜜腺、自然孔口及伤口侵染。久旱遇雨，浇水过度、地势低洼发病重；洋梨易染病，日本梨抗病。

防治方法

农业防治 选栽抗病品种。清除病源是防治该病的关键。冬春剪除病枝清除园内病残体，集叶销毁。生长季节及时剪除病梢、病花、病叶。及时防治其他害虫。

化学防治 发病前始喷洒1:2:200倍式波尔多液或72%链霉素可溶性粉剂3000倍液、47%春雷霉素·王铜可湿性粉剂700倍液、53.8%氢氧化铜干悬浮剂1000倍液等，10~15天1次，连防3~4次。

(19) 梨煤污病（图1-19-1至图1-19-4）

症状诊断 果实染病，初生数个小黑斑，渐连成黑灰色不规则、上覆黑灰色霉状物即菌丝体的大病斑。新梢及叶染病，上也生黑灰色煤状物。病斑一般用手擦不掉。

病原 为半知菌类仁果黏壳孢菌。危害果、枝、叶。

发病规律　病菌以分生孢子器在病枝上越冬，翌春温湿适宜时，产生分生孢子借风雨传播侵染。夏秋多雨、树枝徒长、果园郁闭发病重；树膛外围较内膛和下部发病轻。

防治方法

农业防治　冬春剪除病枝、清除落叶集中销毁，消灭越冬菌源。合理修剪，改善果园通风透光条件，施肥壮树，提高抗病力；雨后排涝，降低果园湿度。

化学防治　病初及时喷洒50%甲基硫菌灵可湿性粉剂或50%多菌灵可湿性粉剂600~800倍液；或40%多菌灵·硫黄悬浮剂500~600倍液、45%噻菌灵可湿性粉剂1000倍液、53.8%氢氧化铜干悬浮剂1000倍液等。10~15天1次，连防2~3次。

20　梨黑皮病（图1-20-1）

症状诊断　主要有两种类型：不均匀变色型，果皮表面现浅黄色或褐色至黑褐色不规则斑块，严重的病斑连片，多始于萼洼处。均匀变色型，整个果皮变为均匀黑褐色，无光泽。以上两型病部均限于果皮，不侵入果肉，但商品价值降低。

病因　为生理病害。病因复杂，如生长后期降水量过大、气候变化异常、采收过早、树龄大小、贮藏期温、湿度过高或过低、机械损伤及栽培措施等有关。

防治方法

农业防治　成熟适期采收，对不同树龄的果实要分批及时采收。改善贮藏条件，适当通风，控制温、湿度变化。使用保鲜纸或单果塑料袋包装，可大大减少梨果黑皮病在贮藏中的氧化作用，防止黑皮病的形成。

化学防治　用0.1%虎皮灵药液浸过的药纸包果贮藏，或用上述药液喷洒包果纸和纸箱隔板，可显著减轻病害发生。

21　梨腐烂病（图1-21-1至图1-21-3）

症状诊断　病部树皮腐烂且多发生在枝干向阳面及枝杈部。溃疡型，初期水浸状长椭圆形稍隆起，病组织松软糟烂一般不烂透树皮，有的溢出红褐色汁液；随病情发展病部干缩下陷，上生黑色小粒状病菌孢子器，潮湿时形成淡黄色卷丝状孢子角，渐形成红褐色坏死斑。枝枯型，2~4年生小枝和极度衰弱大枝上形成边缘不明显干斑，病皮易干翘脱落。病斑绕枝干一周时致全枝及整株逐渐死亡。

病原　为子囊菌门苹果黑腐皮壳梨变种。又名臭皮病。危害干、枝及主根基部。

发病规律　病菌在树皮上越冬，翌年春产生孢子借风雨传播，从伤口侵入。1年有2个发病高峰，春季盛发，夏季停止扩展；秋季再次活动，但危害较春季轻；受冻害发病重。

防治方法

农业防治　因地制宜，选用抗病品种，西洋梨系统较感病；鸭梨、白梨发病轻。加强栽培管理，增强树势，防止受冻，提高抗病力。入冬前枝干涂涂白剂，即生石灰6千克、食盐1~3千克、水20千克调匀，涂枝干以不下流为度。重刮皮。6~8月用利刀将病皮刮至露出白绿色健皮后涂药；刮掉的病残体集中深埋或烧毁。

化学防治　在刮皮后的病部涂抹或喷洒5%菌毒清水剂200倍液或15%噻菌灵悬浮剂300~400倍液、50%多菌灵可湿性粉剂500倍液、5~10波美度石硫合剂、45%晶体石硫合剂20倍液、1%硫酸铜液、腐植酸铜原液、2%农抗120水剂150~200倍液等，重点在春季和秋季进行。春暖后枝干喷洒机油乳剂：甲基硫菌灵：水=16：1：800倍液或5%菌毒清水剂500倍液等。

㉒　梨干枯病（图1-22-1至图1-22-2）

症状诊断　多发生在伤口或枝干的分杈处，病部凹陷椭圆形，黑褐色上生黑色粒点状病菌孢子器，边缘红褐色，重致病部以上干枯。

病原　为半知菌类福士拟茎点霉菌。又名梨树胴枯病。危害老、衰及受冻伤树。

发病规律　病菌以菌丝体在枝干病部越冬。翌年产生分生孢子借风、雨及昆虫传播，进行重复侵染。管理不善、低洼易涝、土壤黏重、果园郁闭、低温冻害发病重。

防治方法

农业防治　加强管理，增施肥料，旱浇涝排，增强树势，提高抗病力。冬春剪除病枝集中烧毁，消灭越冬菌源。

化学防治　发芽前喷洒45%晶体石硫合剂300倍液或65%五氯酚钠可溶性粉600倍液、3~5波美度石硫合剂等，铲除树枝上越冬病菌。刮治病斑，对成龄树病斑重刮皮后涂抹腐植酸铜原液及下述药液。发病初期枝干喷洒50%噻菌灵可湿性粉剂800倍液或1：1：200倍式波尔多液、40%多菌灵·硫黄悬浮剂600倍液、37.5%氢氧化铜悬浮剂500倍液等。

㉓　梨干腐病（图1-23-1至图1-23-3）

症状诊断　枝干染病，初生轮纹状溃疡斑，皮层渐变褐并稍凹陷，其上密生黑褐色粒点状病菌孢子器，病斑环干一周病部以上枯死。果实染病，产生与梨轮纹病相似病斑，需鉴别病原加以区分。苗木和幼树染病，树皮现黑褐色长条状微湿润病斑，致叶片萎蔫或枝条枯死。

病原 无性态为半知菌类桃小穴壳菌。有性态为子囊菌门茶藨子葡萄座腔菌。危害枝、干和果实。

发病规律 病原菌在病组织中越冬，翌年病菌孢子借风雨传播侵染。过去常把干腐病所致病果，误认为是轮纹病病果。管理不善、肥水不足、树势衰弱、密植园中下部枝条发病重。鸭梨、广梨、京白梨、子母梨发病重。

防治方法

农业防治 加强管理，合理修剪和负载，增强树势，提高树体抗病力。及时剪除病枝，清除病果，集中深埋或烧毁，减少菌源。

化学防治 发病初期始喷洒1：2：200倍式波尔多液或45%晶体石硫合剂300倍液、75%百菌清可湿性粉剂700倍液、50%异菌脲可湿性粉剂800倍液、36%甲基硫菌灵悬浮剂600倍液等，10~15天1次，连防2~3次。

(24) **梨枝枯病**（图1-24-1至图1-24-3）

症状诊断 在衰弱的延长枝前端或结果枝上产生稍凹陷、不规则的褐色病斑，病部生出黑色粒点状病菌孢子座。后期病皮龟裂脱落，重致露出木质部或枯死。

病原 有性态为子囊菌门朱红丛赤壳菌。无性态为半知菌类普通瘤座孢菌。危害大树上衰弱的枝梢。

发病规律 病原菌在病部越冬，翌年春产生分生孢子借风雨传播侵染，从衰弱枝伤口侵入，引致病发枝枯。

防治方法

农业防治 冬季修剪留桩宜短，清除病死枝；夏季及时清除并销毁病枝。

化学防治 发芽后枝干喷洒40%多菌灵可湿性粉剂或36%甲基硫菌灵悬浮剂500倍液、50%甲基硫菌灵·硫黄悬浮剂800倍液、50%异菌脲可湿性粉剂1500倍液、25%溴菌清可湿性粉剂800倍液等。10~15天1次，连防2~3次。

(25) **梨灰色膏药**（图1-25-1、图1-25-2）

症状诊断 病部初产生圆形至不规则形白色绵毛状菌膜，中央暗灰色，且不断向四周延伸，中央厚周围薄，颜色渐深形似膏药。后期呈紫黑色，干缩龟裂，逐渐剥落。

病原 为担子菌门隔担子耳菌。危害枝干。

发病规律　以菌丝体在染病枝干上越冬。翌年春、夏之交温湿度适宜时产生担孢子，借气流、介壳虫传播，孢子萌发后以介壳虫分泌物为营养，形成新的菌膜，不侵入寄主体内。树势弱、果园郁闭、湿度大、介壳虫危害重易发病。

防治方法

农业防治　合理密植，保持果园通风透光良好；加强果园综合管理，增施有机肥，合理灌排水，防止田间渍害，科学修剪，增强树势，提高树体抗病能力。

及时防治介壳虫　使用松脂合剂，冬季每500克原液加水4~5升，春季加水5~6升，夏季加水6~12升喷洒枝干或其他高效低毒低残留药剂防治介壳虫。

化学防治　冬春季剪除病枝；不适合剪枝的及时彻底刮除病部菌膜，刮后涂抹1∶1∶100倍波尔多液或20%石灰乳、3~5波美度石硫合剂、甲基硫菌灵与柴油（5∶1）混合剂。刮掉的菌膜携出园外集中销毁。

26　梨根癌病（图1-26-1）

症状诊断　病部形成数毫米至十几厘米大小不等、形状不定、表面粗糙不平的瘤状物，根系生长发育不正常，地上部发育迟缓，生长势弱，新梢短，一般不直接造成植株死亡。

病原　为土壤杆菌细菌。危害根颈部、侧根和细支根。

发病规律　该菌腐生能力强，在土壤中能长期存活。通过雨水、农事操作、地下害虫等传播，从伤口侵入；带病苗木远距离传播。以杜梨做砧木的梨树高度感病；偏碱性土壤利于病菌的繁殖和扩展；有发病史的苗圃连作育苗，根癌病苗率高。

防治方法　控制此病的关键是杜绝病株的传入和防止病菌的侵染。

农业防治　严禁在病圃连作育苗；严格苗木检疫，不运不栽带病苗木。病园适当控制浇水，及时排涝；农事操作尽量少伤根。

化学防治　植前严格剔除病苗并烧毁，对可疑苗木用1%硫酸铜液浸根10分钟，或用72%链霉素可湿性粉剂800倍液浸根20~30分钟，或用30%石灰乳浸根60分钟，浸后用清水冲洗干净。结果树发病，扒开根颈部土壤，把病瘤切掉刮净后涂抹4%农抗120水剂100倍液，再用石硫合剂渣或波尔多液浆涂抹保护。

27　梨衰退病（图1-27-1）

症状诊断　有三种类型：①慢性衰退。顶梢生长缓慢，叶片小呈浅绿色，秋季叶呈纯黄或红色，病树能存活多年。②急性衰退。发生在夏秋季，以慢性衰退或叶片变红为前兆，几天或几周树体即枯死。叶变红或伴有叶卷曲，③叶变红略下卷或沿主脉向上纵卷，叶片皱缩易早落。

病原　为梨植物菌原体。危害叶梢。

发病规律 通过嫁接和刺吸式口器昆虫叶蝉、梨木虱及蜡类传播。病树类菌原体只能在活体筛管中繁殖存活；弱树、病虫危害重、干旱发病重。

防治方法

农业防治 育苗要选用抗病和耐病砧木，如杜梨实生苗、洋梨无性系砧均表现抗病。建梨园时，选栽无病树，并在苗圃5年生以下的果园清除病树。加强果园管理，增施有机肥，防止偏施氮肥，种植绿肥，合理灌溉增强树体的抗病能力。秋冬季进行果树修剪，清理果园，把病枝烧毁或深埋。

防虫治病 及时防治果树害虫的危害。

化学防治 采收后至落叶期注入四环素或四环素簇衍生物及土霉素等抗菌素类杀菌剂，每年注射2~3次。

㉘ 梨缺铁症（图1-28-1至图1-28-3）

症状诊断 又称黄叶病。始于新梢顶部嫩叶，先是叶肉失绿变黄，叶脉两翼尚保持绿色，叶片呈绿色网纹状，叶变小。重时叶片变成黄白色，叶缘变褐焦枯，致叶脱落或顶芽枯死。

病因 当土质过碱、含有多量碳酸钙以及土壤湿度过大时，土壤中可溶性铁变为不溶液性状态，植株无法吸收，导致树体缺铁。春季梨树旺盛生长时期此病多发。地势低洼、排水不良、土壤黏重时，发病重。

防治方法

农业防治 增施农家肥，改良土壤，使土壤中铁元素变为可溶性，有利于植株吸收。

化学防治 将浓度为3%的硫酸亚铁与饼肥或牛粪混合施用。方法是：将0.5千克硫酸亚铁溶于水中，与5千克饼肥或50千克牛粪混合后施入根部，有效期约半年。有条件的可用树干注射机向树干内注入0.05%~0.08%的酸化硫酸亚铁溶液。发病初期叶面喷洒0.4%硫酸亚铁溶液，7~10天1次，连喷2~3次。

㉙ 梨细菌性花腐病（图1-29-1至图1-29-3）

症状诊断 主要危害花、果和叶片。叶片发病后出现赤褐色小病斑，以后逐渐扩大，致病部产生大量的灰白色霉状物；花蕾期即可发病，病花花瓣呈黄褐色枯萎，逐渐腐烂；也可致花丛基部及花梗腐烂，花朵枯萎下垂；果腐是病菌从花的柱头侵入后，通过花粉管达胚囊内，当果实长到豆粒大时，果面只有褐色病斑出现，并有褐色黏液溢出，带一种发酵气味，全果迅速腐烂，最后失水变为僵果。

病原 丁香假单胞菌丁香致病型，属细菌。

发病规律 病菌在落地病果、病叶、病枝上越冬，翌年春天，土壤温度和湿度开始上升时，病菌孢子随风传播，侵入花萼内，引起花腐、叶腐，病花上产生的分生孢子侵入柱头，造成果腐，再由果腐引起枝腐。

防治方法

农业防治 加强栽培管理，合理修剪，保持树冠内通风透光良好；增施肥料，促使树势生长健壮，提高抗病力。消灭越冬病源。秋冬季结合修剪，剪除病枝病叶，清洁田边杂草和枯枝落叶，集中烧毁或深埋；深翻土地，将地表枯枝落叶深埋入地下，阻止菌原蔓延。

化学防治 发病初期树冠及时喷洒2%春雷霉素可湿性粉剂500倍液、或25%菌毒清可湿性粉剂400倍液、或25%丙环唑乳油2000倍液、或77%氢氧化铜可湿性粉剂800倍液、或20%噻菌酮可湿性粉剂600倍液、或3%中生菌素可湿性粉剂600倍液等。落叶后可选用47%春雷霉素·王铜可湿性粉剂200倍液等进行枝干喷雾。药剂要交替使用，每次间隔至少15~20天，生长季节施用药剂浓度宜小，休眠期浓度宜大，喷药宜早不宜迟。

30 梨脉黄病毒病（图1-30-1至图1-30-5）

症状诊断 该病初在较小的叶片叶脉上形成界线不很清晰的黄化区。一般仅短小的细脉发病，特别是在接穗第一年生长期间最为明显。有些类型则形成红色斑驳状。成年树染病，通常不显症。梨树染病后生长明显减缓，树势衰弱，重则与同龄树生长量减半。

病原 为黄脉和污环斑病毒。主要危害叶片。又称红色斑驳病。

发病规律 该病毒在梨树上普遍存在，黄脉和红色斑驳在梨上的并发症，可由同一种病毒引起。病毒粒体线状，大小800纳米×12~15纳米。有研究表明：梨脉黄病毒、苹果茎痘病毒、梨坏死斑点病毒是同一种。主要通过带毒的繁殖材料传播，该病发生数量和密度与品种、毒源类型及气候条件相关。

防治方法

农业防治 选用无病毒的接穗和砧木。繁殖材料通过37℃热处理。加强果园管理，增施有机肥，适时灌水，增强树势，提高抗病能力；注意农事操作，对病株、病枝及时清理，减少传染源。

化学防治 发病初期，喷洒20%病毒A可湿性粉剂500倍液或1.5%植病灵乳油800~1000倍液、10%的混合脂肪酸50~100倍液。选用低毒、高效的杀虫剂及时防治蚜虫、叶蝉等，防止病毒传播。

31 梨日灼病（图1-31-1至图1-31-4）

症状诊断 在梨叶、果、枝干上均可发生危害。梨果日灼发生初期果实表皮呈黄白色，圆形或不规则形，后渐变褐色坏死斑块，果皮木栓化，果肉正常，但易导致畸形果、烂果和落果。梨叶上表现为局部褐色，并扩展蔓延到全叶，引起早期落叶，发生严重时病叶高达30%左右以上。枝条灼伤，树皮褐变，重则树皮开裂、脱落。日灼病发生部位主要在短果枝、中长果枝、新梢及徒长枝的基部或叶上。

病因 又称日烧病，为生理性病害。

发病规律 夏季晴热高温天气，强光直接照射果面、叶面及枝干上，致局部蒸腾作用加快，如果土壤缺水，树体水份供应不足，温度升高至40℃以上或持续时间长，叶片气孔机能钝化、水分过度蒸发，导致植物组织灼伤。雨后天气立即晴好，土壤中水份急剧变动，树势强弱，对梨树日灼病都有影响；施氮、钾多的也容易引发该病。

防治方法

农业防治 合理修剪、建立良好树体结构，使叶片分布合理。特别注意适当多留西南侧果树枝条，增加果树叶片数量，夏日利用叶片遮盖果实，以减少夏季阳光直接暴晒果树枝干和果实的机会。生长季节注意适时灌水和中耕，促根系活动，保持树体水分供应均衡。日灼多发地区树干涂白，反射太阳光，以缓和果树树皮的温度剧变。果园生草或覆盖其他秸秆，可以平衡土壤温度，保持土壤湿度，减少日灼的发生。

物理防治 在适宜时期果实套白色木浆纸袋或双层纸袋，既防病虫，又可防日灼。

化学防治 密切注意天气变化，如有可能出现发生日灼的炎热天气，于午前喷洒0.2%~0.3%磷酸二氢钾溶液或清水，有一定的预防作用。

(32) 梨裂果病（图1-32-1）

症状诊断 果肉纵向或横向裂开，轻的一条缝，重的多条缝，严重的裂果会使果实失去食用价值和商品价值，影响产量和经济效益。裂果现象多发生在5~7月果实迅速膨大期。

病因 生理性病害，管理不科学引起。一是因水分供应不均匀引起，雨水过多，果肉组织发育过决，果皮表皮细胞发育慢，两者发育不均衡，引起表皮角质层龟裂；二是因黑斑病病部组织停止生长而凹陷，引起梨果龟裂；三是因氮肥施用过多，枝、叶生长过旺，果实表皮细胞薄、强度差，而果肉发育过快，引起表皮破裂；四是因果实缺钾素而引起梨果龟裂；不同品种抗裂果性不同。

发病规律 一般青壮年树发病轻，老树发病重；水肥条件好的发病轻，树势衰弱或染有腐烂病、黑星病的发病重。

防治方法

农业防治　适度夏剪，疏除徒长枝及过多郁闭枝，改善梨园通风透光条件。适时中耕除草，保持树盘根际土壤疏松状况，提高土壤含水量，增强土壤透气性，为根系创造良好的生长环境；树盘覆盖，减少土壤水分蒸发，确保土壤水分和营养供应均衡；降雨过后及时清沟排渍，改善土壤通透性。平衡施肥，切忌氮肥施用过多，适时适量补充钾肥，一般5~6年生的梨树每株施硫酸钾100克左右或草木灰2~3千克，施在树根外30厘米的地方。

物理防治　加强病虫害防治，套袋可减轻病虫对梨果实的危害，从而降低裂果率。

化学防治　果实膨大期开始结合病虫害防治，每隔10~20天喷洒1次0.03%的氯化钙水溶液或多元微肥，直到采收，可有效缓解裂果的发生。

㉝ 梨农药药害（图1-33-1）

症状诊断

斑点或焦叶尖　主要发生于植物的叶部，有时茎秆或果实表面也有发生。常见的斑点有黄斑、褐斑、网斑、枯斑等，此类斑点常在施药后发生，药斑在植株上的分布缺乏规律性，在田间分布有轻有重，斑点的大小、形状变化较大；用药量大时容易在叶尖和叶缘存积药液，造成干叶尖和干叶缘。

黄化　药害引起的黄化一般发生快，常发展成枯死，发生情况与施药区域、地段及浓度等有关。而缺素引起的生理性黄化与土壤肥力有关，植株常表现为细弱，症状在全田表现基本一致；病毒等病原生物引起的黄化常呈碎绿状花斑，多表现为系统性症状，病株在田间分布较为随机。

畸形　药害引起的畸形症状在田间分布因用药情况而有规律性，植株上常表现为局部性症状；而病毒等引起的畸形症状在田间零星分布，常表现为系统性症状。

生长停滞　由药害引起的生长停滞常伴有花斑或其他药害症状；而缺素引起的植株僵化常伴有叶色发黄或暗绿等症状；元素中毒引起的植株僵化常伴有根系发育差的现象；病毒引起的生长停滞常伴有花叶或皱缩，多表现为系统性症状。

枯萎　药害引起的枯萎在田间没有发病中心，多数发生过程较快，植株通常表现为先黄化，后枯死，且根茎输导组织不变褐；而病害引起枯萎症状通常有一定的发病中心，植株先萎蔫，然后再失绿枯死，根茎部输导组织变褐坏死；虫害引起的枯萎可查到虫道、虫粪等。

脱落　表现为落花、落果、落叶等症状。药害引起的脱落常伴有其他药害症状，如不脱落的果实可伴有体积变小，果面异常，品质差劣等，缺肥、大风、暴雨、高温、低温等引发的脱落，常伴有明显的气候变化。

劣果　主要发生在果实上，症状表现为果实变小、畸形、果面异常、品质变劣、食用性变差等。如含有三唑类杀菌剂，如使用不当，易造成梨畸形果或果实表面异常。药害引起的症状通常只有病状，没有病症，常伴有其他药害症状；而病害引起的劣果症状多数表现为既有病状，又有病症，一些没有病症的病毒性或缺素性病害，往往又表现为系统性症状，而不表现其他药害症状。

总之，药害的症状表现较为复杂，在诊断时应综合、全面地进行分析，既要观察植株本身的症状特点，又要观察整个田间的症状分布情况；既要观察植株的外部症状，又要观察其内部症状；既要考虑到药害情况，又要考虑病害情况；既要分析近期的用药、天气和环境情况，又要分析过去较远时期的相关情况等。只有这样，才能较准确地作出诊断。

病因

因用药不当引起　包括使用的杀虫剂、杀菌剂品种、使用浓度、时间和方法等。按症状表现的时间快慢可分为两类：一类是急性药害，指的是施药后10天内即表现出症状，症状多呈现斑点、失绿、落叶、落果等。另一类是慢性药害，指的是在施药数10天后才表现出症状，症状多如黄化、畸形、小果等。

不同果树对药剂敏感　如桃、杏、李等核果类果树在生长季对波尔多液敏感，无论用何种比例配制极易发生药害；使用45%代森铵，当药液稀释倍数在1000倍以下时，梨、苹果树极易发生药害；桃园、杏园、石榴园、樱桃园使用40%阿特拉津除草剂，易出现药害，轻者叶片黄化、叶小皱缩，重者大量落叶。

防治方法

严格按要求使用杀虫剂、杀菌剂　严格按照农药使用说明书要求，不宜在本果树上使用的农药、或未经研究证明可以使用的农药，不要使用。

尽量不重复用药、超量用药　农药使用有其利，亦必有其弊。因此切记不宜过分依赖而重复用药、超量用药；对某种农药过敏的果树，不用此种农药；必要使用农药时注意不能重喷，不要随意加大农药使用浓度。

农药药害后的补救措施　①增施肥料。对因一些杀虫剂、杀菌剂引起的局部药斑、叶缘焦枯、植株黄化等症状的药害，可通过施用速效性化学肥料或多元微肥的方法，促进树体迅速恢复生长，减轻药害。②灌水冲洗。对因土壤处理的杀虫剂、杀菌剂产生的药害，可采用翻耕土壤，灌水泡田，反复冲洗的办法，尽可能减少土壤中残留的药剂。③喷施激素。对因一些生长调节剂如乙烯利等引起的药害，可喷施赤霉素以缓减药害程度。④喷药中和。如果造成叶片白化时，可用粒状的50%腐植酸钠3000倍液进行叶面喷洒，或用50%腐植酸钠5000倍液进行灌溉，3~5天后叶片会逐渐转绿；如因波尔多液中的硫酸铜离子产生的药害，可喷洒0.5%~1.0%石灰水溶液消除药害；如因石硫合剂产生药害，在清水水洗的基础上，再喷洒400倍的米醋溶液，可减轻药害；若错用或过量使用有机磷、菊酯类、氨基甲酯类等农药造成药害，可喷洒0.5%～1.0%石灰水、洗衣粉液、肥皂水、洗洁净水等，尤以喷洒碳酸氢铵碱性化肥溶液为佳，不仅有解毒作用，而且可以起到根外追肥促进生长发育效果。⑤中耕松土。果树受药害后，要及时对园地进行中耕松土，适当增施磷肥、钾肥，以改善土壤的通透性，促进根系发育，增强果树自身的恢复能力。

第2章

梨害虫诊断与防治

01 梨大食心虫（图2-1-1、图2-1-2）

属鳞翅目螟蛾科。又名梨斑螟蛾、梨斑螟，俗称吊死鬼。

分布与寄主

分布 全国各产区。

寄主 梨、苹果、桃、沙果等果树。

危害特点 幼虫蛀食芽致其枯死；食花、叶簇致部分或全簇枯萎；幼果受害，蛀孔处有虫粪堆积，幼果渐干枯变黑，果柄基部有大量缠丝使果不易脱落，果内常有蛹壳。

形态诊断 成虫：体长10～12毫米，翅展20～24毫米，体翅暗灰褐色；前翅具2条灰白色线和1个肾形纹。卵：椭圆形，长1毫米，初淡黄后变红色。幼虫：体长17～20毫米，暗红褐色微纹，腹面淡青色；头、前胸盾和胸足黑褐色；臀板暗褐色。蛹：长10～12毫米，初碧绿渐变黄褐色。

发生规律 东北、华北1年发生1～2代，陕、豫、皖2～3代。均以幼虫蛀入花芽内结小白茧越冬。翌年花芽萌动露绿时，越冬幼虫出蛰转芽危害，被害芽多枯死；展叶开花后多从花簇、叶簇基部蛀入并吐丝缠缀芽鳞而不易脱落，蛀入嫩梢髓部致其枯萎下垂。梨果拇指大时又从胴部蛀入梨果危害20余天，蛀孔处堆有虫粪，故称冒粪，5月中旬至6月中旬转果，于最后被害果内化蛹，化蛹前吐丝缠绕果柄于果台枝上，被害果渐干缩变黑悬挂不落故称吊死鬼。成虫羽化期：1代区7月间，2～3代区6月中下旬至8月中下旬。成虫昼伏夜出，对黑光灯有趋性，卵散产于萼洼、芽旁、短果枝、叶痕等处，卵期5～7天。高温干燥对成虫、幼虫均不利。天敌有黄眶离缘姬蜂、瘤姬蜂、离缝姬蜂等。

防治方法

农业防治 及时摘虫果，深埋或烧毁。

物理防治 利用黑光灯诱杀成虫。

生物防治 保护利用天敌。

化学防治 越冬幼虫出蛰转芽期和转果期是关键，防治好的可基本控制当年危害。可喷洒20%氰戊菊酯乳油2000倍液或50%辛硫磷乳油1000倍液、50%丙硫磷乳油1200倍液、52.25%蜱·氯乳油1500倍液等，7～10天1次，连防2～3次。

02 梨小食心虫（图2-2-1至图2-2-4）

属鳞翅目卷蛾科。又名梨小蛀果蛾、桃折梢虫，简称梨小。

分布与寄主

分布 全国各产区。

寄主　梨、山楂、苹果、桃、李、杏、樱桃、枇杷等果树。

危害特点　幼虫食害芽、蕾、花、叶和果实。幼虫吐丝将叶片缀成饺子状，在其中取食叶肉，残留灰白色表皮。果实受害，初果面现一黑点，孔外排出较细虫粪，蛀孔四周变黑腐烂，形成黑疤，虫粪脱落，疤上仅有1小孔，果内有大量虫粪形成豆沙馅。新梢受害，梢端枯死易折断。

形态诊断　成虫：体长6~7毫米，翅展13~14毫米，体翅灰褐色；前翅前缘有8~10条白色斜纹，外缘有10个小黑点，翅中央有1个小白点。卵：扁椭圆形，长约2.8毫米，初乳白渐变为淡黄色。幼虫：低龄幼虫体白色；老熟幼虫体长10~14毫米，头褐色，体淡黄白或粉红色。蛹：纺锤形，长约7毫米，黄褐色；蛹外包有丝质白色薄茧。

发生规律　北方1年发生3~4代，南方发生6~7代。均以老熟幼虫在干、枝粗皮缝隙内、落叶或土中结茧越冬。华北、山东、陕西等地，越冬代成虫4月下旬至6月中旬发生，以后世代重叠严重。第一代成虫5月下旬至7月上旬发生。各虫态历期：卵期5~10天，幼虫期25~30天，蛹期7~10天。成虫于傍晚活动，对糖醋液和烂果有趋性，产卵于嫩叶背面或果实胴部，幼虫孵化后从新梢顶端蛀入向下蛀食致嫩梢枯萎，或蛀入果核周围串食，致被害果脱落，幼虫老熟后向果外咬一个虫孔脱果，爬至枝干粗皮处或果实基部结茧化蛹。第一、二代主要危害山楂、桃、李、杏的新梢，三、四代危害山楂、桃、苹果、梨的果实。在核果类和仁果类混栽或毗邻果园，虫害发生重。天敌有赤眼蜂、小茧蜂、白僵菌等。

防治方法

农业防治　冬春季刮除树干和主枝上的翘皮，清除园内枯枝落叶，集中烧掉或深埋。果树生长前期，及时剪除被害、刚萎蔫新梢。被害梢枯干时，其中的幼虫已转移。及时拾取落地果实并深埋。

物理防治　用红糖、蜂蜜、水按1∶1∶15的比例，加入1%其他杀虫剂，配成诱杀液，装入盆碗或瓶内，挂在树上诱杀成虫。成虫发生期，在每株树上挂1个梨小食心虫性外激素诱芯，干扰雌雄成虫交尾产卵。

化学防治　关键时期是各代卵孵化前后。可喷洒50%杀螟硫磷乳油或90%晶体敌百虫1000倍液；48%哒嗪硫磷乳油2000倍液；2.5%溴氰菊酯乳油或10%氯氰菊酯乳油2500倍液、25%灭幼脲悬浮剂1500倍液等。

03　梨虎象甲（图2-3-1至图2-3-3）

属鞘翅目卷象科。别名梨果象甲、梨象鼻虫、梨虎。

分布与寄主

分布　除新疆、西藏未见报道外，全国均有分布。

寄主　梨、苹果、山楂、杏、桃等果树。

危害特点 成虫啃食嫩枝、叶和花成大小不同的伤斑，啃食果实果皮呈疮痂状，俗称麻脸梨；成虫产卵前后咬伤果柄，致果多脱落；幼虫于果内蛀食，致被害果皱缩脱落或成凹凸不平的畸形果。

形态诊断 成虫：体长12~14毫米，暗紫铜色；头管长约与鞘翅纵长相似，雄头管先端向下弯曲，触角着生在前1/3处，雌头管较直，触角着生在中部；鞘翅上刻点较粗大略呈9纵行。卵：椭圆形，长约1.5毫米，初乳白渐变乳黄色。幼虫：体长约12毫米，乳白色，头部暗褐色，体表多横皱略弯曲，无胸足。蛹：长约9毫米，初乳白渐变黄褐至暗褐色。

发生规律 1年发生1代，少数2年1代，以成虫在土中越冬。越冬成虫在梨开花时始出土，梨果拇指大时出土最多，时间在4月下旬至7月上旬；落花后降透雨大量出土，春旱出土少出土期推迟。白天取食，早晚低温时遇惊扰假死落地。6月中旬至7月上中旬产卵盛期，成虫寿命及产卵期达2个月左右，果实成熟期尚可见成虫。卵期1周左右，幼虫于果内危害20~30天老熟、脱果入土化蛹、羽化越冬。被产卵果4~20天陆续脱落，幼虫在落果中危害至老熟脱果。

防治方法

农业防治 成虫出土期早晚震树，捕杀成虫，5~7天1次。及时捡拾落果，消灭其中幼虫。冬春耕翻园地，利用低温冻害和鸟食灭虫。

化学防治 成虫出土盛期，地面喷洒25%辛硫磷胶囊剂500倍液或每亩用50%辛硫磷颗粒剂5~7.5千克或50%辛硫磷乳剂0.5千克与50千克细砂土混合均匀撒入树冠下，施药后松土深5~10厘米，使药土混合，提高防效。成虫发生期树上喷洒90%晶体敌百虫600~800倍液、或2.5%溴氰菊酯乳油3000倍液等，10~15天1次，连防2~3次。

04 梨实蜂 (图2-4-1)

属膜翅目叶蜂科。又名梨实锯蜂、蜇梨蜂。

分布与寄主

分布 华北、华中、华南等产区。

寄主 梨、杏。

危害特点 幼虫蛀食梨的花萼、幼果，致受害果干枯脱落。

形态诊断 成虫：雌体长约4.5毫米，翅展约11毫米；雄体长约4毫米，翅展约9毫米；体黑色，翅浅黄色透明。卵：长椭圆形，白色半透明。幼虫：体长约8毫米，淡黄白色，头部半球形橙黄或黄褐色；胸足3对，腹足7对。蛹：长约4.5毫米，初白色渐变黑褐色。

发生规律 1年发生1代，以老熟幼虫在土内结茧越夏和越冬，翌春杏花开时（梨花序分离）成虫羽化并先在杏花上取食，成虫有假死性，早晨和日落不活泼，震动即落下。梨花含苞待放时，转移到梨树上产卵，卵散产在花萼组织内，每花着1粒卵，卵期5~6天。初孵幼虫先在花萼基部串食，后蛀入果心，致幼果干枯脱落。幼虫期15天左右，老熟脱果落地，于土中做茧滞育越夏越冬。开花早的品种受害重。

防治方法

农业防治　冬春深翻树盘，利用低温冻害和鸟食消灭越冬茧。杏树开花时，清晨和日落后震树捕杀成虫。

化学防治　在成虫羽化出土前或幼虫脱果入土前，树冠下地面喷洒48%哒嗪硫磷乳油600倍液或50%辛硫磷乳油300倍液等，并浅锄地面。在梨花序分离至含苞待放的成虫发生期树上喷洒48%哒嗪硫磷乳油2000倍液或52.25%蜱·氯乳油1500~2000倍液、10%吡虫啉可湿性粉剂3000~3500倍液等。

05　梨蝽（图2-5-1至图2-5-4）

属半翅目异蝽科。又名梨椿象、花壮异蝽、臭大姐、臭板虫。

分布与寄主

分布　全国各产区。

寄主　梨、樱桃、杏、李、桃、苹果等果树。

危害特点　成虫、若虫刺吸枝梢和果实汁液。枝条被害后，生长缓慢，影响树势，严重时枯萎死亡。果实受害后生长畸形，硬化，不堪食用，失去商品价值。

形态诊断　成虫：体长10~13毫米，宽5毫米，扁平椭圆形，褐色至黄绿色；头淡黄色，中央有2条褐色纵纹；触角丝状5节；前胸背板、小盾片、前翅革质部分均有黑色细小刻点，前胸前缘有一黑色"八"字形纹，腹部两侧有黑白相间的斑纹，常露于翅缘外面，腹面黑斑内侧有3个小黑点。若虫：形似成虫，无翅，初孵化时黑色；前胸背板两侧有黑色斑纹；腹部棕黄色，各节均有黑色斑纹和小红点，背面中央有3条长方形黑色斑纹。卵：椭圆形，直径0.8毫米，淡黄绿色，常20~30粒排列在一起。

发生规律　山东1年发生1代，以2龄若虫在树干及主侧枝的翘皮下、裂缝中越冬。翌春果树发芽时开始活动危害。6月上中旬羽化为成虫，危害枝条和果实。成虫寿命3~4个月，8月下旬至9月上旬产卵。卵成堆产在枝干粗皮裂缝间和枝干分杈处。卵期10天左右。若虫寻觅适当场所越冬。

防治方法

农业防治　冬春季刮除树干和主枝上的老翘皮，消灭越冬若虫；成虫产卵期，在果园巡回检查，发现卵块及时除去。

化学防治　春季果树发芽期是越冬若虫出蛰期，也是喷药防治的最佳期。要及时喷洒48%毒死蜱乳油或20%氰戊菊酯乳油2000倍液，50%杀螟硫磷乳油1000倍液、25%灭幼脲悬浮剂1500~2000倍液等。

06　桃蛀螟（图2-6-1至图2-6-6）

属鳞翅目螟蛾科。又名桃蛀野螟、桃斑螟、桃实螟、桃果蠹、桃蠹螟、桃蠹心虫、桃蛀心虫、桃实虫、桃野螟蛾、果斑螟蛾等。

分布与寄主

分布　全国各产区。

寄主　梨、桃、山楂、核桃、柿、杏、石榴、板栗等果树。

危害特点　幼虫从果与果、果与叶、果与枝的接触处钻入果实危害。果实内充满虫粪，致果实腐烂并造成落果或干果挂在树上。

形态诊断　成虫：体长10~12毫米，翅展24~26毫米，全体金黄色；胸、腹部及翅上都具有黑色斑点；触角丝状；雌蛾腹部末节呈圆锥形，雄蛾腹部末端有黑色毛丛。卵：椭圆形，长0.6~0.7毫米，乳白至红褐色。幼虫：体长22~25毫米，头部暗黑色，胸部暗红色或淡灰或浅灰蓝色，腹面淡绿色；前胸背板深褐色；中、后胸及第一至八腹节各有排成2列的大小毛片8个，前列6个后列2个。蛹：褐色或淡褐色，长约13毫米。

发生规律　黄淮地区1年发生4代，以老熟幼虫或蛹在僵果中、树皮裂缝、堆果场及残枝败叶中越冬。4月上旬越冬幼虫化蛹，下旬羽化产卵；5月中旬发生第一代；7月上旬发生第二代；8月上旬发生第三代；9月上旬为第四代，而后以老熟幼虫或蛹越冬。成虫昼伏夜出，对黑光灯趋性强，对糖醋液也有趋性。卵散产于两果相并处和枝叶遮盖的果面或梗洼上，卵期7天左右。幼虫世代重叠严重，尤以第一、二代重叠常见，以第二代危害重。

防治方法

农业防治　冬春季彻底清理树上、树下干僵果及园内枯枝落叶和刮除翘裂的树皮，清除果园周围的玉米、高粱、向日葵、蓖麻等遗株深埋或烧毁，消灭越冬幼虫及蛹。

物理防治　在果园内点黑光灯或放置糖醋液诱杀成虫。种植诱集作物诱杀。根据桃蛀螟对玉米、高粱、向日葵趋性强的特性，在果园内或四周种植诱集作物，集中诱杀。一般每亩种植玉米、高粱或向日葵20~30株。

化学防治　掌握在桃蛀螟第一、二代成虫产卵高峰期的6月20日至7月30日间喷药，施药3~5次，叶面喷洒90%晶体敌百虫800~1000倍液或20%氰戊菊酯乳油1500~2000倍液、2.5%溴氰菊酯乳油2000~3000倍液、50%辛硫磷乳油1000倍液等。

麻皮蝽（图2-7-1至图2-7-6）

属半翅目蝽科。又名黄霜蝽、黄斑蝽、麻皮椿象、臭屁虫。

分布与寄主

分布　全国各产区。

寄主　枣、梨、石榴、柑橘等果树。

危害特点　成虫、若虫刺吸寄主植物的嫩茎、嫩叶和果实汁液。叶片和嫩茎被害后，出现黄褐色斑点，叶脉变黑，叶肉组织颜色变暗，重者导致叶片提早脱落、嫩茎枯死；果实被害，果面呈现黑褐色麻点。

形态诊断　成虫：体长18～24.5毫米，宽8～11.5毫米，密布黑色点刻，背部棕褐色；前胸背板、小盾片、前翅革质部布有不规则细碎黄色凸起斑纹；前翅膜质部黑色；腹面黄白色；头部稍狭长，前尖；触角5节黑色丝状。卵：近鼓状，顶端具盖，白色。若虫：初龄若虫胸、腹背面有许多红、黄、黑色相间的横纹；二龄若虫腹背前面有6个红黄色斑点，后面中间有一椭圆形褐色凸起斑；老熟若虫与成虫相似，红褐或黑褐色，触角4节黑色；前胸背板中部及小盾片两侧角具6个淡红色斑点；腹背中部具暗色斑3个，上各有淡红色臭腺孔2个。

发生规律　1年发生1代，以成虫于草丛或树洞、树皮裂缝及枯枝落叶下、墙缝、屋檐下越冬。翌春果树发芽后开始活动，5～7月交配产卵，卵多产于叶背，数粒或数十粒黏在一起，卵期约10天，5月中旬见初孵若虫，7～8月羽化为成虫危害至深秋，10月开始越冬。成虫飞行力强，喜在树体上部活动，有假死性，受惊时分泌臭液。

防治方法

农业防治　冬春季清除园地枯叶杂草，集中烧毁或深埋。成虫、若虫危害期，掌握在成虫产卵前，于清晨震落捕杀。

化学防治　成虫产卵期和若虫期喷洒25%溴氰菊酯乳油2000倍液或10%氯菊酯乳油1000～1500倍液、40%辛硫磷乳油600～1000倍液、10%乙氰菊酯乳油800～1000倍液等。

08　**梨笠圆蚧**（图2-8-1至图2-8-4）

属同翅目盾蚧科。又名梨枝圆盾蚧、梨笠圆盾蚧。

分布与寄主

分布　全国各产区。

寄主　梨、苹果、山楂、杏、桃、李、葡萄、柑橘、樱桃、草莓等300多种植物。

危害特点 雌成虫、若虫刺吸枝干、叶、果实汁液，轻致树势衰弱，重致枯死。

形态诊断 成虫：雌介壳近圆形稍隆起，直径约1.7毫米，灰白至灰褐色，具同心轮纹；虫体近扁圆形橙黄色，体长0.9~1.5毫米，宽0.75~1.23毫米。雄介壳长椭圆形，长1.2~1.5毫米，似鞋底状，介壳的质地与色泽同雌介壳；雄体长0.6毫米，翅展1.62毫米，淡橙黄至橙黄色，前翅外缘近圆形。若虫：椭圆形扁平，淡黄至橘黄色。

发生规律 北方1年发生2~3代，南方4~5代，以若虫在枝条上越冬，翌春树液流动后开始危害。3代区越冬代、一、二代发生期分别为：6月上旬至7月上旬、7月下旬至9月上旬、9月至11月上旬。4代区越冬代、一、二、三代发生期分别为：4月下旬至5月上旬、6月下旬至7月底、8月下旬至10月上旬、11月中下旬。若虫多在2~5年生枝干上危害，部分在叶背主脉两侧分泌绵毛状蜡丝形成介壳。天敌有红点唇瓢虫、肾斑唇瓢虫、红圆蚧金黄芽小蜂等数十种。

防治方法

农业防治　加强检疫，防止有蚧苗木传入新区。及时剪除介壳虫寄生严重枝条烧毁。严禁用有虫枝条作种苗接穗。

生物防治　引放利用天敌防治。

化学防治　春季梨树发芽前，喷洒3~5度波美石硫合剂或0.4%五氯酚钠溶液、95%机油乳剂200倍液等。一、二代若虫期，枝干喷洒25%噻菌酮可湿性粉剂1500~2000倍液或20%甲氰菊酯乳油3000倍液、50%马拉硫磷乳油1000倍液、95%机油乳剂500倍液等。危害期用5%氟啶脲乳油20~50倍液涂干包扎，效果较好。

09 白星花金龟（图2-9-1至图2-9-6）

属鞘翅目花金龟科。又名白纹铜花金龟、白星花潜、白星金龟子、铜克螂。

分布与寄主

分布　全国各产区。

寄主　梨、樱桃、柿、桃、杏、苹果、李、柑橘等果树。

危害特点 成虫主要危害花和果实，食花致花腐烂，果实近成熟时昼夜啃食果实，致果肉腐烂。幼虫俗称蛴螬，危害果树根系。

形态诊断 成虫：体长17~24毫米，宽9~12毫米，椭圆形，具古铜或青铜色光泽，体表散布众多不规则白绒斑；触角深褐色；前胸背板具不规则白绒斑；前胸背板后角与鞘翅前缘角之间有一个三角片甚显著；鞘翅宽大，近长方形，白绒斑多为横向波浪形；臀板短宽，每侧有3个白绒斑呈三角形排列。

发生规律 1年发生1代，以幼虫于土中越冬。成虫于5月上旬出现，6~7月为发生盛期，白天活动，有假死性，对酒醋味有趋性，飞翔力强，常群聚危害花、果，产卵于土中。幼虫多以腐败物为食，并危害根系。天敌有多种鸟类、深山虎甲、粗尾拟地甲、寄生蜂、寄生蝇、寄生菌等。

防治方法 此虫虫源来自多方，应以消灭成虫为主。

农业防治　早、晚张单震落成虫；果园施用腐熟有机肥，减少幼虫的发生。

生物防治　保护利用天敌。

物理防治　在距地面1~1.5米高的树枝上挂细口瓶，瓶里放入2~3个白星花金龟，引诱田间白星花金龟飞到瓶口附近爬行，并掉入瓶中，每亩挂瓶40~50个捕杀效果优异。

化学防治　成虫发生期树上喷洒52.25%蝉·氯乳油或50%杀螟硫磷乳油、45%马拉硫磷乳油1500倍液，或48%毒死蜱乳油1200倍液、20%甲氰菊酯乳油2000倍液等。

10 嘴壶夜蛾（图2-10-1至图2-10-6）

属鳞翅目夜蛾科。又名桃黄褐夜蛾、小鸟嘴壶夜蛾。

分布与寄主

分布　全国各产区。

寄主　桃、梨、苹果、柑橘、葡萄、龙眼、木防己等果树。

危害特点 成虫吸食成熟或近成熟果实果汁，被害果出现针头大小孔洞，致果实变色凹陷、糜烂脱落。

形态诊断 成虫：体长16~19毫米，翅展34~40毫米，头部淡红褐色，胸腹部褐色；前翅棕褐色，外缘中部外突成一角，顶角至后缘中部有一深色斜线，翅上具一个肾状纹和1个三角形的红褐色斑；后翅黄褐色，缘毛黄白色。卵：扁圆形长约0.8毫米，初黄白渐变为灰黑色。幼虫：体长37~46毫米，尺蠖型，漆黑色，背面两侧各有黄、白、红色斑一列。蛹：长17~19毫米，红褐至暗褐色。

发生规律 1年发生4~6代，世代重叠。以幼虫在树下杂草丛或土缝中越冬。5月份成虫出现，先危害早熟水果桃、樱桃等；7月后增多，9月下旬至10月下旬盛发，11月下旬后虫口密度渐小。成虫昼伏夜出，趋光性弱，嗜食糖液，略具假死性，闷热无风的夜晚蛾量多；成虫卵散产于木防己的叶背，孵化后在其上取食。

防治方法

农业防治　铲除或用除草剂清除果园周围夜蛾幼虫寄主木防己，断绝其食料。果实套袋，在生理落果后进行。用香茅油或小叶桉油驱避成虫，方法是：用吸水性强的草纸片浸油，每株树于傍晚挂1片，翌晨收回，第二天再补加油挂上。

物理防治　用黑光灯或糖醋液诱杀成虫。

化学防治　在成虫发生前期可以喷洒低毒的菊酯类或植物源类农药烟碱、苦参碱等。近成熟期为避免农药残留一般不再用药。

⑪ 铜绿金龟（图2-11-1至图2-11-3）

属鞘翅目丽金龟科。又名铜绿丽金龟、淡绿金龟子、青金龟子，俗称铜克螂、金克螂、瞎碰等。

分布与寄主

分布　全国除新疆、西藏、青海等少数产区未见报道外，其他产区均有分布。

寄主　梨、山楂、核桃、樱桃、板栗、杏、石榴、苹果、葡萄、柑橘等果树。

危害特点　成虫食害叶、芽及花器，食叶成孔洞或缺刻，顶芽被害后，主茎停止生长；花器受害易脱落。幼虫危害地下组织。

形态诊断　成虫：体长15~18毫米，宽8~10毫米，体铜绿色；头部较大，深铜绿色；触角9节鳃叶状；前胸背板发达闪光绿色；鞘翅为黄铜绿色，有光泽，并有不甚明显隆起带；胸部腹板黄褐色有细毛；腹部米黄色，雌虫腹面乳白色。卵：椭圆形，2.3毫米×2.2毫米，乳白色。幼虫：体长32毫米左右，头黄褐色，体乳白色，通称蛴螬。蛹：体长22~25毫米，淡黄色。

发生规律　1年发生1代，以幼虫在土内越冬。翌春3月上到表土层，5月化蛹，6月上旬至7月中旬成虫危害盛期，危害期40天左右。6月下旬至7月中旬产卵，卵多散产在4~14厘米土层中，卵期7~13天，6月中旬至7月下旬幼虫孵化，危害至深秋下移至深土层越冬。成虫昼伏夜出，飞翔力强，有较强的趋光性和假死性，晚上交尾产卵食叶危害，白天潜伏土中，喜欢栖息在深度7厘米左右疏松潮湿的土壤里。幼虫在土壤中钻蛀，危害地下根部。

防治方法

农业防治　冬前耕翻园地，利用冰冻、日晒、鸟食消灭越冬幼虫。成虫发生期于傍晚摇动树枝，下铺布单或塑料薄膜震落成虫捕杀之。

物理防治　黑光灯诱杀。

化学防治　基肥里全面喷洒50%辛硫磷乳油或20%辛·阿乳油、20%甲氰菊酯乳油1000~1500倍液等，搅拌混匀，触杀幼虫。成虫发生危害期，叶面喷洒15%辛·阿乳油或90%晶体敌百虫800~1000倍液、10%氯氰菊酯乳油1500~2000倍液、5%顺式氰戊菊酯乳油2000~3000倍液等触杀成虫。

12 苹毛丽金龟（图1-12-1至图2-12-3）

属鞘翅目丽金龟科。又名苹毛金龟子、长毛金龟子。

分布与寄主

分布　全国各产区。

寄主　梨、山楂、核桃、樱桃、栗、桃、杏、苹果、石榴等果树。

危害特点　成虫食害嫩叶、芽及花器；幼虫危害地下组织。

形态诊断　成虫：体长8.9~12.5毫米，宽5.5~7.5毫米；卵圆至长圆形，除鞘翅和小盾片外，全体密被黄白色绒毛；头胸部古铜色，有光泽；鞘翅茶褐色，具淡绿色光泽，上有纵列成行的细小点刻；触角鳃叶状9节；从鞘翅上可透视出后翅折叠成"V"字形；腹部末端露出鞘翅。卵：椭圆形，长1.5毫米，乳白至米黄色。幼虫：体长约15毫米，头黄褐色，体白色略泛黄色，通称蛴螬。蛹：12.5毫米×6.0毫米，黄褐色。

发生规律　1年发生1代，以成虫在土中越冬。翌春3月下旬出土危害至5月下旬，主要危害蕾花，成虫发生期40~50天。4月中旬至5月上旬产卵于土壤中，卵期20~30天。幼虫发生盛期为5月底至6月初，幼虫期60~80天，危害地下根系。7月底至8月下旬化蛹。9月中旬成虫羽化后即在土中越冬。成虫具假死性，喜食花器，一般先危害杏、梨、桃，后转至苹果、山楂、核桃、板栗、石榴上危害。卵多产于9~25厘米且土质疏松的土层中。天敌有红尾伯劳、灰山椒鸟、黄鹂等益鸟和朝鲜小庭虎甲、深山虎甲、粗尾拟地甲及寄生蜂、寄生蝇、寄生菌等。

防治方法　此虫虫源来自多方面，特别是荒地虫量最多，故应以消灭成虫为主。

农业防治　早、晚张网震落成虫，捕杀之。

生物防治　保护利用天敌。

化学防治　①地面施药，控制潜土成虫。常用药剂有5%辛硫磷颗粒剂每亩3千克撒施；或50%辛硫磷乳油每亩0.3~0.4千克加细土30~40千克拌匀成毒土撒施；或稀释500~600倍液均匀喷于地面。使用辛硫磷后应及时浅耙，提高防效。②树上施药。于果树开花前，喷洒52.25%蚜·氯乳油或50%杀螟硫磷乳油、45%马拉硫磷乳油、48%毒死蜱乳油1200~1500倍液，或2.5%溴氰菊酯乳油2000~3000倍液等。

13 梨叶甲（图2-13-1至图2-13-4）

属鞘翅目铁甲科。又名梨叶虫、梨金花虫。

分布与寄主

分布　我国东北、华东、华中及周边产区。

寄主　梨。

危害特点　危害梨花、叶,幼虫喜于嫩叶背面啃食叶肉和花器,受害叶呈纱网状孔洞和缺刻,受害花脱落;重时吃光枝梢叶片。

形态诊断　成虫:体黄褐至赤褐色,长9毫米、宽6毫米,头背中央具2黑斑横列;触角端部膨大近棒状黑褐色;前胸背板中央及两侧各生1黑斑;鞘翅上黑斑呈4横列,前3列各有4个黑斑,第4列为1个大横斑。卵:椭圆形,长约2.5毫米,紫红色。幼虫:初孵幼虫黑褐色,成龄体橙色长约10毫米,头黑色;前胸背板中部黑色,两侧橙黄,背线、亚背线黑色。蛹:卵圆形,长约9毫米,尾端细小。

发生规律　河南、江苏1年发生2代,以成虫在向阳处草丛、落叶、土石块下越冬。翌年4月出蛰食害嫩芽叶,4月下旬至5月把卵块产在叶背,幼虫期1个月。1代成虫6~7月发生,2代成虫8月中下旬出现,危害至晚秋越冬。成虫有假死性;初孵幼虫群集,二代后分散取食,遇惊扰第9腹节突出2条赤褐色角状突起。

防治方法

农业防治　①冬春清理园地枯枝落叶及杂草并销毁,消灭越冬虫态;②利用成虫的假死性,早春成虫上树为害时,摇动树枝震落捕杀灭虫;③利用初孵幼虫群集性,人工捕食幼虫和摘除卵块灭卵。

化学防治　在成幼虫危害期,叶面喷洒90%晶体敌百虫1000倍液、或5%氟苯脲乳油1500~2000倍液、或40%辛硫磷乳油1200倍液、或10%氯菊酯乳油2000倍液等。

⑭ 梨黄粉蚜 (图2-14-1、图2-14-2)

同翅目根瘤蚜科梨矮蚜属。俗称黄粉虫。

分布与寄主

分布　全国各主要梨产区。

寄主　此虫食性单一,目前所知只危害梨,尚无发现其他寄主植物。

危害特点　成虫和若虫群集在果实萼洼等处危害繁殖,虫口密度大时,可布满整个果面。受害果萼洼处凹陷,以后变黑腐烂。后期形成龟裂的大黑疤。套袋果多在果柄周围至胴部受害。

形态诊断　成虫:体卵圆形,长约0.8毫米,全体鲜黄色,有光泽,腹部无腹管及尾片,无翅。行孤雌卵生。包括干母、普通型。性母均为雌性。有性型体长卵圆形,体型略小,雌0.47毫米左右,雄0.35毫米左右,体色鲜黄,口器退化。卵：越冬卵（孵化为干母的卵）椭圆形，长0.25～0.40毫米，淡黄色，表面光滑；产生普通型和性母型的卵，体长0.26～0.30毫米，初产淡黄绿，渐变为黄绿色；产生有性型的卵，雌卵长0.4毫米，雄卵长0.36毫米，黄绿色。若虫：淡黄色，形似成虫，仅虫体较小。

发生规律　1年发生10余代，以卵在树皮裂缝或枝干上残附物内越冬。翌年梨树开花时卵孵化，若虫先在翘皮或嫩皮处取食危害。6月中旬开始向果上转移，7月多集中于萼洼处，渐蔓延至果面呈堆状黄粉；8月中旬果实近成熟期，危害最重。

梨黄粉蚜的生殖方式为孤雌生殖，雌蚜和性蚜都为卵生，生长期干母和普通型成虫产孤雌卵，过冬时性母型成虫孤雌产生雌、雄不同的两种卵，雌、雄蚜交配产卵，以卵越冬。普通型成虫每天最多产10粒卵，一生平均产卵150粒左右；性母型成虫每天约产3粒，1生产90粒左右，雌蚜一生只产1粒卵。

梨黄粉蚜喜阴忌光，多在背阴处栖息危害，套袋处理的梨果更易遭受危害，若采收较早，带有虫体的梨果，在贮藏期间仍继续危害，此时萼洼被害部逐渐变黑腐烂。成虫活动力差，传播途径主要靠梨苗和接穗运输、转移等方式。5～7月温暖干燥、气温19.5～23.8℃、相对湿度68%～78%时，利其发生，活动猖獗，高温低湿或低温高湿都对梨黄粉蚜活动不利。在不同品种中受害程度也有差异，无萼片的梨果受害轻于有萼片的梨果。老树受害重于幼树，地势高处较地势低处受害轻。天敌有中华草蛉、小花蝽、多异瓢虫、异色瓢虫等。

防治方法

农业防治　①冬春人工刮除枝干翘皮，清除树上的残附物，集中处理，消灭越冬卵；②科学修剪，保证通风透光良好；③生理落果后套袋保护；④需转运的苗木、接穗，如有此虫，先将苗木泡于水中24小时以上，再阳光暴晒，可杀死其上的虫和卵。

化学防治　梨树落花后、于蚜虫盛发、大量上果及迁入果实萼洼前，时间约于6月中旬、7月下旬喷洒10%烟碱水剂1000倍液、或5%氟虫脲乳油1500倍液、或10%吡虫啉可湿性粉剂3500倍液、或2%阿维菌素乳油3000倍液等。

(15) **梨网蝽**（图2-15-1至图2-15-7）

属半翅目网蝽科。又名梨花网蝽、梨军配虫。

分布与寄主

分布　全国各产区。

寄主　梨、山楂、樱桃、柿、李、杏、苹果、核桃等。

危害特点　以成虫、若虫在寄主叶片背面刺吸危害，被害叶正面形成苍白斑点，叶片背面因虫所排出的粪便呈黑色油浸状斑。受害严重时全树叶片变黑褐色枯落，影响树势和产量，并诱发煤污病发生。

形态诊断 成虫：体长约3.5毫米，扁平，暗褐色；触角丝状；前胸背板中央纵向隆起，向后延伸如扁板状，盖住小盾片，两侧向外突出呈翼片状；前翅略呈长方形，具黑褐色斑纹，静止时两翅叠起黑褐色斑纹呈"X"状；前胸背板与前胸均半透明，具褐色细网纹。卵：长椭圆形，长约0.6毫米，初产淡绿渐变淡黄色。若虫：共5龄。初孵若虫乳白色，近透明，渐变成深褐色；3龄后有明显的翅芽；老熟若虫头、胸、腹部两侧均有黄褐色刺状突起。

发生规律 北方1年发生3~4代，长江流域1年发生4~5代。均以成虫在枯枝落叶、树皮裂缝、杂草及土、石缝中越冬。翌年4月上旬开始取食危害。产卵于叶片背面靠主脉两侧的叶肉内。卵期约15天，第一代若虫于4月下旬孵化，有群集性，若虫期约15天。成虫、若虫喜群集叶背主脉附近，被害叶面呈现黄白色斑点，叶背和下边叶面上常落有黑褐色带黏性的分泌物和粪便。5月中旬后各虫态同时出现，世代重叠。一年中以7~8月危害最重。高温干旱利其发生。10月中下旬以后，成虫寻找适当处所越冬。

防治方法

农业防治 冬季清除果园内枯枝、落叶、杂草，集中烧毁或深埋，以消灭越冬成虫。

化学防治 重点抓好第一代若虫孵化盛期，即4月下旬的防治，叶面喷洒40%毒死蜱乳油或40%辛硫磷乳油1000倍液；20%氰戊菊酯乳油2500倍液、2.5%氯氟氰菊酯乳油3000倍液、20%抑食肼可湿性粉剂1500~2000倍液、2%阿维菌素乳油4000~6000倍液等。

⑯ 梨尺蠖（图2-16-1、图2-16-2）

属同翅目尺蠖科。又名梨步曲。

分布与寄主

分布 在河北、河南、山东、山西、安徽等地。

寄主 梨、苹果、山楂、海棠、杏及杨等。

危害特点 幼虫食害梨花、嫩叶成缺刻或孔洞，重时吃光花、叶。

形态诊断 成虫雌雄异形。雄成虫：有翅，全身灰色或灰褐色，体长12~14毫米，翅展32~35毫米；触角羽毛状；前翅灰褐色，有3条黑褐色斜横线；后翅灰褐色。雌成虫：无翅，体长11~14毫米，深灰色；触角丝状。卵：椭圆形，长1~1.3毫米，表面光滑，初期为乳白色，后期变为黄褐色。幼虫：体色因食物不同有绿色、褐色等。初孵幼虫绿色或灰褐色；老熟幼虫体长28~30毫米，头部黑色或黑褐色，胸、腹部深灰色，有比较规则的线状黑灰色条纹；胸足3对，褐色至红褐色；腹足2对，深褐色，分别着生在腹部第六和第十节上；幼虫爬行时呈

"弓腰"状。蛹：体长12～15毫米，红褐色，头部圆钝。

发生规律　1年发生1代，以蛹在土中越冬。河北第二年早春2、3月越冬蛹羽化为成虫后沿幼虫入土穴道爬出土面，白天潜伏在杂草间或树冠中。雌蛾只能爬到树上，等待雄蛾飞来交尾，把卵产在树干阳面缝中或枝干交叉处，少数产于地面土块上。每雌产卵300余粒。卵期10～15天，幼虫孵化后分散危害幼芽、幼果及叶片，幼虫期36～43天，幼虫遇惊扰吐丝下垂。5月上旬幼虫老熟开始下树，多在树干四周入土9～12厘米，个别深达21厘米，先作土茧化蛹，以蛹越夏和越冬，蛹期9个多月。

防治方法

农业防治　①冬春季耕翻果园，利用冻害或鸟食灭蛹。②成虫发生期，在梨冠树下铺塑料薄膜并用土压实，阻止成虫出土；或在树干基部堆50厘米高上尖下大的土堆，拍实打光，阻止雌蛾上树；或者在树干基部绑宽约10厘米的塑料薄膜，于薄膜上涂黄油或废机油，阻止雌成虫上树交尾。③幼虫发生期震树捕杀幼虫。

物理防治　黑光灯诱杀雄成虫。

化学防治　①地面施药。成虫出土前在树干周围喷洒90%晶体敌百虫800～1000倍液、或撒布40%辛硫磷颗粒剂，施药后轻锄地面混匀药土，毒杀出土成虫。②叶面喷药。掌握在幼虫3龄前防治效果好。可选用90%敌百虫晶体1000倍液、50%辛硫磷乳油1000倍液、20%氰戊菊酯乳油2000倍液、或50%杀螟硫磷乳油1000倍液，或其他菊酯类药剂喷雾。

17　梨二叉蚜（图2-17-1至图2-17-5）

半翅目蚜科。

分布与寄主

分布　全国仅黑龙江、新疆、西藏、海南未见被害记录，其他产区都有分布。

寄主　梨、狗尾草等多种果树及其他植物。

危害特点　成虫、若蚜群集于芽、叶、嫩梢和茎上吸食汁液。梨叶受害严重时向两侧向正面纵卷成筒状，重致脱落。

形态诊断　无翅孤雌胎生蚜：体长1.9～2.1毫米，宽约1.1毫米，体绿、暗绿、黄褐色，被有白色蜡粉；体背有菱形网纹，背毛尖锐、长短不齐；头部额瘤不明显，口器黑色，基半部色略淡，复眼红褐色，触角丝状6节，端部黑色；各足腿节、胫节的端部和跗节黑色；腹管长大黑色，圆柱状，末端收缩；尾片圆锥形，侧毛3对。有翅孤雌胎生蚜：体长1.4～1.6毫米，翅展5.0毫米左右；头、胸部黑色，腹部淡色，额瘤略突出；口器黑色；触角丝状6节；复眼暗红色，前翅中脉分2叉，故称二叉蚜；足、腹管和尾片同无翅孤雌胎生蚜。卵：椭圆形，长径约0.7毫米，初产暗绿，后变黑色有光泽。若虫：类似无翅孤雌胎生蚜，体小，绿色。

发生规律　1年发生20代左右，生活周期为乔迁式。以卵在梨芽附近和果台、枝杈的缝隙内越冬，于梨芽萌动时开始孵化。若蚜群集于露绿的芽上危害，待梨芽开绽时钻入芽内，展叶期又集中到嫩梢叶面危害，致使叶片向上纵卷成筒状。落花后大量出现卷叶，半月左右开始出现有翅蚜，5~6月份大量迁飞到越夏寄主狗尾草和茅草上。6月中下旬梨树上基本绝迹。秋季9~10月间，在越夏寄主上产生大量有翅蚜迁回梨树上繁殖危害，并产生性蚜。雌蚜交尾后产卵，以卵越冬。春季危害重于秋季。天敌有草蛉、瓢虫、食蚜蝇、蚜茧蜂等。

防治方法

农业防治　冬前刮刷干枝翘皮，集中销毁灭卵；春季及时摘除被害卷叶，消灭蚜虫。

生物防治　保护利用天敌。

化学防治　①早春发芽前喷洒5%柴油乳剂或黏土柴油乳剂杀卵；②梨花萌动至展叶期是药剂防治关键期，此期越冬卵全部孵化而又未造成卷叶用药效果好，应及时喷洒1%阿维菌素3000~4000倍液、或10%吡虫啉可湿性粉剂1500~2000倍液、或20%氰戊菊酯乳油2000倍液、或50%抗蚜威可湿性粉剂2000~2500倍液、或52.25%蝉·氯乳油2000倍液等；③提倡使用 EB-82灭蚜菌或Ec. t-107杀蚜霉素200倍液，蚜虫发生高峰前选晴天喷洒效果好。

⑱　梨叶蜂（图2-18-1至图2-18-2）

属膜翅目叶蜂科。又名桃黏叶蜂。

分布与寄主

分布　河南、山东、山西、陕西、江苏、四川等地及周边产区。

寄主　梨、桃、李、杏、樱桃、山楂、柿等果树。

危害特点　以幼虫危害叶片，幼虫取食时多以胸、腹足抱持叶片，尾端常翘起。低龄幼虫食害叶肉，仅残留表皮，幼虫稍大后取食叶片呈不规则缺刻与孔洞，严重发生时将叶片吃得残缺不全，甚至仅残留叶脉，从而影响树体生长及树势。

形态诊断　成虫：体粗短，长10~13毫米，宽5毫米，黑色，有光泽；头部较大，触角丝状9节，上生细毛；复眼暗红色至黑色，单眼3个，在头顶呈三角形排列；前胸背板后缘向前凹入较深，雄虫胸部全黑色，雌虫胸部两侧和肩板黄褐色；翅宽大、透明，微带暗色，翅脉和翅痣黑色；足淡黑褐色，跗节5节，前足胫节具端距2个。雄虫腹部筒形，雌虫略呈竖扁，产卵器锯状。卵：绿色，略呈肾形，长1毫米左右，两端尖细。幼虫：体长10毫米，黄褐至绿色。头近半球形，每侧单眼1个，其上部有褐色圆斑；体光滑，胸部膨大，胸足发达，腹足6对，着生在第二至六腹节和第十腹节上；臀足较退化；初孵幼虫头部褐色，体淡黄绿色。单眼周围和口器黑色。

发生规律　1年发生代数不详。以末龄幼虫在土茧中越冬。河南、南京一带成虫于6月羽化出土，飞到树上交尾产卵，未经交尾的雌虫亦能产卵，且能孵化为幼虫。卵期10天左右，幼虫孵化后取食叶片。陕西8月上旬进入幼虫危害盛期。幼虫于9月上中旬老熟后下树入土结茧，在土层3厘米处越冬。

防治方法

农业防治　冬春季耕翻果园，使越冬茧暴露出地面或埋入深处，可杀灭越冬幼虫。

化学防治　6月成虫羽化出土时，地面用25%辛硫磷微胶囊剂300倍液或40%哒嗪硫磷乳油450倍液喷洒树盘地表，防治出土成虫。幼虫危害期，叶面喷洒90%晶体敌百虫或50%辛硫磷乳油1200～1300倍液防治、或2%氟丙菊酯乳油1500～2000倍液、或20%啶虫脒可湿性粉剂2000倍液等。

⑲　梨缩叶壁虱（图2-19-1、图2-19-2）

属蜱螨目瘿螨科。又名梨缩叶瘿螨、叶壁虱、梨缩叶病、叶肿病等

分布与寄主

分布　河北、河南、山东、山西、陕西等地及周边梨产区。

寄主　梨、苹果、桃、山楂等果树。

危害特点　以成螨、若螨危害嫩芽叶、花等，被害叶肿胀皱缩，从叶缘向正面卷缩，凸凹不平，重时卷成双筒状并向内弯曲；成叶只卷边缘，受害处叶背表皮肿胀皱缩，组织变红或浅黄色，后期多干枯早落。花器被害，不能坐果。

形态诊断　成虫：体微小，肉眼不易看到，体长约132微米，宽约49微米，形似胡萝卜，前端粗向后渐细，油黄色半透明。卵：微小，圆形，半透明。若虫：体黄白色细小，似成虫。

发生规律　1年发生多代，以成螨在芽鳞片下、树枝翘皮下、果柄脱落层处越冬。在梨树芽开绽时开始活动，转移到幼嫩组织上取食危害，5月份危害最严重，以后发生数量逐渐减少，被害的卷叶和皱叶难以伸展。秋季成螨转移到芽上并潜入芽鳞片下等处越冬。白梨、安梨、鸭梨受害重。

防治方法

农业防治　严格检查苗木和接穗，发现带有螨的种苗和接穗，可用40～50℃温水浸泡20分钟，以杀死螨体，防止传播。发现有缩叶、皱叶，及时摘除，集中消灭，严防蔓延。

化学防治　早春梨树发芽前防治。芽开始膨大时，喷布3~4波美度石硫合剂或50%硫黄悬浮剂100~200倍液，毒杀即将出垫的越冬幼螨。喷药及时周到，一次药即可控制危害。展叶期喷洒0.2~0.3波美度石硫合剂、或15%哒螨灵乳油2000~3000倍液、或5%苯螨特乳油1500~2000倍液、或10%氯氰菊酯乳油2000~2500倍液等，防效很好。

⑳　梨星毛虫（图2-20-1至图2-20-6）

属鳞翅目斑蛾科。又名梨叶斑蛾，俗称包饺子虫、裹叶虫。

分布与寄主

分布　全国各产区。

寄主　梨、山楂、苹果、杏、桃、樱桃等果树。

危害特点　幼虫吐丝将叶片缀合包成"饺子"状，在其内取食叶片、蕾花，叶片仅残留表皮和叶脉呈网状，严重时满树是吃尽叶肉的苞叶，一片红色，新幼虫二次危害，将叶片吃成油纸状，树冠成灰白色。

形态诊断　成虫：体长8~13毫米，翅展18~30毫米，体及翅暗青蓝色有光泽，翅半透明，翅缘浓黑色；雌蛾触角锯齿状，雄蛾触角双栉齿状。卵：扁椭圆形，长约0.8毫米，初产黄白色渐变为紫褐色。幼虫：老熟时体长约20毫米；头黑褐色，胴部乳白色或淡黄色，背线黑褐色，体背各节两侧各有近圆形的黑斑，各节有横列的瘤状突起6个，每个瘤突上生有数十根白色细毛。蛹：长11毫米，淡黄至黑褐色，被以双层白色丝茧。

发生规律　1年发生1~2代。以2龄幼虫在树皮缝里结灰白色茧越冬。春季主要危害花芽、幼叶、花蕾；4月下旬花开、展叶后，幼虫缀合叶片呈饺子状，躲于其中啃食叶肉，被害叶仅残留表皮及叶脉，呈焦枯状，有时也危害靠近叶片的果实。一头幼虫可危害7、8片叶，5月中下旬在包叶中结白色茧化蛹，蛹期10天左右。6月中下旬成虫羽化，飞翔力不强，昼伏夜出，卵块产于叶面，每块卵量80~100粒；早晨气温低时成虫易被震落。卵期7~8天。7月初幼虫孵化危害，7月下旬2龄幼虫陆续在粗皮下、裂缝中做茧休眠越冬。有少数可继续发育至第二代幼虫，危害至10月做茧越冬。天敌有梨星毛虫悬茧蜂、金光小寄蝇等。

防治方法

农业防治　①冬春季用硬刷子刮刷树皮翘缝，消灭越冬幼虫。②幼虫发生期及时摘除虫叶和虫茧苞，消灭苞内幼虫。

化学防治　花芽膨大期至开花初期及7月中旬幼虫孵化期，是药剂防治的2个有利时机。可喷洒50%丙硫磷乳油1500倍液或50%马拉硫磷乳油1000倍液、2.5%溴氰菊酯乳油4000倍液、25%灭幼脲胶悬剂1200倍液、20%甲氰菊酯乳油

2000倍液等。

21 斜纹夜蛾（图2-21-1至图2-21-3）

属鳞翅目夜蛾科斜纹夜蛾属。又名莲纹夜蛾、夜盗虫、乌头虫。

分布与寄主

分布　中国除青海、新疆未见报道外，其他各地都有发现。主要发生在长江流域的江西、江苏、湖南、湖北、浙江、安徽；黄河流域的河南、河北、山东等地。

寄主　梨、苹果、草莓、柑橘、葡萄等及甘薯、棉花、芋、莲、大豆、烟草、甜菜、十字花科和茄科蔬菜近300多种植物。

危害特点　以幼虫咬食叶片、花蕾、花及果实，初龄幼虫啮食叶片下表皮及叶肉，仅留上表皮呈透明斑；暴食性害虫，可吃光整株植物叶片。

形态诊断　成虫：体长14~20毫米左右，翅展35~46毫米，体暗褐色，胸部背面有白色丛毛，前翅灰褐色，花纹多，内横线和外横线白色、呈波浪状，肾状纹前部呈白色，后部呈黑色，环状纹和肾状纹之间有3条白线组成明显的较宽的斜纹，自翅基部向外缘还有1条白纹，所以称斜纹夜蛾；后翅白色，外缘暗褐色。卵：半球形，直径约0.5毫米；初产时黄白色，孵化前呈紫黑色，表面有纵横脊纹，数十上百粒集成卵块，外覆黄白色鳞毛。幼虫：老熟幼虫体长38~51毫米，夏秋虫口密度大时体瘦，黑色或暗褐色；冬春数量少时体肥，淡黄绿或淡灰绿色，体表散生小白点，背线呈橙黄色，各节有近似半月形或三角形黑斑一对。蛹：长15~20毫米，长卵形，红褐至黑褐色。腹末具发达的臀棘1对。

发生规律　我国从北至南1年发生4~9代。以蛹在土下3~5厘米处蛹室内越冬，少数以老熟幼虫在土缝、枯叶、杂草中越冬。南方冬季无休眠现象。在长江流域以北地区，因冬季低温易被冻死，当地虫源可能从南方迁飞过去。长江流域多在7~8月大发生，黄河流域则多在8~9月大发生。成虫夜出活动，飞翔力较强，有长距离迁飞能力，具强烈的趋光性和趋化性，黑光灯的效果比普通灯的诱蛾效果明显，对糖、醋、酒等发酵物尤为敏感。每只雌蛾能产卵3~5块，每块有卵粒100~200个，卵多产于叶背的叶脉分叉处，以茂密、浓绿的作物产卵较多，卵块常覆有鳞毛而易被发现。卵的孵化适温为24℃左右，卵期5~6天。幼虫共6龄，初孵幼虫聚集叶背，3龄以后开始分散危害，4龄后进入暴食期，猖獗时可吃尽大面积寄主植物叶片，老龄幼虫有昼伏性和假死性，白天多潜伏在土缝处，傍晚爬出取食，遇惊扰就会落地蜷缩假死状；当食料不足或不当时，幼虫可成群迁移至附近田块危害，故又有"行军虫"的俗称。斜纹夜蛾发育适温为29~30℃，幼虫在气温25℃左右时，历经14~20天；化蛹的适合土壤湿度为土壤含水量在20%左右，蛹期为11~18天。一般高温年份和季节有利其发育、繁殖，低温则易引致虫蛹大量死亡。该虫食性虽杂，但食料情况，包括不同的寄主，甚至同一寄主不同发育阶段或器官以及食料的丰缺，对其生育繁殖都有明显的影响。间种、复种指数高或过度密植的田块有利其发生。天敌有小茧蜂、广大腿蜂、寄生蝇、步行虫以及多角体病毒、鸟类等。

防治方法

农业防治　①清除杂草，冬春季翻耕果园晒土或灌水，以破坏或恶化其化蛹场所，有助于减少虫源。②结合管理随手摘除卵块和群集危害的初孵幼虫，以减少虫源。

生物防治　①利用性诱捕器捕杀害虫，从而降低后代种群数量而达到防治的目的。使用该技术减少了农药使用次数和减少了用量，降低了农残，延缓害虫对农药抗性的产生。同时保护了自然环境中的天敌种群，从而控制害虫的发生。②使用斜纹夜蛾核型多角体病毒200亿PIB/毫升水分散粒剂12000~15000倍液喷洒防治。

物理防治　①点灯诱蛾。利用成虫趋光性，于盛发期点黑光灯诱杀，②糖醋诱杀。利用成虫趋化性配糖醋液（糖∶醋∶酒∶水＝3∶4∶1∶2）加少量敌百虫诱蛾。③柳枝蘸洒90%晶体敌百虫500倍液诱杀蛾子。

化学防治　卵孵化盛期和低龄幼虫期叶面交替喷洒10%氯氰菊酯乳油2000~3000倍液、或50%氰戊菊酯乳油4000~6000倍液，或20%氰·马或菊·马乳油2000~3000倍液、或2.5%灭幼脲乳油1500倍液、或25%马拉硫磷乳油1000倍液等，2~3次，隔7~10天1次，喷匀喷足。

㉒　榆黄叶甲（图2-22-1至图2-22-3）

属鞘翅目叶甲科。又名榆黄毛萤叶甲、榆黄金花虫。

分布与寄主

分布　东北、西北、华东、华南等地。

寄主　梨、榆等多种果树和园林绿化及用材林树种。

危害特点　以成虫、幼虫取食寄主叶片。初孵幼虫群集于卵壳周围取食叶肉，然后分散危害，可将寄主叶片咬食的仅残留叶脉，严重时整个树冠几乎无叶。

形态诊断　成虫：体长6.5~7.5毫米，宽3~4毫米，近长方形，棕黄色至深棕色，头顶中央具一桃形黑色斑纹。触角大部、头顶斑点、前胸背板3条纵斑纹、中间的条纹、小盾片、肩部、后胸腹板以及腹节两侧均呈黑褐色或黑色。触角短，不及体长1半。鞘翅上具密刻点。卵：长约1毫米，长圆锥形，顶端钝圆。幼虫：末龄幼虫体长9毫米，黄色，周身具黑色毛瘤。足黑色。蛹：

长约7毫米，乳黄色，椭圆形，背面生黑刺毛。

发生规律 北京地区1年发生1~2代，以成虫在杂草、土石块下或建筑物缝隙中越冬。翌年4月上旬寄主发芽时，越冬成虫开始活动，4月下旬把卵产在叶片上。5月上旬孵化为幼虫开始危害叶片。幼虫老熟后由树枝向下爬行，常于寄主分叉处或伤疤、粗皮缝内、土石块下以数百甚至数千头集中化蛹。卵期天敌有赤眼蜂、捕食性瓢虫、螳螂等；蛹期天敌有广大腿小蜂等；幼虫期天敌有马蜂、薄翅螳螂等。

防治方法

农业防治 ①冬春耕翻园地，利用低温鸟食，消灭越冬成虫；②老熟幼虫群集在树干上化蛹时，及时灭杀。

化学防治 成虫上树取食期、幼虫孵化盛期，及时喷洒40%烟碱乳油800~1000倍液、或2.5%溴氰菊酯乳油2500倍液、或25%灭幼脲悬浮剂1500~2000倍液、或0.36%苦参碱水剂1000倍液等。

(23) 黄刺蛾（图2-23-1至图2-23-11）

属鳞翅目刺蛾科。又名刺蛾、洋辣子、八角虫、八角罐、八角虫、羊蜡罐、白刺毛等。

分布与寄主

分布 全国各梨产区。

寄主 梨、柿、桃、杏、石榴、苹果等果树。

危害特点 低龄幼虫群集叶背面啃食叶肉，稍大把叶食成网状，随虫龄增大则分散取食，将叶片吃成缺刻，仅留叶柄和叶脉，重者吃光全树叶片。

形态诊断 成虫：体长13~16毫米，翅展30~34毫米；头和胸部黄色，腹背黄褐色；前翅内半部黄色，外半部为褐色，有两条暗褐色斜线，在翅尖上汇合于一点，呈倒"V"字形，内面一条伸到中室下角，为黄色与褐色的分界线。卵：椭圆形，黄绿色。幼虫：体长16~25毫米，头小，胸腹部肥大，呈长方形，似幼儿的娃娃鞋，黄绿色；体背有一两端粗中间细的哑铃形紫褐色大斑，和许多突起枝刺。蛹：椭圆形，长12毫米，黄褐色。茧：灰白色，质地坚硬，茧壳上有几道褐色长短不一的纵纹，形似雀蛋。

发生规律 1年发生2代，以老熟幼虫在树枝上结茧越冬。翌年5月上旬化蛹，5月中下旬至6月上旬羽化，成虫趋光性强，产卵于叶背面，数十粒连成一片；6月中下旬幼虫孵化，初孵幼虫喜群集危害，数头幼虫白天头向内形成环状静伏于叶背。6月下旬至7月上中旬幼虫老熟后，固贴在枝条上，作茧化蛹。7月下旬出现第二代幼虫，危害至9月初结茧越冬。天敌主要有上海青蜂和黑小蜂等。

防治方法

农业防治　冬春季剪除冬茧集中烧毁，消灭越冬幼虫。

生物防治　摘除冬茧时，识别青蜂（冬茧上端有一被寄生蜂产卵时留下的小孔）选出保存，翌年放入果园天然繁殖寄杀虫茧。低龄幼虫期每亩用每克含孢子100亿的白僵菌粉0.5~1千克，在雨湿条件下喷雾防治效果好。

化学防治　卵孵化盛期至幼虫危害初期喷洒90%晶体敌百虫或40%马拉硫磷乳油1200倍液、25%灭幼脲悬浮剂1500倍液、20%除虫脲悬浮剂3000~4000倍液、1.8%阿维菌素2000~3000倍液、20%抑食肼可湿性粉剂800~1000倍液、20%虫酰肼悬浮剂1000~1500倍液、2.5%溴氰菊酯乳油3000~4000倍液、10%乙氰菊酯乳油2000倍液等。

㉔　扁刺蛾（图2-24-1至图2-24-6）

属鳞翅目刺蛾科。又名黑点刺蛾、黑刺蛾。

分布与寄主

分布　全国各梨产区。

寄主　梨、柿、桃、杏、石榴、苹果、柑橘等果树。

危害特点　初孵幼虫群叶背啃食叶肉，使叶片仅留透明的上表皮。随虫龄增大，食叶成空洞和缺刻，重者食光叶片。

形态诊断　成虫：体长13~18毫米，翅展28~35毫米；体暗灰褐色，腹面及足色较深；触角雌丝状，雄羽状；前翅灰褐稍带紫色，中室外侧有1条明显的暗斜纹，自前缘近顶角处向后缘斜伸；雄蛾中室上角有1个黑点；后翅暗灰褐色。卵：扁平椭圆形，长1.1毫米，淡黄绿至灰褐色。幼虫：体长21~26毫米，宽16毫米，体扁，椭圆形，背部稍隆起，形似龟背；全体绿色、黄绿色或淡黄色，背线白色；体边缘有10个瘤状突起，其上生有长刺毛，第四节背面两侧各有1个红点。蛹：长10~15毫米，近椭圆形，乳白至黄褐色。茧：椭圆形，长12~16毫米，紫褐色。

发生规律　1年发生1~3代，以老熟幼虫在树下3~6厘米土层内结茧以前蛹越冬。1代区6月上旬羽化、产卵，6月中旬至9月上中旬幼虫发生危害。2~3代区5月中旬至6月上旬羽化；第一代幼虫5月下旬至7月中旬发生；第二代幼虫7月下旬至9月中旬发生；第三代幼虫9月上旬至10月发生，均以老熟幼虫入土结茧越冬。卵多散产于叶面上，卵期7天左右。低龄幼虫啃食叶肉，留下一层表皮，大龄幼虫取食全叶，虫量多时，常从枝的下部叶片吃至上部，每枝仅存顶端几片嫩叶。

防治方法

农业防治　冬春季耕翻树盘，利用低温和鸟食消灭土中越冬的虫茧。

生物防治　喷洒青虫菌6号悬浮剂1000倍液，杀虫保叶。

化学防治　卵孵化盛期和低龄幼虫期喷洒30%杀虫双水剂1500~2000倍液或80%杀螟丹可溶性粉剂2000倍液、50%辛硫磷乳油或45%马拉硫磷乳油1000倍液、5%顺式氰戊菊酯乳油2000倍液等。

25 褐边绿刺蛾（图2-25-1至图2-25-4）

属鳞翅目刺蛾科。又名青刺蛾、褐缘绿刺蛾、四点刺蛾、曲纹绿刺蛾，幼虫俗称洋辣子。

分布与寄主

分布　全国各梨产区。

寄主　梨、柿、桃、杏、苹果、石榴、柑橘等果树。

危害特点　低龄幼虫取食叶的下表皮和叶肉，留下上表皮，致叶片呈不规则黄色斑块，大龄幼虫食叶成孔洞和缺刻，重者吃光全叶，仅留主脉。

形态诊断　成虫：体长16毫米，翅展38~40毫米；触角雄蛾栉齿状，雌蛾丝状；头、胸、背绿色，胸背中央有一棕色纵线，腹部灰黄色；前翅绿色，基部有暗褐色大斑，外缘为灰黄色宽带；后翅灰黄色。卵：扁椭圆形，长1.5毫米，黄白色。幼虫：体长25~28毫米，初龄黄色，稍大黄绿至绿色，中胸至第八腹节各有4个瘤状突起，上生青色刺毛束，腹末有4个毛瘤丛生蓝黑球状刺毛；背绿色，两侧有深蓝色点。蛹：椭圆形，长13毫米，黄褐色。茧：椭圆形，长16毫米，暗褐色坚硬。

发生规律　1年发生1~3代，以前蛹于茧内在树干基部浅土层或枝干上越冬。1代区6月上中旬至7月中旬越冬成虫羽化，6月下旬至9月幼虫发生危害，8月危害最重，8月下旬后幼虫陆续结茧越冬。2代区5月中旬越冬代成虫羽化，第一代幼虫6~7月发生，第一代成虫8月中下旬羽化；第二代幼虫8月下旬至10月中旬发生，10月上旬幼虫结茧越冬。成虫昼伏夜出，有趋光性。卵多产于叶背主脉附近，数十粒呈鱼鳞块状排列，卵期7天左右。幼龄群集，稍大后分散。天敌有紫姬蜂和寄生蝇。

防治方法

农业防治　幼虫群集危害期人工捕杀，注意手不要碰到幼虫毒毛。

物理防治　利用黑光灯诱杀成虫。

生物防治　秋冬季摘虫茧，放入细纱笼内，保护和引放寄生蜂。低龄幼虫期每亩用每克含孢子100亿的白僵菌粉0.5~1千克，在雨湿条件下喷雾防治效果好。

化学防治　幼虫发生期及时喷洒90%晶体敌百虫或50%马拉硫磷乳油、50%杀螟硫磷乳油等1000倍液，或50%辛硫磷乳油1500倍液、10%联苯菊酯乳油

3000倍液、2.5%鱼藤酮乳油300~400倍液等。

26 桑褐刺蛾（图2-26-1至图2-26-7）

鳞翅目刺蛾科。又名褐刺蛾、桑刺毛虫。

分布与寄主

分布　除东北、西北少数地区外，全国各产区都有分布。

寄主　梨、桃、柿、栗、山楂、葡萄、茶、桑、柑橘、白杨等。

危害特点　初孵幼虫取食叶肉，仅残留透明的表皮，随虫龄增大食叶仅残留叶脉。

形态诊断　成虫：体长1.5~1.8厘米，翅展3.1~3.9厘米，身体土褐色至灰褐色。前翅前缘近2/3处至近肩角和近臀角处，各具一暗褐色弧形横线，两线内侧衬影状带，外横线较垂直，外衬铜斑不清晰，仅在臀角呈梯形；雌蛾体上斑纹较雄蛾浅。卵：扁椭圆形，黄色，半透明。幼虫：成龄体长3.5厘米左右，黄色，背线天蓝色，各节在背线前后各具1对黑点，亚背线各节具1对突起，其中后胸及第一、五、八、九腹节突起最大。茧：灰褐色，椭圆形。

发生规律　1年发生2~4代，以老熟幼虫在树干附近土中结茧越冬。3代区成虫分别在5月下旬、7月下旬、9月上旬出现，成虫夜间活动，有趋光性，卵多成块产在叶背，每雌产卵300多粒，幼虫孵化后在叶背群集并取食叶肉，半月后分散危害，取食叶片。老熟后入土结茧化蛹。

防治方法

农业防治　①处理幼虫为害叶和灭茧。多种刺蛾如丽绿刺蛾、黄刺蛾等的幼龄幼虫多群集取食，被害叶显现白色或半透明的表皮，很容易发现。此时斑块附近常栖有大量幼虫，及时摘除带虫枝、叶，加以处理，效果明显。褐刺蛾、丽绿刺蛾等的老熟幼虫常沿树干下行至树基部或地面结茧，可采取树干绑草等方法诱其结茧及时予以清除。②清除越冬虫茧。刺蛾越冬茧期长达7个月以上，此期果园作业较空闲，可根据不同刺蛾越冬场所之异同采用敲、挖、剪除等方法清除虫茧。

物理防治　利用刺蛾成虫具有较强趋光性特性，在成虫羽化期于19:00~21:00用灯光诱杀。

生物防治　利用刺蛾天敌防治，如刺蛾紫姬蜂、广肩小蜂、上海青蜂、爪哇刺蛾姬蜂、健壮刺蛾寄蝇等。

化学防治　在刺蛾低龄幼虫期防治效果好，有效药剂有90%晶体敌百虫1500倍液，或50%马拉硫磷乳油2000倍液，或2.5%溴氰菊酯乳油3000倍液，或20%氰戊菊酯乳油3000倍液；或50%杀螟硫磷乳油、40%辛硫磷乳油1500~2000倍液、25%甲萘威可湿性粉剂700倍液等叶面喷洒防治。

27 **白囊蓑蛾**（图2-27-1至图2-27-6）

鳞翅目蓑蛾科。别名白囊袋蛾、白蓑蛾、白袋蛾、白避债蛾、棉条蓑蛾、橘白蓑蛾。

分布与寄主

分布 河南、江苏、安徽、上海、浙江、江西、福建、台湾、广东、广西、湖南、湖北、贵州、四川、云南等地。

寄主 李、杏、石榴、桃、苹果、梨、柿、枣、栗、核桃、柑橘、梅、枇杷、油茶、茶等。

危害特点 幼虫在护囊中咬食叶片、嫩梢或剥食枝干、果实皮层，造成寄主植物光秃。

形态诊断 成虫：雌体长9~16毫米，蛆状，足、翅退化，体黄白色至浅黄褐色微带紫色。头部小，暗黄褐色。触角小，突出；复眼黑色。各胸节及第一、二腹节背面具有光泽的硬皮板，其中央具褐色纵线，体腹面至第七腹节各节中央皆具紫色圆点1个，第三腹节后各节有浅褐色丛毛，腹部肥大，尾端瘦小似锥状。雄体长6~11毫米，翅展18~21毫米，浅褐色，密被白长毛，尾端褐色，头浅褐色，复眼黑褐色球形，触角暗褐色羽状；翅白色透明，后翅基部有白色长毛。卵：椭圆形，长0.8毫米，浅黄至鲜黄色。幼虫：体长25~30毫米，黄白色，头部橙黄至褐色，上具暗褐色至黑色云状点纹；胸节背面硬皮板褐色，中、后胸分成2块，上有黑色点纹；第八、九腹节背面具褐色大斑，臀板褐色。有胸足和腹足。蛹：黄褐色，雌体长12~16毫米，雄体长8~11毫米。蓑囊：灰白色，长圆锥形，长27~32毫米，丝质紧密，上具纵隆线9条，表面无枝和叶附着。

发生规律 1年发生1代，以低龄幼虫于蓑囊内在枝干上越冬。翌春寄主发芽展叶期幼虫开始危害，6月老熟化蛹。蛹期15~20天。6月下旬至7月羽化，雌虫仍在蓑囊里，雄虫飞来交配，产卵在蓑囊内，每雌产卵千余粒。卵期12~13天。幼虫孵化后爬出蓑囊，爬行或吐丝下垂分散传播，在枝叶上吐丝结蓑囊，常数头在叶上群居食害叶肉，随幼虫生长，蓑囊渐大，幼虫活动时携囊而行，取食时头胸部伸出囊外，受惊扰时缩回囊内，经一段时间取食便转至枝干上越冬。天敌有寄生蝇、姬蜂、白僵菌等。

防治方法

农业防治 结合园艺管理及时摘除蓑囊，碾压或烧毁

生物防治 并注意保护利用天敌。

化学防治 在7月5~20日前后，幼虫2~3龄期，虫囊长约1厘米，采用90%晶体敌百虫或50%丙硫磷乳油1000倍液、或10%醚菊酯乳油1500倍液喷雾，防

治效果达95%以上。

㉘ 茶蓑蛾（图2-28-1至图2-28-7）

属鳞翅目蓑蛾科。又名小窠蓑蛾、小蓑蛾、小袋蛾、茶袋蛾、避债蛾、茶背袋虫。

分布与寄主

分布　全国各产区。

寄主　梨、柿、桃、柑橘、石榴等100多种植物。

危害特点　幼虫在护囊中咬食叶片、嫩梢或剥食枝干、果实皮层，造成局部光秃。该虫喜集中危害。

形态诊断　成虫：雌蛾体长12~16毫米，足退化，无翅，蛆状，体乳白色；头小褐色；腹部肥大，体壁薄，能看见腹内卵粒。雄蛾体长11~15毫米，翅展22~30毫米，体翅暗褐色；触角双栉状；胸部、腹部具鳞毛；前翅翅脉两侧色略深，外缘中前方具近正方形透明斑2个。卵：椭圆形，0.8毫米×0.6毫米，浅黄色。幼虫：体长16~28毫米，头黄褐色，胸部背板灰黄白色，背侧具褐色纵纹2条，胸节背面两侧各具浅褐色斑1个；腹部棕黄色，各节背面均有"八"字形黑色小突起4个。蛹：雌蛹纺锤形，长14~18毫米，深褐色；雄蛹深褐色，长13毫米；护囊：纺锤形，枯枝色，成长幼虫的护囊，雌的长约30毫米，雄的约25毫米。囊系以丝缀结叶片、枝条碎片及长短不一的枝梗而成，枝梗整齐地纵裂于囊的最外层。

发生规律　贵州1年发生1代，华东地区年发生1~2代，台湾2~3代。以幼虫在枝叶上的护囊内越冬。翌春3月越冬幼虫开始取食，5月中下旬化蛹，6月上旬至7月中旬成虫羽化并产卵，卵期12~17天。第一代幼虫6~8月发生且危害重，幼虫期50~60天。第二代幼虫9月出现，危害至落叶越冬。幼虫孵化后先取食卵壳，后爬上枝叶或飘至附近枝叶上，吐丝黏结碎叶营造护囊并开始取食。天敌有蓑蛾疣姬蜂、松毛虫疣姬蜂、桑蟥疣姬蜂、大腿蜂、小蜂等。

防治方法

农业防治　发现虫囊及时摘除，集中烧毁。

生物防治　注意保护利用寄生蜂等天敌昆虫。或喷洒每克含1亿活孢子的杀螟杆菌或青虫菌6号悬浮剂防治。

化学防治　掌握在幼虫初孵期喷洒90%晶体敌百虫或50%杀螟硫磷乳油1000倍液、2.5%溴氰菊酯乳油2000倍液、10%氟丙菊酯乳油1500倍液等。

㉙ 山楂叶螨（图2-29-1至图2-29-5）

属蜱螨目，叶螨科。又名山楂红蜘蛛。

分布与寄主

分布　全国各产区。

寄主　梨、苹果、山楂、樱桃、桃、杏、李等果树。

危害特点　以幼螨、若螨、成螨危害芽、叶、果，常群集在叶片背面的叶脉两侧拉丝结网，在网下刺吸叶片的汁液。被害叶片出现失绿斑点，渐变成黄褐色或红褐色、枯焦乃至脱落。

形态诊断　成螨：雌成螨椭圆形，0.45毫米×0.28毫米，深红色；体背前端稍隆起，后部有横向的表皮纹；刚毛较长；足4对，淡黄色；冬型雌成螨鲜红色，夏型雌成螨深红色。雄成螨体长0.43毫米，末端尖削，浅黄绿至浅绿色，体背两侧各有1个大黑斑。卵：圆球形，浅黄白至橙黄色。幼螨：3对足，体圆形，初黄白色渐变为浅绿色，体背两侧具深绿色斑纹。若螨：4对足，淡绿至浅橙黄色，体背出现刚毛、两侧有黑绿色斑纹，后期可区分雌雄。

发生规律　1年发生6~10代，以受精雌成螨在树皮缝隙内越冬。果树萌芽期，越冬雌成螨开始出蛰，爬到花芽上取食危害，果树落花后，成螨在叶片背面危害，这一代发生期比较整齐，以后各世代重叠。6~7月份高温干旱季节适于叶螨发生，为全年危害高峰期。进入8月份，雨量增多，湿度增大，加上害螨天敌的影响，危害减轻。8月下旬后越冬型雌成螨陆续发生，10月害螨全部越冬。天敌有捕食螨等。

防治方法

农业防治　冬春季刮除树干上的老翘皮，消灭越冬雌成螨。

生物防治　果园内自然天敌种类很多，应尽量减少喷药次数，利用天敌控制害螨发生。

化学防治　防治的关键期在果树萌芽期和第一代若螨发生期（果树落花后）。①发芽前，喷洒3~5波美度的石硫合剂或含油3%~5%的柴油乳剂等。②果树萌芽期，喷洒50%硫黄悬浮剂200~400倍液或5%噻螨酮乳油1500倍液等。③若螨发生期喷洒20%四螨嗪悬浮剂或15%哒螨灵乳油2000倍液、1.8%阿维菌素乳油4000倍液等。

30　梨剑纹夜蛾（图2-30-1至图2-30-5）

属鳞翅目夜蛾科。又名梨叶夜蛾。

分布与寄主

分布　全国产区。

寄主　梨、桃、杏、李、苹果、梅、山楂等果树。

危害特点　幼虫将叶片吃成孔洞、缺刻，重者将叶脉吃掉，仅留叶柄。

形态诊断 成虫：体长14~17毫米，翅展32~46毫米；头、胸部棕灰色，腹部背面浅灰色带棕褐色；前翅暗棕色有白色斑纹，上有4条横线，基部2条色较深，外缘有1列黑斑，翅脉中室内有1个圆形斑，边缘色深；后翅棕黄色至暗褐色；触角丝状。卵：半球形，赤褐色。幼虫：体长约33毫米，头黑色，体褐色至暗褐色，具大理石样花纹，背面有1列黑斑，中央有橘红色点；各节毛瘤较大，簇生褐色长毛。蛹：体长约16毫米，黑褐色。

发生规律 1年发生2代，以蛹在土中越冬。5月下旬至6月上旬越冬代成虫羽化。6~7月幼虫发生危害，6月中旬即有幼虫老熟在叶片上吐丝结黄色薄茧化蛹；第一代成虫在6月下旬发生。8月上旬出现第二代成虫，第二代幼虫危害到9月中下旬，陆续老熟后入土结茧化蛹。成虫昼伏夜出，有趋光性和趋化性；产卵于叶背或芽上，卵呈块状排列，卵期7~10天；幼龄幼虫群集嫩叶取食，后分散危害。

防治方法

农业防治 冬春翻树盘，消灭越冬蛹。

物理防治 成虫发生期用糖醋液或黑光灯、高压汞灯诱杀成虫。

化学防治 防治适期是各代幼虫发生初期，可喷洒50%杀螟硫磷乳油或50%辛硫磷乳油1000~1500倍液、20%氰戊菊酯乳油2000倍液、10%联苯菊酯乳油4000~5000倍液、20%除虫脲悬浮剂1000倍液。

(31) 美国白蛾（图2-31-1至图2-31-12）

属鳞翅目灯蛾科。国内外重要的检疫对象。

分布与寄主

分布 全国许多产区。

寄主 柿、桃、核桃、枣、杏、苹果、梨、山楂、李、石榴、梨等200多种植物。

危害特点 以幼虫群集结网，并在网内食害叶肉，残留表皮。网幕随幼虫龄期增长而扩大，长的可达1.5米以上。幼虫5龄后出网分散危害，严重时整株叶片被吃光。

形态诊断 成虫：体长12~17毫米，白色；雄虫触角双栉齿状，黑色；越冬代成虫前翅上有较多的黑色斑点，第一代成虫翅面上的斑点较少；雌虫触角锯齿状，前翅翅面很少有斑点。卵：近球形，直径0.57毫米，灰褐色。幼虫：体长28~35毫米；头黑色具光泽，体色黄绿色至灰黑色，变化较大，背部两侧线之间有1条灰褐色宽纵带；背部毛瘤黑色，体侧毛瘤橙黄色，毛瘤上生有灰白色长毛。蛹：长8~15毫米，暗红色。

发生规律 1年发生2代，以蛹于茧内在枯枝落叶中、墙缝、表土层、树洞等处越冬。翌年5月上旬出现成虫。第一代幼虫发生期6月上旬至7月下旬，第二代幼虫发生期8月中旬至9月中旬。成虫常300~500粒成块产卵于叶片背面，单层排列，卵期约7天，幼虫孵化后短时间即吐丝结网，群集网内危害，4龄后分散危害，幼虫期35~42天；幼虫老熟后下树寻找适宜场所结薄茧化蛹越冬。

防治方法

农业防治 ①加强检疫工作，防止白蛾由疫区传入，做到早投入、早准备、早报告、早除治。②人工剪除网幕。在美国白蛾网幕期，人工剪除网幕，并就地销毁，是一项无公害、效果好的防治方法。③人工挖蛹。美国白蛾化蛹时，采取人工挖蛹的措施，可以取得较好防治效果。④草把诱集。根据老熟幼虫下树化蛹的特性，于老熟幼虫下树前，在、树干处，用谷草、稻草等织成草帘围成下紧上松的草把，诱集老熟幼虫集中化蛹，虫口密度大时每隔1周换1次，解下草把连同老熟幼虫集中销毁。

物理防治 在各代成虫期，利用美国白蛾成虫趋光性，悬挂杀虫灯诱杀成虫。

生物防治 ①利用美国白蛾的天敌周氏啮小蜂防治，最佳时期是白蛾老熟幼虫至化蛹期，选择晴朗天气的10:00~16:00放蜂，间隔7~10天再放第二次，防治效果最好。②用性信息激素防治。当虫株率低于5%时，在美国白蛾成虫期，按50米距离和2.5~3.5米高度，设置性信息素诱捕器，诱杀美国白蛾雄蛾。

化学防治 防治的关键时期是第一代幼虫发生期和其他各代幼虫发生初期。可喷洒50%杀螟硫磷乳油1000倍液或90%晶体敌百虫1000~1500倍液、20%氰戊菊酯乳油3000倍液、20%辛·阿维乳油1000倍液、20%除虫脲悬浮剂4000~5000倍液、25%灭幼脲悬浮剂1500~2500倍液等。

㉜ 梨叶肿瘿螨（图2-32-1至图2-32-2）

属蜱螨目瘿螨科。又名梨潜叶壁虱、梨肿叶病。

分布与寄主

分布 全国各产区

寄主 梨、苹果、山楂等。

危害特点 以成螨、若螨危害寄主叶片时，初现浅绿色疱疹，渐变成褐色或红色至黑色。疱疹多发生在主脉两侧或叶片中部，密集成行；嫩叶疱疹多的致叶面明显隆起，被面卷曲凹陷，重致叶片早落。

形态诊断 成螨：体长约0.25毫米，圆筒形，白色至灰白色，略带红色，足2对，身体具许多环纹。卵：卵圆形，半透明。若螨：与成螨相似，但体略小。

发生规律 1年发生多代，以成螨于寄主芽鳞片下越冬。翌年春季展叶时越冬成螨侵入叶片组织内繁殖和危害，引起叶组织肿起。辽宁地区多在5月上旬出现疱疹，5月中下旬进入危害盛期，6月后气温升高，危害减轻。成螨将卵产在受害叶组织中，并在其叶繁殖危害，9月份成虫从叶中脱出，潜入芽鳞片下越冬。

防治方法

化学防治 春季花芽膨大时喷洒3～5波美度石硫合剂或3%柴油乳剂。春、夏两季成螨发生危害期喷洒0.3～0.5波美度石硫合剂、50%硫悬浮剂200倍液、25%喹硫磷乳油1500倍液、52.25%蜱·氯乳油2000倍液、1.8%阿维菌素乳油3000倍液等。

33 油桐尺蠖（图2-33-1至图2-33-2）

属鳞翅目尺蠖蛾科。又名大尺蠖、量尺虫、油桐尺蛾、柴棍虫、卡步虫等。

分布与寄主

分布 黄淮、华南、华东、西南等产区。

寄主 柿、梨、板栗、柑橘、花椒、茶等果树及油桐等林木。

危害特点 幼虫食叶成缺刻或孔洞，重则把叶片吃光，致上部枝梢枯死。

形态诊断 成虫：雌蛾体长24～25毫米，翅展67～76毫米；触角丝状；体翅灰白色，密布灰黑色小点；翅上具3条不规则黄褐色波状横纹，翅外缘波浪状，具黄褐色缘毛；腹末具黄色绒毛。雄蛾体长19～23毫米，翅展50～61毫米；触角羽毛状，翅上具2条灰黑色横线，腹末尖细，其他特征同雌蛾。卵：椭圆形，长0.7～0.8毫米，初蓝绿渐变黑色，常数百至千余粒聚集成堆，上覆黄色绒毛。幼虫：成龄体长56～65毫米；体色有深褐、灰褐、灰绿、青绿色等多型；头密布棕色颗状小点；前胸背面生突起2个，腹面灰绿色，胸腹部各节均具颗粒状小点，气门紫红色。蛹：圆锥形，长19～27毫米。

发生规律 河南1年发生2代，安徽、湖南1年发生2～3代，广东3～4代。以蛹在土中越冬，翌年4月成虫羽化产卵。湖南长沙一代成虫寿命6.5天，二代5天；卵期一代15.4天，二代9天；幼虫期一代33.6天，二代35.1天；蛹期一代36天，越冬蛹期195天。成虫昼伏夜出，受惊后落地假死或做短距离飞行，有趋光性。卵多块产于主干皮缝或茶丛枝叶间。单雌产卵2000～3700粒。低龄幼虫取食叶片上表皮和叶肉，使叶片呈红褐色焦斑，稍大后食叶成缺刻，重致吃光全叶。老熟后入土3～5厘米在距树干30厘米半径内化蛹。天敌有黑卵蜂、寄生蝇等。

防治方法

农业防治 冬春季翻耕园地，利用低温和鸟食消灭越冬蛹；根据成虫多栖息于高大树木或建筑物上及受惊后有落地假死习性，在各代成虫期于清晨进行人工扑打；卵期刮除树皮缝隙中的卵块。

物理防治　成虫盛发期利用黑光灯诱杀成虫。

生物防治　喷洒油桐尺蠖核型多角体病毒防治。在第一代幼虫1~2龄期喷洒每毫升含$1.4×10^8$油桐尺蠖核型多角体病毒液，当代幼虫死亡率80%，持效3年以上。

化学防治　掌握在卵孵化前后的关键期施药，可喷洒20%氰戊菊酯乳油1500倍液或52.25%蜱·氯乳油1500~2000倍液、25%甲萘威可湿性粉剂600~800倍液、25%灭幼脲悬浮剂800~1000倍液等。

㉞　山楂绢粉蝶（图2-34-1、图2-34-2）

属鳞翅目粉蝶科。又名山楂粉蝶、苹果粉蝶、苹果白蝶、梅白粉蝶、树粉蝶。

分布与寄主

分布　全国各产区。

寄主　山楂、苹果、梨、李、杏、樱桃、桃等果树。

危害特点　幼虫危害芽、叶和花蕾，初孵幼虫群居于树冠上，吐丝结网成巢，日间潜伏于巢内，夜晚危害；随虫龄增大，分散危害，严重时将树叶吃光。

形态诊断　成虫：体长22~25毫米，翅展64~76毫米，体黑色，头胸及足被淡黄白色至灰白鳞毛，触角棒状；翅白色，翅脉黑色，前翅外缘各脉末端都有1个三角形黑斑；雌腹部较大，雄瘦小。卵：柱形，顶端稍尖，高1~1.5毫米，直径0.5毫米左右，初产金黄渐变淡黄色。幼虫：体长38~45毫米，体上有稀疏淡黄色长毛间有黑毛，间布许多小黑点；头胸部、胸足和臀板黑色；胴部背面有3条黑色纵带，其间夹有两条黄褐色纵带，腹面紫灰色。蛹：长约25毫米，分黑色和黄色两种形态，体上布许多黑色斑点。

发生规律　1年发生1代，以低龄幼虫群集在树冠上用丝缀叶成巢并在其中越冬。寄主春季发芽时开始活动，夜伏昼动，群集危害芽、嫩叶和花器。较大幼虫离巢危害，老熟幼虫在枝干、树下杂草、砖石瓦块等处化蛹，蛹期14~23天。成虫白天活动，在株间飞舞吸食花蜜。单雌产卵200~500粒，卵多块产于嫩叶正面，卵期10~17天。低龄幼虫在叶面上群居啃食，并吐丝缀连被害叶成巢。于8月间在巢内结茧群集越冬。天敌有黑瘤姬蜂、绒茧蜂、寄蝇等。

防治方法

农业防治　冬春季彻底摘除树上不脱落的枯叶虫巢，消灭其内越冬幼虫，简单有效防虫效果好。卵期摘卵块灭卵。

化学防治　卵孵化前后是防治的关键期，可喷洒50%马拉硫磷乳油或48%哒嗪硫磷乳油、50%杀螟硫磷乳油、25%喹硫磷乳油1000~1200倍液、2.5%三氟氯氰菊酯乳油或2.5%溴氰菊酯乳油、20%氰戊菊酯乳油3000~3500倍液、10%联苯菊酯乳油4000倍液或52.25%蝉·氯乳油1500倍液等。

35 小绿叶蝉（图2-35-1、图2-35-2）

属同翅目叶蝉科。又名桃叶蝉、桃小叶蝉、桃小绿叶蝉、桃小浮尘子等。

分布与寄主

分布　全国各产区。

寄主　桃、柿、梨、苹果、杏、葡萄、樱桃、柑橘等果树。

危害特点　成虫、若虫刺吸寄主汁液，被害叶初现黄白色斑点，渐扩大成片，严重时全叶苍白早落。

形态诊断　成虫体长3.3~3.7毫米，淡黄绿至绿色，复眼灰褐至深褐色，触角刚毛状；前胸背板、小盾片浅鲜绿色，常具白色斑点；前翅半透明，淡黄白色，周缘具淡绿色细边；后翅透明膜质；各足胫节端部以下淡青绿色，爪褐色；后足跳跃式；腹部背板色较腹板深，末端淡青绿色。卵：长椭圆形，0.6毫米×0.15毫米，乳白色。若虫：体长2.5~3.5毫米，与成虫相似。

发生规律　1年发生4~6代，以成虫在落叶、杂草或低矮绿色植物中越冬。翌年春桃、李、杏发芽后出蛰，飞到树上刺吸汁液。卵多产在新梢或叶片主脉里，卵期5~20天，若虫期10~20天，非越冬成虫寿命30天；完成一个世代40~50天。因发生期不整齐致世代重叠，6月虫口数量增加，8~9月最多且危害重，秋后以成虫越冬。成虫、若虫喜欢白天活动在叶背刺吸汁液或栖息。成虫善跳，可借风力扩散，旬均温15~25℃适其生长发育，28℃以上及连阴雨天气虫口密度下降。

防治方法

农业防治　冬春季清除园内落叶及杂草，减少越冬虫源。

化学防治　越冬代成虫迁入后，各代若虫孵化盛期及时喷洒40%辛硫磷乳油1500倍液或10%吡虫啉可湿性粉剂2500倍液、50%马拉硫磷乳油1500倍液、20%噻嗪酮乳油1000倍液、2.5%溴氰菊酯乳油或10%溴氟菊酯乳油2000倍液、50%抗蚜威超微可湿性粉剂3000~4000倍液防治。

36 梨茎蜂（图2-36-1至图2-36-4）

属膜翅目茎蜂科。又名梨梢茎蜂、梨茎锯蜂、折梢虫、截芽虫、梨切芽虫等。

分布与寄主

分布　除西北、东北少数地区外，全国各梨产区都有分布。

寄主　梨、棠梨。

危害特点　梨树初花期，成虫于新梢顶部4~6厘米处锯伤嫩茎，并在伤口下部的髓部产卵1粒，同时再将伤口下方3~4片叶切去，仅残留叶柄，至锯口以上嫩梢萎蔫下垂枯落。幼虫于残留嫩茎髓部向下蛀食，致受害部成黑褐色枯死半截枝。造成梨树叶幕不能早成形。

形态诊断　成虫：体长9~10毫米，细长、黑色。前后缘两侧、翅基、后胸后部和足均为黄色。翅淡黄、半透明。雌虫腹部内有锯状产卵器。卵：长约1毫米，椭圆形，稍弯曲，乳白色，半透明。幼虫：长约10毫米，初孵化时白色渐变淡黄色，头黄褐色，尾部上翘，形似"~"形。蛹：全体白色，离蛹，羽化前变黑色，复眼红色。

发生规律　1年发生1代，老熟幼虫在被害枝残留茎二年生小枝髓部越冬。翌年3月中下旬化蛹，梨树花期时成虫羽化。成虫在晴朗天气10:00~13:00活跃，飞翔、交尾和产卵。低温阴雨天和早晚在叶背静伏不动。当新梢长至5~8厘米，即4月上中旬开始产卵。产卵前先用锯状产卵器在新梢下部3~4厘米嫩梢处锯断，但一边皮层不断，断梢暂时不落，萎蔫干枯，成虫在锯断处下部2~3毫米的皮层与木质部之间产1粒卵，然后再将锯断处下3~4片叶锯掉。成虫产卵危害期很短，前后仅10天左右。卵期1周。个体产卵量30~50粒。幼虫孵化后向下蛀食，受害嫩枝渐变黑干枯，内充满虫粪。5月下旬以后蛀入二年生小枝继续取食，幼虫老熟时调转身体，头部向上作膜状薄茧进入休眠，10月份以后越冬。成虫具有假死性、群集性及趋黄性，白天活跃，早晚及夜间不活动，停息于梨叶背面，阴雨天活动差。

防治方法　以农业防治为基础，采取"剪、捕、粘、喷"相结合的防治技术，全面而系统地进行防治。

农业防治　①剪虫枝。幼虫危害的断梢脱落前易于发现，及时剪掉下部残留短橛。冬季修剪时，注意剪掉干橛内的虫蛹。②捕杀成虫。利用成虫的假死性与群集性，在梨树落花期，早晚气温较低，成虫不善于活动，群集于树冠下部叶片背面，摇动树枝，震落成虫，进行捕杀。③悬挂粘虫板。在梨树初花期，每亩均匀悬挂20厘米×30厘米黄色双面粘虫板12块，悬挂于距地面1.5~2m高的2~3年生枝条上，利用粘虫板黄色的光波引诱粘杀成虫。梨茎蜂密度大时，注意及时更换粘虫板。

化学防治　于落花后的成虫盛发期树冠喷药，有效药剂有90%晶体敌百虫1500倍液、20%甲氰菊酯乳油2000~3000倍液、1.8%阿维菌素乳油2000倍液、3%啶虫脒乳油1500~2000倍液等。喷药要均匀、细致、全面，保证树冠内外、叶片正反面均要喷洒到，消灭成虫。

(37) **梨瘿华蛾** (图2-37-1至图2-37-4)

属鳞翅目华蛾科。又名梨瘤蛾、梨枝瘿蛾

分布与寄主

分 布　华北、华中、华东、华南等地。

寄 主　梨。

危害特点　幼虫蛀入当年生嫩枝内蛀食,渐膨大成瘤。连年危害至瘤成串似糖葫芦,影响枝梢发育和树冠形成。

形态诊断　成虫:体长4毫米~8毫米,翅展12毫米~17毫米,灰黄色至灰褐色,具光泽。复眼黑色。前翅灰褐色,在前翅2/3处有1个狭三角形灰白色大斑,斑的中部和内外两侧各有黑色纵条纹。中室端部和臀脉中部有1个黑斑。后翅灰褐色,缘毛长。卵:长圆形,长径约0.5毫米,短径约0.3毫米,初孵时橙黄色,近孵化时为棕褐色。幼虫:老熟时体长7~9毫米,淡黄白色,头小,褐色,前胸盾淡褐色,背中有白色纵条纹;胸足和臀板浅褐色;体疏生黄白色细毛。蛹:体长5~7毫米,初为淡褐色,羽化前头胸部变黑,腹部和臀板浅褐色。

发生规律　1年发生1代,以蛹在虫瘤内越冬。梨芽萌动时开始羽化,花芽开绽前为羽化盛期。成虫多傍晚活动,趋光性不强;交尾后隔日产卵,多散产在枝条粗皮、芽旁和虫瘤等缝隙处,亦有2~3粒产在一起者。每雌可产卵90余粒。成虫寿命8~9天。卵期18~20天。新梢抽伸时开始孵化,初孵幼虫较活泼,爬至新梢上蛀入危害,被害部逐渐膨大成瘤,一般6月开始出现。幼虫于瘤内纵横串食至9月中下旬,老熟后咬一羽化孔后于瘤内化蛹。以蛹越冬。天敌有梨瘿蛾齿腿姬蜂、梨瘿蛾斑翅姬蜂、梨瘿蛾茧蜂等。

防治方法

农业防治　6月后发现虫瘿及时剪除并集中烧毁,消灭其中的幼虫和蛹。

化学防治　梨芽萌动至花芽开绽期,喷洒48%哒嗪硫磷乳油800~1000倍液、10%氯菊酯乳油1000~1500倍液、5%氟虫脲乳油1200倍液、52.25%蜱·氯乳油1500倍液等。卵孵化前后喷洒50%辛硫磷乳油1000倍液、20%甲氰菊酯乳油3000倍液、5%氟啶脲乳油2000倍液等。

(38) **梨金缘吉丁虫** (图2-38-1至图2-38-3)

属鞘翅目吉丁虫科。又名翡翠吉丁、褐绿吉丁、金背吉丁。

分布与寄主

分 布　全国各产区。

寄 主　枣、桃、梨、苹果、山楂、李等果树。

危害特点 以幼虫蛀食枝干树皮及木质部，幼虫蛀道在韧皮部和木质部之间，蛀道内充满褐色虫粪和木屑，被害处树皮变黑，内部组织变褐。

形态诊断 成虫：体长13~17毫米，身体稍扁，翠绿色，具金属光泽，前胸背板及鞘翅外缘红色；前胸背板密布刻点；小盾片扁梯形；鞘翅上有由10余条蓝黑色断续的纵纹组成的纵沟；鞘翅端部锯齿状；雌虫腹部末端钝圆，雄虫稍尖。卵：椭圆形，长约2毫米，初乳白渐变为黄褐色。幼虫：老熟幼虫体长30~36毫米，扁平，乳白色至黄白色；头小，暗褐色；前胸膨大，背板中央有1个"人"字形凹纹；腹部10节，分节明显。蛹：体长15~20毫米，初乳白色渐变为紫绿色，有光泽。

发生规律 1~2年发生1代，江西、湖北、江苏等地1年发生1代，华北2年发生1代，均以不同龄期的幼虫在被害枝干的蛀道内越冬，越冬部位多在外皮层。翌春果树萌芽期，幼虫开始活动，老熟后在蛀道内化蛹。约在4月下旬羽化为成虫。成虫羽化后暂不出洞，5月中旬向外咬一扁形羽化孔爬出，一直延续到7月上旬。成虫白天取食叶片补充营养，早晚静伏叶上，遇惊扰下坠落地，有假死习性。成虫产卵期约10天，产卵于树干皮缝和伤口处，一处产卵2~3粒。单雌产卵20~40粒。5月下旬为产卵盛期，6月上旬为幼虫孵化盛期。初孵幼虫先在皮层处取食，随虫龄增大逐渐向形成层串食，蛀道不规则，到秋后幼虫蛀入木质部，在此越冬。待蛀道绕枝干一周后，致整株（枝）枯死。

防治方法

农业防治 ①加强栽培管理，减少树体伤口，以减少成虫产卵条件，降低危害。②根据幼树被害处凹陷变黑、易被识别的特点，常检查并及时用刀将皮层的幼虫挖除。

化学防治 在成虫羽化后出洞前，在枝干上喷洒50%辛硫磷乳油800倍液或90%晶体敌百虫600倍液；在成虫出洞后，喷洒2%阿维菌素乳油1000倍液或50%杀螟硫磷乳油1200倍液、40.7%毒死蜱乳油2000倍液；在6~7月幼虫孵化期，结合人工刮除幼虫，在树干上涂抹52.25%蜱·氯乳油100倍液或3%氯氰菊酯乳油200倍液、50%马拉硫磷乳油150倍液等。

㊵ 梨卷叶瘿蚊（图2-29-1至图2-39-4）

属双翅目瘿蚊科。又名梨红沙虫、梨叶蛆。

分布与寄主

分布 黄淮、华东、华南、西南等产区。

寄主 梨树。

危害特点 以幼虫危害梨树幼嫩叶片，初期与梨蚜虫危害状很相似，难以区别。叶片被害有两种症状表现：心叶沿主脉向正面纵卷成筒状；叶片两边沿叶缘向正面纵卷成双筒状，随幼虫成长卷圈数增加。叶卷缩后不能再展开，叶色由嫩黄绿色变为紫红色，质硬脆，最后变黑枯死或脱落。被害严重时，树冠顶部1/3的叶脱落，留下秃枝。一般情况是成年果树春、夏梢叶片受害脱落后，在夏末长出徒长秋梢，翌年不能形成结果花芽。梨苗和幼树嫩梢被害，影响营养生长，延误了幼苗和幼树树冠的尽早形成。

形态诊断 成虫：体长1.0~1.6毫米，翅展3.7~3.9毫米；前翅膜质椭圆形，强光下具紫铜色光彩；后翅变为平衡棒；胸足显著比体长。卵：长约0.2毫米，乳白色半透明。幼虫：体长3.2~3.4毫米，宽0.8~1.0毫米，初乳白色渐变为橘黄至深红色。茧：椭圆形，灰白色。蛹：棕红色，长1.4~1.8毫米。

发生规律 安徽1年发生2代，浙江1年发生3~4代，以老熟幼虫在树冠下0~6厘米土中或树皮缝中越冬。2代区，越冬代成虫4月下旬至5月初羽化出土，将卵数粒至十数粒，产于梨树春梢端部叶尖、一侧或两侧叶缘处。5~7天卵孵化出幼虫，吸食芽叶汁液。嫩叶受幼虫口器及分泌物刺激后，从叶尖或叶缘向内逐渐纵卷，被害处渐失绿呈棕红色至紫红色，并不断扩展，叶肉增厚，变硬变脆。幼虫在卷叶内刮食、长大，后期被害叶变黑枯落，幼虫弹散入土，作茧化蛹。5月下旬为化蛹盛期，6月中下旬，第1代成虫羽化出土，在梨树或梨苗新梢嫩叶上产卵；7月下旬幼虫入土，作土室越夏和越冬；翌年2月底至3月上中旬，越冬幼虫作茧化蛹，4月下旬渐次羽化为成虫，在春梢上产卵，完成世代循环。成虫寿命7~10天，晴日傍晚时间活动频繁，阴天或雨日躲在叶背静息。幼虫畏光，触动时能弹跳逃逸。成虫天敌主要有蜘蛛、蛛网等。

防治方法

农业防治 冬春耕翻园地，利用低温雨雪消灭越冬虫态；春梢和夏梢生长期，发现卷叶瘿蚊危害状，及时剪除被害梢或卷叶集中销毁，减少虫源。

化学防治 ①成虫羽化出土期，在树冠下撒施10%辛硫磷颗粒剂或喷洒48%哒嗪硫磷乳油500倍液、或10%氯菊酯乳油1000~1500倍液、或25%灭幼脲悬浮剂1500倍液等，使用药后浅锄地面，毒杀出土成虫。②越冬代和第一代成虫产卵期，叶面喷洒上述药液或其他菊酯类杀虫剂。

㊵ 黑蝉（图2-40-1至图2-40-6）

属同翅目蝉科。又名炸蝉，俗名蚂吱嘹、知了、蜘蟟。

分布与寄主

分布 全国各产区。

寄主 苹果、山楂、枣、桃、梨、杏、苹果、柑橘等果树。

危害特点 成虫刺吸枝条汁液，并产卵于一年生枝条木质部内，造成枝条枯萎而死。若虫生活在土中，刺吸根部汁液，削弱树势。

形态诊断 成虫：雌体长40~44毫米，翅展122~125毫米；雄体长43~48毫米，翅展120~130毫米；体黑色有光泽，被金色绒毛；中胸背板宽大，中间高并具有"×"形隆起；翅透明；雄虫腹部有鸣器，作"吱"声长鸣，雌虫则无，但有听器。卵：长椭圆形，2.5毫米×0.5毫米，白色。若虫：初孵乳白色渐至黄褐色，体长30~37毫米；前足开掘式，能爬行。

发生规律 多年完成1代，以卵于被害树枝内及若虫于土中越冬。越冬卵于翌年春孵化，若虫孵化后，潜入土壤中50~80厘米深处，吸食树木根部汁液，在土中生活12~13年。若虫老熟后于6~8月出土羽化，羽化盛期为7月。若虫于夜间出土，高峰时间为20：00~24：00，出土后不久即羽化为成虫。成虫寿命60~70天，栖息于树枝上，夜间有趋光扑火的习性，白天"吱吱"鸣叫之声不绝于耳。产卵于当年生嫩梢木质部内，产卵带长达30厘米左右，产卵伤口深及木质部，受害枝条干缩翘裂并枯萎。

防治方法

农业防治 利用若虫出土附在树干上羽化的习性和若虫可食的特点，发动群众于夜晚捕捉食用。成虫发生期于夜间在园内、外堆草点火，同时摇动树干诱使成虫扑火自焚。在雌虫产卵期，及时剪除产卵萎蔫枝梢，集中烧毁。

化学防治 产卵后入土前，喷洒40%辛硫磷乳油或45%马拉硫磷乳油、50%丙硫磷乳油1000~1200倍液，2.5%溴氰菊酯乳油或10%氯菊酯乳油2000倍液等。

(41) 山东广翅蜡蝉（图2-41-1至图2-41-4）

属同翅目广翅蜡蝉科。

分布与寄主

分布 山东、河南等产区。

寄主 梨、柿、山楂、石榴等果树。

危害特点 以成虫、若虫危害枝、叶。成虫、若虫刺吸枝条、叶的汁液，产卵于当年生枝条内，致产卵部以上枝条枯死。

形态诊断 成虫：体长约8毫米，翅展28~30毫米，雌大雄小，淡褐色略显紫红，被覆稀薄淡紫红色蜡粉；前翅宽大，脉纹明显，底色暗褐至黑褐色，被稀薄淡紫红蜡粉，而呈暗红褐色，有的杂有白色蜡粉而呈暗灰褐色，前缘外1/3处有1纵向狭长半透明斑，翅后半部有两条横向白色细线；后翅淡黑褐色，半透明，前缘基部略呈黄褐色，后缘色淡。卵：长椭圆形，1.3毫米×0.5毫米，乳白色至淡黄色。若虫：体长6.5~7毫米，宽4~4.5毫米，体近卵圆形，近似成虫；初龄若虫，体被白色蜡粉，腹末有4束蜡丝呈扇状，尾端多向上前弯而蜡丝覆于体背。

发生规律 1年发生1代，以卵在枝条内越冬，翌年5月卵孵化为若虫，若虫有一定群集性，活泼善跳，危害至7月底、8月中旬羽化为成虫，成虫于9月下旬至10月中下旬产卵。成虫白天活动，触枝即跳、飞行迅速，喜于嫩枝、芽、叶上刺吸汁液。多选直径4~5毫米枝条光滑部产卵于木质部内，外覆白色蜡丝状分泌物，每雌可产卵150粒左右，并在多枝上产卵，产卵部位以上枝条多枯死。

防治方法

农业防治 冬春季结合修剪剪除有卵块的枝条，集中深埋或烧毁，以减少越冬虫源。

化学防治 若虫孵化和危害期喷洒10%吡虫啉可湿性粉剂3000倍液或20%异丙威乳油1000~1500倍液、25%噻嗪酮可湿性粉剂1000倍液等，喷药时在药剂中加0.3%~0.5%柴油乳剂，可提高防效。

42 碧蛾蜡蝉（图2-42-1至图2-42-4）

属同翅目蛾蜡蝉科。又名碧蜡蝉、黄翅羽衣、橘白蜡虫。

分布与寄主

分布 全国各产区。

寄主 梨、柿、杏、苹果、无花果、柑橘等果树。

危害特点 以成虫、若虫刺吸寄主植物茎、枝、叶的汁液，严重时茎、枝和叶上布满白色蜡质，致使树势衰弱，造成落花落果。

形态诊断 成虫：体长7毫米，翅展21毫米，黄绿色；复眼黑褐色；前胸背板短，背板上有2条褐色纵带；中胸背板长，上有3条平行纵脊及2条淡褐色纵带；腹部浅黄褐色，覆白粉；前翅宽阔，外缘平直，翅脉黄色，红色细纹绕过顶角经外缘伸至后缘爪片末端；后翅灰白色，翅脉淡黄褐色；静息时，翅常纵叠成屋脊状。卵：纺锤形，长1毫米，乳白色。若虫：老熟若虫体长8毫米，体扁平，绿色，全身覆以白色棉絮状蜡粉，腹末附白色长的绵状蜡丝。

发生规律 1年发生1~2代。以卵在枯枝中越冬，翌年5月上中旬孵化，7~8月若虫老熟，羽化为成虫，至9月受精雌成虫产卵于小枯枝表面和木质部。广西等地年发生2代，以卵越冬，也有以成虫越冬的。第一代成虫6~7月发生，第二代成虫10月下旬至11月发生。一般若虫发生期3~11个月。

防治方法

农业防治 加强果园管理，改善通风透光条件，增强树势。冬春季剪去枯枝，消灭其内越冬卵；幼虫发生期出现白色棉絮状物时，用木杆触动使若虫落地捕杀之。

化学防治 在若虫孵化盛期喷洒50%杀螟硫磷乳油或90%晶体敌百虫、50%

辛硫磷乳油、50%马拉硫磷乳油等1000倍液；10%醚菊酯乳油、20%乙氰菊酯乳油2000倍液等。

43 梨长白介壳虫（图2-43-1至图2-43-4）

属同翅目盾蚧科。又名长白介、长白盾蚧、长白介壳虫、日本长白蚧、茶虱子。

分布与寄主

分布 全国各产区。

寄主 梨、苹果、李、梅、柑橘、樱桃、柿、山楂、无花果、茶树、丁香等。

危害特点 以若虫和雌成虫刺吸寄主植物汁液危害，致被害寄主生长衰弱，叶片稀少瘦小，寄主未老先衰，产量质量明显下降，严重时可导致寄主植物大量死亡。

形态诊断 雌成虫：体长0. 6~1. 4毫米，梨形，淡黄色，无翅。雄成虫：体长0. 5~0. 7毫米，淡紫色，头部色较深，翅1对，白色半透胡，腹末有一针状交尾器。卵：椭圆形，长径约0. 23毫米，短径约0. 11毫米，淡紫色，卵壳白色。若虫：初孵若虫椭圆形，浅紫色，触角和足发达，腹末有尾毛2根，能爬行。蛹：前蛹淡黄色，长椭圆形，长0. 6~0. 9毫米，腹末有尾毛2根；蛹紫色，长0. 66~0. 85毫米，腹末有一针状交尾器。雌雄介壳灰白色，较细长，前端较窄，后端稍宽。雌虫介壳在灰白色蜡壳内还有一层褐色盾壳，雄虫介壳较雌介壳小，内无褐色盾壳。

发生规律 长江下游产区1年发生3代，以老熟雌若虫和雄虫前蛹在寄主植物枝干上越冬，翌年3月下旬至4月下旬时雄成虫羽化，4月中下旬雌成虫开始产卵。第1、2、3代若虫孵化盛期分别在5月中下旬、7月中下旬，9月上旬至10月上旬。第Ⅰ、2代若虫孵化比较整齐，而第3代孵化期持续时间长。一般枝干上的虫数最多，雌虫几乎全部分布在枝干上，少部分分布在叶缘的锯齿间。各虫态历期为：卵期13~20天，若虫期23~32天，雌成虫寿命23~30天。雌成虫产卵于介壳内，每雌产卵量10~30粒。若虫孵化后从介壳下爬出，爬动数小时后，找到适合的部位，将口器插入寄主植物组织中固定，并分泌白色蜡质覆盖于体表。雌虫共3龄，雄虫2龄。果园郁闭、过施氮肥、树势弱的受害重。

防治方法

农业防治 ①严格检疫，防止有长白蚧危害苗木传入新区；冬春剪除介壳虫危害枝条，集中销毁。②加强果园综合管理。合理施肥，注意氮、磷、钾的配合；及时除草，剪除徒长枝，保持果园通风透光，避免郁闭；低洼果园，注意开

沟排水。局部发生的果园，随时剪除虫枝。

化学防治　防治原则是狠治第一代，重点治第二代，必要时补治第三代。施药适期应在卵孵化末期至一、二龄若虫期。防治第一、二代可用50%马拉硫磷乳油或50%辛硫磷剂乳油1000倍液，或合成洗衣粉100～200倍液等。第三代可用25%喹硫磷乳油1200倍液、或25%噻嗪酮可湿性粉剂1000倍液等。也可在秋末冬初或春季发芽前喷洒3～5波美度石硫合剂。

㊹ 梨粉蚧（图2-44-1至图2-44-4）

属同翅目粉蚧科。又名康氏粉蚧、李粉蚧、桑粉蚧。

分布与寄主

分布　全国各产区。

寄主　柿、枣、石榴、苹果、梨、桃、柑橘等果树。

危害特点　成虫、若虫刺吸植物的幼芽、嫩枝、叶片、果实和根部的汁液；嫩枝和根部受害常肿胀且易纵裂而枯死；幼果受害多成畸形果。排泄物常引发煤污病的发生，影响光合作用。

形态诊断　成虫：雌体长3～5毫米，扁平椭圆形，体粉红色，表面被有白色蜡质物，体缘具有17对白色蜡丝，体前端的蜡丝较短，后端稍长，而最末一对特长，几乎与体长相等；雄成虫体长约1毫米，紫褐色，翅透明仅1对，翅展约2毫米，后翅退化成平衡棒。卵：椭圆形，长约0.3毫米，浅橙黄色。若虫：体扁平椭圆形，长约0.4毫米，淡黄色，外形似雌成虫。蛹：仅雄虫有蛹期，浅紫色。

发生规律　黄淮地区1年发生3代。以卵在树干、枝条粗皮缝隙或石缝土块中以及其他隐蔽场所越冬。翌年春果树发芽时，越冬卵孵化成若虫开始危害幼嫩部分。第一代若虫发生在5月中下旬，第二代若虫发生在7月中下旬，第三代在8月下旬。雌成虫在枝干粗皮裂缝内或果实萼筒柄洼等处产卵，有的将卵产在土内。在产卵时，雌成虫分泌大量似絮状蜡质卵囊，卵即产在卵囊内，数十粒集中成块。天敌有草蛉、瓢虫等。

防治方法

农业防治　在晚秋树干束草或绑扎破麻袋，诱雌成虫产卵，翌年春卵孵化之前将草束等物取下烧毁。冬春季刮树皮或用硬毛刷子刷除越冬卵，集中烧毁或深埋。

生物防治　有条件的地区可人工饲养和释放捕食性草蛉、瓢虫等天敌。

化学防治　早春喷施5%轻柴油乳剂或3～5波美度的石硫合剂；在各代若虫孵化期喷洒5%氟虫脲乳油1200倍液或90%晶体敌百虫1500倍液，50%杀螟硫磷乳油或10%醚菊酯乳油1000倍液。

45 梨眼天牛（图2-45-1至图2-45-4）

属鞘翅目天牛科。又名梨绿天牛、琉璃天牛。

分布与寄主

分布　东北、山西、陕西、河南、山东、江苏、江西、浙江、安徽、福建、台湾等地及周边地区。

寄主　梨、苹果、梅、杏、桃、李、海棠、石榴、山楂等多种林木果树。

危害特点　成虫取食叶片、芽和嫩枝的皮；幼虫于枝干的木质部、深达髓部，多向上少数向下蛀食，生活期间蛀道内无粪屑，削弱树势，重者致干或枝枯死。

形态诊断　成虫：体长8~10毫米，宽3~4毫米，体小略呈圆筒形，橙黄或橙红色；鞘翅呈金属蓝色或紫色，后胸两侧各有紫色大斑点；全体密被长细毛或短毛，头部密布粗细不等的刻点；复眼上下完全分开成2对；触角丝状11节，基节数节淡棕黄色，每节末端棕黑色；雄虫触角与体等长，雌虫略短，腹面被缨毛，雌虫较长而密，端区具片状小颗粒；前胸背板宽大于长，前、后各具一条横沟，两沟之间有一隆凸，似瘤突，两侧各具一小瘤突，中部瘤突具粗刻点，鞘翅末端圆形，翅上密布粗细刻点；雌虫腹部末节较长，中央具一条纵沟。卵：长约2毫米，宽约1毫米，长椭圆略弯曲，初乳白后变黄白色。幼虫：老熟体长18~21毫米，体呈长筒形，背部略扁平，前端大，向后渐细，无足，淡黄至黄色；头大部缩在前胸内，外露部分黄褐色；上额大，黑褐色，前胸大，前胸背板方形，前胸盾骨化，呈梯形。蛹：体长8~11毫米，稍扁略呈纺锤形；初乳白，后渐变黄色，羽化前体色似成虫；触角由两侧伸至第二腹节后弯向腹面；体背中央有一细纵沟；足短，后足腿、胫节几乎全被鞘翅覆盖。

发生规律　2年完成1代，以幼虫于被害枝隧道内越冬。第1年以低龄幼虫越冬，翌春树液流动后，越冬幼虫开始活动继续危害，至10月末，幼虫停止取食，于近蛀道端越冬。第3年春季以老熟幼虫越冬者不再食害，开始化蛹，部分未老熟者则继续取食危害一段时间后陆续化蛹。化蛹期为4月中旬至5月下旬，4月下旬至5月上旬为化蛹盛期，蛹期15~20天。5月上旬成虫开始羽化出孔，5月中旬至6月上旬为羽化盛期，6月中旬为末期。成虫羽化后，先于隧道内停息3天左右，然后从隧道顶端一侧咬一圆形羽化孔出孔。成虫出孔后先栖息于枝上，然后活动并开始取食叶片和嫩枝的皮以补充营养。

成虫喜白天活动，飞行力弱，风雨天一般不活动。交尾多在上午9:00左右和下午17:00左右，交配后3天左右开始产卵，成虫产卵多选择直径为15~25毫米粗的枝条，或以2~3年生枝条为主，产卵部位多于枝条背光的光滑处，产卵前先将树皮咬成"三三"形伤痕，然后产1粒卵于伤痕下部的本质部与韧皮部之间，外表留小圆孔，极易识别。同一枝上可产卵数粒，单雌产卵约20粒，成虫寿命10~30天。卵期10~15天。初孵幼虫先于韧皮部附近取食，到2龄后开始蛀入木质部，深达髓部，并多顺枝条生长方向蛀食，少数向枝条基部取食。幼虫常有出蛀道啃食皮层的习性，常由蛀孔不断排出烟丝状粪屑，并黏于蛀孔外不易脱落。随虫体增长排粪孔（或称蛀孔）不断扩大，烟丝状粪屑也变粗加长，幼虫一生蛀食隧道长达6~9厘米，取食皮层面积达5平方厘米左右。粪屑常附于蛀道反方向，其长度与蛀道约等，越冬前或化蛹前常用粪屑封闭排粪孔和虫体前方的部分蛀道，生活期间蛀道内无粪屑。

防治方法

严格检疫、杜绝扩散　对带虫苗本不经处理不能外运，新建果园的苗木应严格检疫，防治有虫苗木植入。初发生的果园应及时将有虫枝条剪除烧掉或深埋或及时毒杀其中幼虫，以杜绝扩散。

防治成虫　成虫羽化期结合防治果树其他害虫，喷洒50%马拉硫磷乳油1500倍液、或30%杀虫双水剂1000倍液，及其他高效、低毒菊酯类杀虫药剂的常规浓度，对成虫均有良好的防治效果。

防治虫卵　在枝条产卵伤痕处，用煤油10份配50%杀螟硫磷乳油500倍液或90%晶体敌百虫300倍液1份的药液，涂抹产卵部位效果很好。

防治幼虫　①捕杀幼虫。利用幼虫有出蛀道啃食皮层的习性，于早晚在有新鲜粪屑的蛀道口，用铁丝钩出粪屑及其中的幼虫，或用粗铁丝直接刺入蛀道，以刺杀其中幼虫。②毒杀幼虫。卵孵化初期，结合防治果园其他害虫，喷洒50%马拉硫磷乳油1500倍液、或30%杀虫双水剂1000倍液，及其他高效、低毒菊酯类杀虫药剂的常规浓度，毒杀初孵幼虫均有一定效果。或用蘸40%辛硫磷乳油100倍液的小棉球，由排粪孔塞入蛀道内，然后用泥土封口，可毒杀其中幼虫。

(46) **光肩星天牛**（图2-46-1至图2-46-4）

属鞘翅目天牛科。又名光肩天牛、柳星天牛、花牛等。

分布与寄主

分布　全国各产区。

寄主　樱桃、杏、苹果、梨、李、梅等果树。

危害特点　成虫食叶、芽和嫩枝的皮；幼虫于枝干的皮层和木质部内向上蛀食，隧道内有粪屑，削弱树势，重者致干或枝枯死。

形态诊断　成虫：体长17.5~39毫米，宽5.5~12毫米，体黑色略带紫铜色金属光泽；触角丝状，呈黑、淡蓝相间的花纹；鞘翅基部光滑，表面各具20多个大小不等的白色毛斑；头部和体腹面被银灰和蓝灰色细毛。卵：长椭圆形，长5.5~7毫米，淡黄色。幼虫：体长50~60毫米，头大部分缩入前胸内，外露部分深褐色，体乳白至淡黄白色。蛹：长20~40毫米，黄褐色。

发生规律 南方1年发生1代，北方2~3年1代。均以幼虫于虫道内越冬，寄主萌动后开始危害。幼虫老熟后于5月下旬在隧道内化蛹，6月上中旬成虫羽化。成虫多产卵于直径4~5厘米的枝干上，产卵前先咬一圆形刻槽，产卵于刻槽上方1厘米处的木质部和韧皮部之间。卵期16天左右，初孵幼虫就近蛀食。8月中旬开始蛀入木质部，向上蛀食隧道，由排粪孔排出大量白色粪屑并有树汁流出。10月下旬后于隧道内越冬。成虫发生期6~10月，寿命1~2个月，白天活动。

防治方法

农业防治 ①捕杀成虫，于4月下旬至6月下旬，在果园中捕杀成虫。②铲除卵及初孵幼虫，于5~6月产卵盛期，在树干基部10厘米范围内检查"T"形或"厂"形产卵痕，用螺丝刀刮除卵粒或初孵幼虫。

化学防治 ①消灭低龄幼虫。于7~8月，用20%辛·阿维乳油50~100倍液或50%辛·溴乳油100~150倍液等涂抹树干基部，可杀灭在树皮蛀食的低龄幼虫。②毒杀高龄幼虫。对已蛀入木质部的幼虫，可向虫孔注入药液或用棉球蘸药塞入所有虫孔毒杀，药剂可用2%阿维菌素乳油或40%毒死蜱乳油、40%辛硫磷乳油、20%氰戊菊酯乳油50~100倍液等，注（塞）药后用泥封好蛀孔。

㊼ 八点广翅蜡蝉（图2-47-1至图2-47-3）

属同翅目广翅蜡蝉科。又名八点蜡蝉、八点光蝉、八斑蜡蝉、橘八点光蝉、咖啡黑褐蛾蜡蝉、黑羽衣、白雄鸡。

分布与寄主

分布 全国多数产区。

寄主 梨、柿、桃、杏、石榴、柑橘等果树。

危害特点 成虫、若虫刺吸嫩枝、芽、叶汁液；排泄物易引发病害；雌虫产卵时将产卵器刺入嫩枝茎内，破坏枝条组织，被害嫩枝轻则叶枯黄、长势弱，难以形成叶芽和花芽，重则枯死。

形态诊断 成虫：体长6~7毫米，翅展18~27毫米，头胸部黑褐色；触角刚毛状；翅革质密布纵横网状脉纹，前翅宽大，略呈三角形，翅面被稀薄白色蜡粉，翅上具灰白色透明斑5~6个；后翅半透明，翅脉煤褐色明显，中室端有1白色透明斑。卵：长卵圆形，长1.2~1.4毫米，乳白色。若虫：低龄乳白色；成龄体长5~6毫米，宽3.5~4毫米，体略呈钝菱形，暗黄褐色；腹部末端有4束白色绵毛状蜡丝，呈扇状伸出，中间一对略长；蜡丝覆于体背以保护身体，常可作孔雀开屏状，向上直立或伸向后方。

发生规律 1年发生1代，以卵在当年生枝条里越冬。若虫5月中下旬至6月上中旬孵化，低龄若虫常数头排列于一嫩枝上刺吸汁液危害，4龄后散害于枝梢叶果间，爬行迅速善于跳跃，若虫期40~50天。7月上旬成虫羽化，飞行力较强且迅速，寿命50~70天，危害至10月。成虫产卵期30~40天，卵产于当年生嫩枝木质部内，产卵孔排成一纵列，孔外带出部分木丝并覆有白色絮状蜡丝，极易发现与识别。成虫有趋聚产卵的习性，虫量大时被害枝上刺满产卵迹痕。

防治方法

农业防治　冬春剪除被害产卵枝集中烧毁，减少翌年虫源。

化学防治　虫量多时，于6月中旬至7月上旬若虫羽化危害期，喷洒48%哒嗪硫磷乳油1000倍液或10%吡虫啉可湿性粉剂3000~4000倍液、5%氟氯氰菊酯乳油2000~2500倍液等。药液中加入含油量0.3%~0.4%的柴油乳剂或黏土柴油乳剂，可溶解虫体蜡粉显著提高防效。

48　扁锯颚锹甲（图2-48-1至图2-48-4）

属鞘翅目锹甲科。又名锹形甲。

分布与寄主

分布　山东、河南、山西、河北、江苏、上海、浙江、福建、广东、广西、台湾等地及周边产区。

寄主　梨、柑橘、杨、榆等多种果树和林木。

危害特点　成虫取食寄主植物枝干树液、花蜜和果实，幼虫腐食，栖食于朽木。

形态诊断　成虫：雌雄异型，雄虫体长35~90毫米（含上颚），宽12~28毫米；体扁，深棕褐至黑褐色，有光泽；雄虫的上颚发达，较扁阔，端部明显内弯，近基部有三角形齿1枚，形似牡鹿的角，角长和体长相当，人手可被夹出血来。端部有1小锥齿，雌虫体长21~40毫米，上颚不发达。

发生规律　成虫多夜间活动，有趋光性，阴天白天也出来活动。成虫从5月下旬开始活动到9月底开始慢慢地隐藏起来，成虫发生期雌雄都可交配。7月、8月比较活跃，也是危害盛期。

防治方法

农业防治　①采卵挖幼。成虫发生及卵期，在树干危害处，正确认识成虫产卵痕，挖出卵灭卵；幼虫发生期顺着幼虫的食痕找到幼虫杀灭。②捕捉成虫杀灭。成虫发生期，利用成虫喜取食果实的特性，人工捕捉成虫杀灭。

化学防治　①防治成虫。成虫发生期结合防治果树其他害虫，喷洒50%马拉硫磷乳油1500倍液、或30%杀虫双水剂1000倍液，及其他高效、低毒菊酯类杀虫药剂的常规浓度，对成虫均有良好的防治效果。②防治虫卵。在枝条产卵伤痕处，用煤油10份配50%杀螟硫磷乳油500倍液或90%晶体敌百虫300倍液1份的药液，涂抹产卵部位效果很好。

朝鲜球坚蚧（图2-49-1至图2-49-3）

属同翅目蜡蚧科。又名朝鲜球蚧、朝鲜球坚蜡蚧、朝鲜毛坚蚧、杏毛球坚蚧、桃球坚蚧。

分布与寄主

分布　全国各产区。

寄主　李、樱桃、杏、桃、苹果、梨等果树。

危害特点　以若虫和雌成虫危害枝条为主，初孵若虫也危害叶片和果实，吸食寄主汁液，致被害树生长不良，树势衰弱。

形态诊断　成虫：雌成虫无翅，介壳半球形，质硬，呈红褐色至紫褐色，表面有明显皱纹；横径约4.5毫米，高约3.5毫米；雄成虫有翅1对，透明；头部赤褐色，腹部淡褐色，末端有1对尾毛和1根性刺；介壳长椭圆形，背面有龟甲状隆起。卵：椭圆形，长约0.3毫米，橙黄色。若虫：长椭圆形，初孵化时红色，越冬若虫椭圆形背上有龟甲状纹，浓褐色。蛹：仅雄虫有裸蛹，长约1.8毫米，赤褐色，蛹外包被长椭圆形茧。

发生规律　1年发生1代，以2龄若虫群集在枝条裂缝和芽痕处越冬。翌年3月上旬开始危害，4月中旬，雌雄性别分化，雄虫做茧化蛹，雌虫继续危害。4月下旬至5月上旬雄成虫羽化交尾后死亡。5月中旬雌虫产卵于介壳下面，5月下旬至6月上旬若虫孵化危害，以2年生枝上居多，虫体上常分泌白色蜡质绒毛。10月中旬后，若虫转移到芽痕和大枝的缝隙处，以2龄若虫在其分泌的蜡质物下越冬。

防治方法

农业防治　在成虫产卵前，用抹布或戴上硬质手套将枝条上的雌虫介壳捋掉。

化学防治　①果树发芽前防治越冬若虫，干枝上喷洒3~5波美度石硫合剂或合成洗衣粉200倍液、5%柴油乳剂、99%机油乳剂50~80倍液。②5月下旬至6月上旬若虫孵化期，喷洒90%晶体敌百虫1000倍液或合成洗衣粉300倍液、48%哒嗪硫磷乳油2000倍液、52.25%蜱·氯乳油2000倍液、25%噻嗪酮可湿性粉剂1000倍液等。

50　芳香木蠹蛾（图2-50-1至图2-50-4）

属鳞翅目木蠹蛾科。又名杨木蠹蛾、红哈虫。

分布与寄主

分布　东北、华北、西北等地。

寄主　核桃、苹果、梨、桃、杏等果树。

危害特点　幼龄幼虫蛀食根颈处皮层，大龄幼虫可蛀食木质部。受害轻者树势衰弱，重者导致几十年生大树死亡。

形态诊断　成虫：全体灰褐色，腹背略暗；体长30毫米左右，翅展56~80毫米，雌蛾大于雄蛾；触角栉齿状；前翅灰白色，前缘灰褐色，密布褐色波状横纹，由后缘角至前缘有一条粗大明显的波纹。卵：初白色渐变至暗褐色，近卵圆形，1.5毫米×1.0毫米。幼虫：扁圆筒形，成龄体长56~80毫米，胸部背面红色或紫茄色，有光泽，腹面淡红或黄色；头部紫黑色，有不规则的细纹，前胸背板生有大型紫褐色斑纹一对。

发生规律　河南、陕西、山西、北京等地2年1代，青海西宁3年1代。以幼虫在被害树木的蛀道内和树干基部附近的土内越冬。越冬幼虫于4~5月化蛹，6~7月羽化为成虫。成虫昼伏夜出，有趋光性。卵多块产于树干基部1.5厘米以下或根茎结合部的裂缝或伤口处，每块有卵几粒至百余粒。幼虫孵化后即从伤口、树皮裂缝或旧蛀孔等处钻入皮层，先在皮层下蛀食，使木质部与皮层分离，极易剥落。后在木质部的表面蛀成槽状蛀坑，从蛀孔处排出细碎均匀的褐色木屑。初龄幼虫群集危害，随虫龄增大，分散在树干的同一段内蛀食，并逐渐蛀入髓部，形成粗大而不规则的蛀道。10月后在蛀道内越冬。翌年继续危害，到9月下旬至10月上旬，幼虫老熟，爬出隧道，在根际处或离树干几米外向阳干燥处约10厘米深的土壤中结伪茧越冬。老熟幼虫爬行速度较快，遇到惊扰，可分泌出一种有芳香气味的液体，因此而得名。

防治方法

农业防治　在成虫产卵期，树干涂白，防止成虫产卵；当发现根颈皮下部有幼虫危害时，可撬起皮层挖杀幼虫；冬春深翻园地，利用低温和鸟食消灭幼虫。

化学防治　在6月中旬至7月下旬，成虫产卵期用50%杀螟硫磷乳油1000~1500倍液或40%哒嗪硫磷乳油1500~2000倍液、20%哒嗪硫磷乳油800~1000倍液、2.5%溴氰菊酯乳油2000~3000倍液、25%灭幼脲悬浮剂1500倍液等，喷树干胸段下2~3次，杀初孵化幼虫效果好。5~10月幼虫蛀食期，用上述药剂30~50倍液注入虫孔1次，药液注入量以能杀死蛀道内幼虫为度，一般10~20毫升即可，注多了易造成烂干，注药后用泥封口。

(51) 古毒蛾（图2-51-1至图2-51-4）

属鳞翅目毒蛾科。又名褐纹毒蛾、桦纹毒蛾、落叶松毒蛾、缨尾毛虫等。

分布与寄主

分布　山西、河北、山东、河南、内蒙古、辽宁、吉林、黑龙江、西藏、甘肃、宁夏等地及周边产区。

寄主　梨、山楂、苹果、枣、李、榛、杨、柳、月季、松等多种果树、林木和花卉。

危害特点　初孵幼虫群集叶片背面取食叶肉，残留上表皮；2龄后开始分散活动，从芽基部蛀食成孔洞，致芽枯死；嫩叶常被食光，仅留叶柄；叶片被取食成缺刻和孔洞，严重时只留粗脉；果实常被吃成不规则的凹斑和孔洞，幼果被害常脱落。

形态诊断　成虫：雌雄异型；雌体长10～22毫米，翅退化，体略呈椭圆形，灰色到黄色，有深灰色短毛和黄白色绒毛，头很小，复眼灰色。雄体长8～12毫米，体灰褐色，前翅黄褐色到红褐色。卵：近球形，初白色渐变为灰黄色。幼虫：体长33～40毫米，头部灰色到黑色，有细毛；体黑灰色，有黄色和黑色毛，前胸两侧各有1束黑色羽状长毛；腹部背面中央有黄灰到深褐色刷状短毛。

发生规律　1年发生2代。以卵在树干、枝杈或树皮缝内雌虫结的薄茧上越冬。4月上中旬寄主发芽时开始活动危害，5月中旬开始化蛹，蛹期15天左右，6月中旬羽化；6月下旬是第1代幼虫的危害盛期，第1代成虫于7月中旬羽化；第2代卵于7月上旬至下旬孵化，第2代幼虫的危害盛期出现在8月中旬，成虫于8月上旬至8月末9月初羽化，以卵在树枝杈或树皮缝雌成虫羽化后的茧上越冬。1～2龄幼虫可吐丝下垂，借风传播到其他树木上，传播距离可达数十米远。幼虫老熟后，寻找适宜场所吐丝做薄茧化蛹。化蛹地点一般在树的枝杈或老树皮缝处。成虫白天羽化，雄蛾羽化盛期在先，羽化期短；雌蛾羽化盛期在后，羽化期长。雌成虫不活泼，除交尾在茧壳上爬行外一般不爬行，卵产在其羽化后的薄茧上面，块状、单层排列。雄成虫有趋光性。寄生性天敌有22种之多，主要有姬蜂、小茧蜂、细蜂、寄生蝇等。

防治方法

农业防治　冬春季节里，结合果园管理，摘除虫茧并杀灭卵块。利用雄虫的趋光性，在雄成虫羽化盛期，设置诱虫灯，诱杀雄成虫，减少与雌成虫交尾的个体，从而减少虫的发生量。

生物防治　保护利用天敌。

化学防治　重点是在发生较整齐的第一代幼虫，一般在发芽展叶期，寄主植物芽长2～3厘米时，全树喷布一次10%除虫脲悬浮剂1500倍液、5%氟虫脲乳油1500倍液、10%高效氯氰菊酯乳油2000倍液、2.5%溴氰菊酯乳油2000倍液、30%氰·马乳油2000倍液、25%灭幼脲悬浮剂1000倍液、98%杀螟丹可溶性粉剂3000倍液、20%甲氰菊酯乳油3000倍液、2.5%三氟氯氰菊酯水乳剂2500倍液等，以上药剂间隔2周时间再续喷1次。花后如发现第二代幼虫可酌情喷第3次药。

52 黑绒金龟（图2-52-1至图2-52-6）

属鞘翅目，金龟科。又名东方金龟子、天鹅绒金龟子、姬天鹅绒金龟子、黑绒鳃金龟。

分布与寄主

分布　除西藏未见报道外,其他各产区均有分布。

寄主　梨、山楂、桃、杨、苹果等近150种植物。

危害特点　成虫食害寄主的嫩叶、芽及花;幼虫危害地下根系。

形态诊断　成虫:体长7~8毫米,宽4.5~5毫米;雄虫略小于雌虫,体卵圆形,前狭后宽;体褐色至黑色;体表具丝绒般光泽,故称天鹅绒金龟子;触角鳃叶状;前胸背板宽为长的2倍。卵:椭圆形,长1.2毫米,乳白色。幼虫:体长14~16毫米,头部黄褐色,体黄白。蛹:长8毫米,黄褐色。

发生规律　1年发生1代,以成虫在土中越冬。4月中下旬出土,5月初6月上旬为发生盛期。成虫夜间和上午潜伏在地势高燥的草荒地中,下午出土,群集危害,喜食寄主的幼嫩部分。有趋光性和假死性,飞翔力较强。6月为产卵盛期,卵散产于植物根际10~20厘米深的表土层中。卵期5~10天,6月中旬幼虫孵化食害根系。8月中下旬老熟幼虫潜入地下20~30厘米处作土室化蛹,并在其中羽化越冬。

防治方法

农业防治　冬春季深翻园地,利用低温和鸟食消灭地下越冬成虫。利用其假死性,震落扑杀成虫。

物理防治　用黑光灯诱杀成虫。

化学防治　用10%辛硫磷颗粒剂处理土壤,杀灭土壤中的幼虫。在成虫发生期于16:00后,叶面喷洒10%氯氰菊酯乳油2000倍液或2.5%溴氰菊酯乳油2500~3000倍液、5%顺式氰戊菊酯乳油2000~4000倍液;2%杀螟硫磷可湿性粉剂或5%氟啶脲乳油1000~1200倍液等。

㊾ 黄钩蛱蝶（图2-53-1至图2-53-3）

鳞翅目蛱蝶科。又称黄蛱蝶、金钩角蛱蝶。

分布与寄主

分布　国内除西藏未见记载外,其余各地均有分布。

寄主　柿、桃、杏、李、梨、苹果、葡萄、无花果、柑橘等果树及大麻科的大麻、亚麻科的亚麻、蔷薇科的地榆属植物等。

危害特点　初孵幼虫啃食卵壳,但一般不吃光,仍残留卵壳底部黏附在寄主体上,然后取食叶片。成虫刺吸果实汁液,特别喜食成熟的果实。

形态诊断　成虫:体长18毫米左右,翅展45~61毫米,为中型蝶类。翅缘凹凸分明,前翅2脉和后翅4脉末端突出部分尖锐(秋型更加明显);前翅前缘暗色,外缘有黑褐色波状带,后翅外缘和亚缘各有一黑褐色波状带(秋型色淡些）；前翅中室内有黑褐色斑，有时外边两斑相连。中室端有一长形黑褐色斑，中室与顶角间有一道矩形黑褐斑，中室外有4个排成品字形黑褐斑，其中后缘外侧斑纹内有一些青色鳞。后翅基半部中外侧1~3个黑褐斑内有一些青色鳞。夏型翅面黄褐色，秋型翅面红褐色。后翅背面中央有银白色"L"纹。夏型黄色，由褐色波状细线组成斑纹；秋型雄蝶黄褐色，有深褐色斑纹，雌蝶黑褐色，亦有深色相同斑纹。卵：瓜形，初绿色，孵化前变黑，孵化后卵壳成白色，直径约0.75毫米，孵化孔一般在顶部。上有浅绿色脊9~11条，纵脊高度较均匀。蛹：长约20毫米，最宽处6毫米左右，体色土褐色，顶部有2个尖突，侧部两突起不尖锐成钝角，胸背有1纵向大尖突，有的个体无。腹背各节均有两尖突排成两列，仅第1对尖突和后胸背面有2块银斑闪光。触角褐白相间，横纹明显。幼虫：老熟幼虫体长35毫米左右，头、足漆黑色，有光泽。头上两短枝刺与体上枝刺均为深黄色，但也有的个体胸侧部枝刺黑色；胸足爪深黑色；体暗褐色，各节有乳白色细横纹十分明显；前胸背部有一横列白毛；体上枝刺数目为：中、后胸每节4枚、前8腹节各7枚，后2腹节各2枚。

发生规律　食性杂，发生危害期5~10月，成虫6~10月出现，成虫食害果实，幼虫食害叶。

防治方法

生物防治　用含100亿孢子/毫升 Bt 乳剂500~800倍液或用含100亿活芽胞悬浮剂苏云金杆菌600倍液叶面喷洒，低龄幼虫期防治效果好。

用昆虫生长调节剂类药防治　可采用25%灭幼脲悬浮剂500~1000倍液、或5%氟啶脲乳油1000~1500倍液等防治，此类药剂作用较慢，通常在虫龄变更时才使害虫致死，应提早喷洒。这类药常采用胶悬剂的剂型，喷洒后耐雨水冲刷，药效可维持15天以上。

化学防治　幼虫发生季节及时喷药，以低龄幼虫期防治效果好，可选用：50%辛硫磷乳油1000倍液、40%二嗪磷乳油1000倍液、2%氟丙菊酯乳油800~1000倍液、25%仲丁威乳油1000倍液等叶面喷洒。

54　金环胡蜂（图2-54-1至图2-54-3）

属膜翅目胡蜂科。又名桃胡蜂、人头蜂、葫芦蜂、马蜂。

分布与寄主

分布　全国大部分产区。

寄主　山楂、苹果、梨、桃、葡萄、柑橘等果树。

危害特点　成虫食害成熟的果实或吸取汁液，食成孔洞或空壳，仅残留果核或果皮。

形态诊断　成虫：蜂后体长约40毫米，翅展80毫米；工蜂头部橘黄色，头顶后缘、复眼四周及足黑褐色；触角12节膝状；胸部黑褐色，前胸背板前缘两侧黄色，翅基片棕色；翅膜质半透明，翅脉及其前缘色浓；腹部第六节橙色，其余背板为棕黄与黑褐色相间；体背疏被棕色毛。雄蜂体长约34毫米，翅展68毫米，与雌蜂近似，体上被有较密棕色毛。卵：长椭圆形，长1～2毫米，白色。幼虫：体长35～40毫米，白色无足，口器红褐色，体侧具刺突。蛹：长35～40毫米，初白色渐变为黑褐色。蜂巢灰褐色，人头形或葫芦形，上具一孔口，故有葫芦蜂或人头蜂之称，内具数层至数十层蜂室，多悬在树枝上或树洞里及岩缝中。

发生规律 以受精的蜂后在树洞、墙或岩缝处越冬。翌春4月下旬至5月上旬开始活动，一个蜂后筑一个巢，同时将卵产在蜂室棱角处，每室1卵，卵期7天。幼虫以尾端丝钩黏附在室壁上，幼虫期20天，老熟幼虫吐丝封闭蜂室口化蛹，蛹期8～9天，羽化成虫均系工蜂。蜂后以各种软体昆虫为食，主要任务是产卵，7～8月繁殖快，到秋季一巢蜂多达数千只或上万只；工蜂任务是筑巢和哺饲幼虫，果树成熟期，工蜂取食果汁、果肉后，回巢饲喂幼虫。新蜂后育成后，老蜂后死去，新蜂后与雄蜂交配受精，离巢寻找越冬场地越冬。工蜂和雄蜂多死亡。

防治方法

农业防治 ①移蜂巢。于晚间把果园或附近胡蜂巢移入远离果园农田，利用其捕食农田害虫，避免其危害果实。但须注意防止蜂蜇人。②火烧蜂巢。必须灭蜂时，可在晚上用布网套住蜂巢，集中消灭，也可用竹杆绑上火把烧毁。

物理防治 用红糖、蜂蜜、水按1 ∶ 1 ∶ 15的比例，加入1%其他杀虫剂，配成诱杀液，装入盆碗或瓶内，挂在树上诱杀成虫。

化学防治 必要时可在果实成熟前25天喷洒90%晶体敌百虫乳油或40%辛硫磷乳油1000倍液；25%喹硫磷乳油2500倍液、10%乙氰菊酯乳油2500倍液、2. 5%三氟氯氰菊酯菊酯乳油2000倍液、10%联苯菊酯乳油3000倍液等。

(55) 梨豹蠹蛾（图2-55-1至图2-55-5）

属鳞翅目木蠹蛾科。又称豹蛾。

分布与寄主

分布 全国梨及苹果、樱桃、核桃、李、杏产区。

寄主 梨、苹果、樱桃、李、杏、核桃等果树和多种灌木。

危害特点 幼虫蛀食寄主植物的茎部，自下而上取食心材，常致寄主植物自虫蛀孔处折断，破坏严重。

形态诊断 成虫：体白色，翅灰白色，翅展4～6厘米，上有许多黑点和斑纹，毛蓬松。幼虫：老熟幼虫体长约5厘米，白色而肥胖，头部色暗。

发生规律 2～3年发生1代，以幼虫在寄主植物蛀道内缀合虫粪木屑封闭两端静伏越冬，在浙江4月中旬化蛹，5月上旬羽化。成虫夜间飞行，趋光性强。成虫喜将卵产于孔洞或缝隙处，几十粒至数百粒产成块状。卵经2周左右时间孵化，初孵幼虫有群集取食卵壳的习性，3~5天后渐渐分散。分散的方式以吐丝下垂借风迁移为主，也有爬行迁移。幼虫多从嫩枝基部逐渐食害蛀入。当蛀至木质部后多在蛀道下方环蛀一圈，并咬一通外的蛀孔，然后向上蛀食，同时不断向外排出粪粒。

防治方法

农业防治　及时剪除受害枝，集中烧毁或深埋。

物理防治　成虫盛发期用黑光灯或频振式杀虫灯进行诱杀。

化学防治　成虫发生期及卵孵化盛期用25%灭幼脲悬浮剂1000倍液或Bt乳剂500倍液、5%氟啶脲1500倍液、2.5%三氟氯氰菊酯乳油3000倍液、2.5%联苯菊酯乳油1500倍液等喷雾，保证枝干充分着药，以毒杀卵及初孵幼虫；幼虫蛀干危害期，树干皮层注射20%吡虫啉可湿性粉剂100倍液、2%氟丙菊酯乳油50倍液、1.8%阿维菌素乳油20~50倍液等，毒杀枝干内幼虫。

56　梨卷叶象甲（图2-56-1至图2-56-3）

属鞘翅目象甲科。又名杨卷叶象鼻虫、杨狗子。

分布与寄主

分布　北起黑龙江、内蒙古，南限达浙江、江西等广大产区。近几年其已成为果树及部分林木灾害性害虫，有些用杨树作防风林的果园，果树受害尤为严重，有的果树80%以上的叶片被害，严重削弱树势，影响产量和质量。

寄主　梨、山楂、苹果、杨等。

危害特点　成虫将被害叶片的背面叶肉啃食成宽约1.5毫米、长数毫米不等的条状虫口。开始产卵前，将被害叶柄或嫩梢基部输导组织咬伤，使一片或几片叶卷成一卷，边卷边将卵产在卷叶内。吊在树上，叶卷逐渐干枯落地。

形态诊断　成虫：体长约8毫米，头向前延伸呈象鼻状，虫体色泽有蓝紫色、蓝绿色、豆绿色，有红色金属光泽，触角黑色，鞘翅长方形，侧后方微凹入。整个鞘翅表面具不规则的深刻点列；雄成虫头管较粗而弯，胸前两侧各有一个尖锐的伸向前方的刺突。卵：长约1毫米，椭圆形，乳白色，半透明。幼虫：长7~8毫米，头棕褐色，全身乳白色，微弯曲。蛹：裸蛹，略呈椭圆形，体长7毫米左右，初乳白色，以后体色渐深。

发生规律　1年发生1代，以成虫在地面杂草中或地下表土层内作土室越冬。越冬成虫在4月下旬出土，5月上中旬为成虫出土盛期。成虫出土后啃食叶片，4~6天后开始交尾、卷叶、产卵。每一叶卷一般产卵4~8粒，叶片接合处用黏液黏住。卵期6~11天，幼虫在卷叶中食害，卷叶干枯后落地。幼虫6月末开始入土，在地表5厘米深处做一圆形土窝，8月上旬在土窝中化蛹，蛹期7~8天。8月中旬为羽化盛期，8月下旬成虫开始出土上树啃食叶片，补营养，食痕呈条状。9月下旬，成虫陆续入土或在杂草中越冬。

防治方法

农业防治　①新建园不要用杨树作防风林。老果园附近有杨树要与果树同时防治，否则达不到彻底防治梨卷叶象甲的目的，②摘除树上卷叶，或捡拾落地卷叶，集中烧毁，消灭卷叶中的卵和幼虫。③利用成虫假死习性，可于清晨震落捕杀成虫。

化学防治　5月上中旬成虫出蛰后至产卵前喷洒40%毒死蜱乳油1200~1500倍液、20%氰戊菊酯乳油2000~3000液、5%氟啶脲乳油1500~2000倍液等毒杀成虫。除梨树外，对附近杨树也要注意用药防治，以免转移危害。在大发生年份，5月下旬再喷洒1次杀虫剂防治。

㊲ 荔枝拟木蠹蛾（图2-57-1、图2-57-2）

鳞翅目拟木蠹蛾科。

分布与寄主

分布　江西、福建、台湾、广西、广东、湖北、云南、海南等地。

寄主　荔枝、石榴、龙眼、柑橘、梨、枫、杨树、相思树、木麻黄等果树和林木。

危害特点　幼虫蛀害枝干成坑道或食害枝干皮层，削弱树势，幼树受害可致枯死。

形态诊断　成虫：雌体长10~14毫米，翅展20~37毫米，灰白色；胸部、腹部的基部及腹末黑褐色；前翅具很多灰褐色横条纹，中部有1个黑色大斑纹，它的后面有1稍小黑斑，前、外缘有成列灰棕色斑纹；后翅灰白色，具许多灰色横波纹，外缘有成列灰色斑纹；雄体长11~12.5毫米，色较深暗或黑褐色。卵：扁椭圆形，乳白色，卵块鱼鳞状，覆有黑色胶质物。幼虫：体长26~34毫米，全体黑褐色，有光泽；各体节缘相接处的膜质部分灰白色；体壁大部分骨化；3对胸足的左右足间的距离比例为1：3：4。蛹：长14~17毫米，深褐色，头顶有1对分叉的突起。

发生规律　1年发生1代，以老熟幼虫在坑道中越冬。翌年4月上旬至5月上旬幼虫陆续化蛹，蛹期26天，成虫于4月中旬至6月中旬相继出现，雌蛾羽化当晚交尾产卵，卵产在距地面1.5米高的树皮上，5月上旬至6月中旬幼虫孵化，幼虫经2~4小时扩散，寻找分叉、伤口、枝条折断处蛀害，当虫蛀道长13厘米左右时，幼虫调转方向另蛀并吐丝将虫粪和枝干皮屑缀成隧道掩护虫体，坑道是幼虫栖居和化蛹场所。幼虫白天潜伏坑道中，夜晚沿丝质隧道外出啃食树皮。幼虫期343天左右，幼虫老熟后在坑道口封缀成薄丝，后化蛹在其中，蛹期27~48天。天敌有白僵菌等，寄生于幼虫和蛹体。

防治方法

农业防治　用竹签、木签堵塞坑道，使幼虫、蛹窒息。也可用钢丝伸进虫道刺杀幼虫和蛹。

生物防治　于2~5月在幼虫低龄期，于隧道中喷洒白僵菌粉剂300倍液。

化学防治　用50%丙硫磷乳油、90%晶体敌百虫、40%辛硫磷乳油等杀虫剂500~800倍液混泥，堵塞坑道口，也可以用脱脂棉蘸上述药剂塞入坑道中，坑道口再用泥土封严，熏死幼虫。于6~7月用上述杀虫剂喷洒于丝质隧道口附近的树干上，触杀幼虫。

58　柳毒蛾（图2-58-1至图2-58-5）

鳞翅目毒蛾科。又名杨雪毒蛾、杨毒蛾。

分布与寄主

分布　我国北起黑龙江、内蒙古、新疆，南至浙江、江西、湖南、贵州、云南等地及周边地区都有分布，淮河以北密度较大。

寄主　梨、栗、樱桃、杏、桃、梅、茶树、杨、柳、栎等多种果树和林木。

危害特点　以幼虫啃食叶片，受害叶片呈缺刻或孔洞状，严重时叶片被食光，仅留叶皮及叶脉，呈网状。

形态诊断　成虫：体长12~13毫米，雄成虫翅展35~45毫米，雌成虫翅展45~60毫米。体白色，具光泽；头、胸、腹部稍带浅黄色，栉齿灰褐色；下唇须、复眼外侧为黑色；足白色，胫节和跗节有黑环。前翅稀布鳞片，微带透明光泽，前缘和基部微带黄色；触角黑色，带有白色环节，黑白相间呈斑点状。卵：直径0.8~1毫米，扁圆形，绿色至褐色，卵块上被灰色泡沫状物。幼虫：老熟幼虫体长35~50毫米；头部灰黑色有棕白色毛；体黄色，亚背线黑褐色，气门上线和下线由黑点组成；体腹面和胸足暗黄色，腹足灰黑色；瘤棕黄色有黄白色刚毛。蛹：体长15~25毫米，灰褐黑色带黄白色斑，气门棕黑色；刚毛黄白色。

发生规律　东北1年发生1代，华北2代，以2龄幼虫在树皮缝中作薄茧越冬。翌年3~4月中旬，寄主展叶期开始活动，5月中旬幼虫体长10毫米左右，白天爬到树洞里或建筑物的缝隙及树下各种物体下面躲藏，夜间上树危害。6月中旬幼虫老熟后化蛹，6月底成虫羽化，有的把卵产在枝干上，7月初第一代幼虫开始孵化为害，1~2龄幼虫有群集性，可吐丝下垂借风传播；9月底二代幼虫陆续钻入树皮缝中作茧越冬。一、二代卵期10天左右，一代幼虫期35天、二代240天，越冬代蛹期8天，一代为10天。成虫有趋光性，雌虫较明显，夜间活动，多将卵产在树皮或叶片上，堆积成大的灰白色卵块。

防治方法

物理防治　利用成虫有趋光性，可用黑光灯和频振式杀虫灯诱杀。9月初，幼虫下树越冬前，用干草在树干基部捆扎20厘米宽的草脚，翌年3月撤除干草并烧毁。

化学防治　发生盛期用40%辛硫磷乳油1000倍液、20%氰戊菊酯乳油1500倍液、2%异丙威可湿性粉剂2000倍液等喷杀幼虫，可间隔7～10天，连用1～2次。

59　苹果小卷蛾（图2-59-1至图2-59-6）

属鳞翅目卷蛾科。又名苹果小卷叶蛾、棉褐带卷蛾、苹卷蛾、棉卷蛾。

分布与寄主

分布　全国除西藏未见报道外，其他各产区均有分布。

寄主　苹果、山楂、桃、杏、李、樱桃、梨等果树。

危害特点　幼虫吐丝将2～3片叶连缀一起，并在其中危害，将叶片吃成缺刻或网状；被害果表面呈现形状不规则的小坑洼，尤其果、叶相贴时，受害较多。

形态诊断　成虫：体长6～8毫米，翅展13～23毫米，淡棕色或黄褐色；前翅自前缘向后缘有2条深褐色斜纹；后翅淡灰色；雄虫较雌虫体小，体色较淡，前翅基部有前缘褶。卵：椭圆形，淡黄色。幼虫：体长13～15毫米，头和前胸背板淡黄色，老龄幼虫翠绿色。蛹：长9～11毫米，黄褐色。

发生规律　1年发生3～4代，以2龄幼虫结白色薄茧在剪锯口、树皮裂缝、翘皮下越冬。翌年果树发芽后出蛰，取食嫩芽、幼叶，稍大吐丝缀叶，潜伏其中危害，幼虫极活泼，遇惊扰急剧扭动身体吐丝下垂。成虫发生盛期在6月中旬，昼伏夜出，有较强的趋化性和微弱的趋光性，对糖醋液或果醋趋性甚烈。卵产于叶面或果面较光滑处，数十粒排列成鱼鳞状卵块，卵期7天左右。第一代幼虫发生期在7月中下旬，第二代幼虫发生期在8月下旬至9月上旬，第三代幼虫于9月上旬至10月上旬危害一段时间后越冬。天敌有赤眼蜂等。

防治方法

农业防治　冬春季刮除树干上剪、锯口等处的翘皮，消灭越冬幼虫。生长季节，发现卷叶后及时用手捏死其中的幼虫。

生物防治　在产卵盛期释放赤眼蜂于果园，消灭虫卵。

化学防治　①冬春季用10%醚菊酯乳油200倍液涂抹剪、锯口，消灭越冬幼虫。②在越冬幼虫出蛰期和各代幼虫发生初期，喷洒50%辛硫磷乳油1500倍液或50%杀螟硫磷乳油1000倍液；48%毒死蜱乳油或52. 25%蜱·氯乳油2000倍液、2. 5%溴氰菊酯乳油3000倍液等。

60 日本龟蜡蚧（图2-60-1至图2-60-4）

属同翅目蜡蚧科。又名日本蜡蚧、枣龟蜡蚧、龟蜡蚧、龟甲蜡蚧。俗称枣虱子、树虱子。

分布与寄主

分布　全国除新疆、西藏未见报道外，其他各产区均有发生。

寄主　梨、柿、桃、枣、杏、石榴、柑橘等果树。

危害特点　若虫固贴在叶面上吸食汁液，排泄物布满枝叶，7~8月雨季易引起大量煤污菌寄生，使叶、枝条、果实布满黑霉，影响光合作用和果实生长。

形态诊断　雌成虫：虫体椭圆形，紫红色，背覆白蜡质介壳，表面有龟状凹纹，体长约3毫米，宽2~2.5毫米；雄成虫：体长1.3毫米，翅展2.2毫米，体棕褐色，头及前胸背板色深，触角丝状；翅1对白色透明。卵：椭圆形，长径约0.3毫米，橙黄至紫红色。若虫：体扁平椭圆形，长0.5毫米，后期虫体周围出现白色蜡壳。蛹：仅雄虫在介壳下化为裸蛹，梭形，棕褐色。

发生规律　1年发生1代，以受精雌虫密集在1~2年生小枝上越冬。越冬雌虫4月初开始取食，5月下旬至7月中旬产卵，卵期10~24天。6月中旬至7月上旬孵化，初孵若虫多爬到嫩枝、叶柄、叶面上固着取食，8月初雌雄开始性分化，8月下旬至10月上旬雄虫羽化，交配后即死亡。雌虫陆续由叶转到枝上固着危害，至秋后越冬。卵孵化期间，空气湿度大，气温正常，卵的孵化率和若虫成活率高。天敌有瓢虫、草蛉、长盾金小蜂、姬小蜂等。

防治方法　防治关键期是雌虫越冬期和夏季若虫前期。

农业防治　从11月至翌年3月刮刷树皮裂缝中的越冬雌成虫，剪除虫枝；冬春季遇雨雪天气，及时敲打树枝震落冰凌，可将越冬雌虫随冰凌震落。

物理防治　保护利用天敌。

化学防治　在6月末7月初，喷洒50%甲萘威可湿性粉剂400~500倍液或20%甲氰菊酯乳油3000~4000倍液、20%啶虫脒可湿性粉剂2000倍液等；秋后或早春喷洒5%的柴油乳剂防效好。

61 柿长绵粉蚧（图2-61-1至图2-61-5）

属同翅目粉蚧科。又名长绵粉蚧。

分布与寄主

分布　云南及周边产区。

寄主　柿、苹果、梨、枇杷、无花果等果树。

危害特点　以雌成虫、若虫吸食嫩梢、枝和叶的汁液，排泄物污染叶面，易诱发煤污病的发生。

形态诊断 成虫：雌体长约3毫米，扁椭圆形，黄绿色至浓褐色，触角丝状，足3对，体表布白蜡粉，体缘具圆锥形蜡突10~18对。成熟时后端分泌出白色绵状长卵囊，形状似袋，长20~30毫米；雄体长2毫米，淡黄色似小蚊，触角念珠状，足3对，前翅白色透明较发达，后翅退化成平衡棒，腹部末端两侧各具细长白色蜡丝1对。卵：淡黄色近圆形。若虫：椭圆形，与雌成虫相似。雄蛹：长约2毫米，淡黄色。

发生规律 1年发生1代，以若虫在枝条上结大米粒状的白茧越冬。翌春寄主萌芽时开始活动，4月下旬羽化为成虫，雌雄交配后雄虫死亡，雌虫爬至嫩梢和叶片上危害，逐渐长出卵囊，至6月陆续成熟卵产在卵囊中，卵期15~20天。6月中旬至7月上旬孵化，初孵若虫固着叶背主脉附近吸食汁液危害。10月转移到枝干上，多在阴面群集结茧越冬，常相互重叠堆集成团。5月下旬至6月上中旬、8月危害重。天敌有黑缘红瓢虫、大红瓢虫、二星瓢虫、寄生蜂等。

防治方法

农业防治 冬春季刮树皮或用硬刷刷除越冬结茧若虫，集中销毁，刮后用石灰水涂干，防病防冻杀虫。

生物防治 保护利用天敌，控制其发生。

化学防治 ①落叶后或发芽前，喷洒3~5波美度石硫合剂或45%晶体石硫合剂20~30倍液、5%柴油乳剂。②若虫初孵转移期和危害期，喷洒10%氯菊酯乳油2000~2500倍液或20%醚菊酯乳油1000倍液、48%哒嗪硫磷乳油1000~1500倍液，喷药时混入含油量1%的柴油乳剂有明显增效作用。

62 相思拟木蠹蛾（图2-62-1至图2-62-2）

属鳞翅目拟木蠹蛾科。

分布与寄主

分布 云南、广东、广西、福建及台湾等地及周边产区。

寄主 相思、荔枝、石榴、梨、柑橘属、木麻黄、枫、杨和柳属等数十种植物。

危害特点 以幼虫钻蛀枝干成坑道，咬食枝干外部时，常吐丝缀连虫粪和树皮屑形成隧道，幼虫白天匿居坑道中，夜间钻出，沿隧道啃食隧道前端的树皮，削弱树势；危害严重时，可致枝干枯干，幼树死亡。

形态诊断 成虫：雌虫体长7~12毫米，翅展22~25毫米；雄虫体长7~10.5毫米，翅展20~24毫米。体灰褐色，头顶鳞片灰白色，口器退化，下唇须短小；胸部背面被灰褐色鳞片，腹面白色；足粗短，足内侧被白色鳞片，外侧被灰色鳞片，胫节及第一跗节外侧鳞片长2~4毫米，成丛；前翅近长方形，灰白色，中室中部具1个黑色斑块，黑斑的外侧有6个近长方形的褐斑，连续横列成弧形，前缘具11个褐斑，外缘及后缘各有5~6个灰褐色斑块，沿翅缘分列；后翅近四方形，外缘有8个灰褐色斑；腹部背面被灰褐色长鳞片，腹部白色，腹端鳞片长2~4毫米，黑褐色。卵：长径0.6~0.7毫米，短径0.5~0.6毫米，椭圆形，乳白色，近透明，表面光滑，卵粒排列成鱼鳞状卵块，外被黑褐色胶状物。幼虫：老熟幼虫体长18~27毫米，宽2~3.5毫米，体漆黑色；体壁大部分骨化，头部赤褐色，上唇基部中央色较淡，具许多不规则皱纹，唇基长度为头长1/3；单眼6个；前胸背板漆黑色，背中线色淡，腹部各节大部分骨化。蛹：长12~16毫米，黑褐色；触角内上方有粗大突起1对，着生的方向和体轴平行，这是与荔枝拟木蠹蛾蛹的区别；无下颚须；雌性蛹的第二腹节前缘具刺状突，雄性的第三节前缘及第四至第七节前后缘皆具刺状突；腹端部具粗短臀棘6~8个；雌性第七节后缘无刺状突。

发生规律　在福建、广东1年发生1代，以近老熟幼虫在虫道中越冬。在福州4月上旬至5月下旬化蛹，蛹期20天。4月下旬至6月中旬羽化。成虫羽化后当晚即进行交尾、产卵。产卵持续2~3晚，每头雌虫平均产卵量为100粒左右。幼虫5月中旬后出现，多在树枝分杈，树皮粗糙和伤口等处钻蛀虫道，白天匿居其中。虫道不深，虫道平均长8~12厘米。在树干上的虫道外面有虫粪及树皮碎屑组成的隧道突起，幼虫在傍晚沿隧道外出啃食树皮。成虫羽化多在午后，羽化后蛹壳插于虫道口。成虫寿命一般3~4天，能作短距离飞翔。有弱趋光性。此虫常和荔枝拟木蠹蛾混杂发生。

防治方法

农业防治　用铁丝刺杀虫道内幼虫和蛹。

物理防治　成虫发生期利用黑光灯或频振式杀虫灯诱杀成虫。

化学防治　①毒杀幼虫。用菊酯类或有机磷类杀虫剂100~200倍液与旧棉絮做成药团，塞入虫道中，孔口用黄泥封闭，毒杀虫道内幼虫。②卵孵化盛期，树冠喷洒25%灭幼脲悬浮剂1000倍液、Bt乳剂500倍液、5%氟啶脲1500倍液、2.5%三氟氯氰菊酯乳油3000倍液、2.5%联苯菊酯乳油1500倍液等，保证枝干充分着药，以毒杀卵及初孵幼虫。③由于此虫夜间出来取食树皮，在幼虫发生期于傍晚枝干上可喷洒20%吡虫啉可湿性粉剂1000倍液、2%氟丙菊酯乳油2000倍液、1.8%阿维菌素乳油2500倍液等，毒杀啃食树皮的幼虫。

63　云斑天牛（图2-63-1至图2-63-6）

属鞘翅目天牛科。又名核桃大天牛、核桃天牛、白条天牛等。

分布与寄主

分布　全国各产区。

寄主　核桃、板栗、无花果、苹果、山楂、梨、枇杷等果树。

危害特点　成虫食叶和嫩枝皮；幼虫蛀食枝干皮层和木质部，削弱树势，重者致枝或全树枯死。

形态诊断　成虫：体长57～97毫米，宽17～22毫米，黑褐色；前胸背板有2个肾状白斑，小盾片白色；鞘翅基部1／4处密布黑色颗粒，翅面上具不规则白色云状毛斑，略呈2、3纵行；体腹面两侧从复眼后到腹末具白色纵带1条。卵：长椭圆形，长7～9毫米，白至土褐色。幼虫：体长74～100毫米，稍扁，黄白色；头稍扁平深褐色，长方形，1／2缩入前胸，外露部分近黑色；前胸背板近方形，橙黄色，中后部两侧各具纵凹1条，并具暗褐色颗粒状突起，背板两侧白色，上具橙黄色半月形斑1个；后胸和第一至七腹节背、腹面具"口"形骨化区。蛹：长40～90毫米，初乳白渐变黄褐色。

发生规律　2～3年发生1代，以成虫或幼虫在蛀道中越冬。越冬成虫于5～6月间咬羽化孔钻出树干，交尾后产卵于树干或斜枝下面，尤以距地面2米内的枝干着卵多。产卵时先在枝干上咬一椭圆形蚕豆粒大小的产卵刻槽，产卵后，用细木屑堵住产卵口。成虫寿命1个月左右。卵期10～15天，6月中旬进入孵化盛期，初孵幼虫把皮层蛀成三角形蛀道，木屑和粪便从蛀孔排出，致树皮外胀纵裂，是识别云斑天牛危害的重要特征。后蛀入木质部，在粗大枝干里多斜向上方蛀，在细枝内则横向蛀至髓部再向下蛀，隔一定距离向外蛀一通气排粪孔。幼虫活动范围的隧道里基本无木屑和虫粪，其余部分则充满木屑和粪便。危害至深秋休眠越冬，翌年4月继续活动。8～9月老熟幼虫在肾状蛹室里化蛹。羽化后越冬于蛹室内，第三年5～6月才出树。3年1代者，第四年5～6月成虫出树。

防治方法

农业防治　及时剪除虫枝烧毁；成虫发生期及时捕杀成虫，消灭在产卵之前；成虫产卵盛期后挖卵和初龄幼虫；用细铁丝插入新鲜排粪孔内刺杀幼虫。

化学防治　①产卵盛期后常检查发现产卵刻槽，可用杀螟硫磷乳油等10～20倍液涂抹，杀卵及初龄幼虫效果好。②蛀入木质部的幼虫可从新鲜排粪孔注入药液，用50%辛硫磷乳油或90%晶体敌百虫、20%甲氰菊酯乳油10～20倍液等，每孔最多注射10毫升，然后用湿泥封孔，杀虫效果很好，注意药液不能注得太多，以能杀死幼虫并被树体吸收为度，注多了易引起烂干。③成虫发生期喷洒40%毒死蜱乳油或50%辛硫磷乳油、90%晶体敌百虫1000倍液；或5%顺式氰戊菊酯乳油3000～4000倍液、10%醚菊酯乳油800～1000倍液等。

64　枣尺蠖（图2-64-1至图2-64-4）

属鳞翅目尺蛾科。又名枣步曲。

分布与寄主

分布　长江以北产区均有分布。

寄主　枣、苹果、梨、桃等果树。

危害特点　幼虫食害芽、叶成孔洞和缺刻，严重时将叶片吃光。

形态诊断　成虫：雌雄异型。雌体长12~17毫米，被灰褐色鳞毛，无翅，头细小，触角丝状，足灰黑色，腹部锥形，尾端有黑色鳞毛一丛；雄体长10~15毫米，翅展30~33毫米，灰褐色，触角橙褐色羽状，前翅内、外线黑褐色波状，前后翅中室均有黑灰色斑点1个。卵：椭圆形，长0.95毫米，初淡绿渐至褐色。幼虫：1龄幼黑色，有5条白色纵条纹；2龄幼虫绿色，有7条白色纵条纹；3龄幼虫灰绿色，有13条白色纵条纹；4龄幼虫纵条纹变为黄色与灰白色相间；5龄幼虫（老熟幼虫）体长约45毫米，灰褐色或青灰色，有多条黑色纵线及灰黑色花纹，胸足3对，腹足1对，臀足1对。蛹：长10~15毫米，纺锤形，黄至红褐色。

发生规律　1年发生1代，以蛹在土中5~10厘米处越冬。翌年3月下旬羽化为成虫。早春多雨利其发生，土壤干燥出土延迟且分散，有的拖后40~50天。雌蛾出土后栖息在树干基部或土块上、杂草中，夜间爬到树上等雄蛾飞来交尾，雄蛾具趋光性。卵多产在树皮缝内或树杈处，卵期10~25天，一般枣发芽时开始孵化，幼虫历期30天左右，具吐丝下垂习性，5月底到7月上旬，幼虫陆续老熟入土化蛹，越夏和越冬。天敌有枣尺蠖寄蝇、家蚕追寄蝇、枣步曲肿正付姬蜂等。

防治方法

农业防治　冬春季耕翻树盘，利用冻害或鸟食灭蛹；幼虫发生期震落捕杀幼虫，或在树干基部束绑宽约10厘米的塑料薄膜，膜下部用土压实，于薄膜上涂黄油或废机油，阻止幼虫上树。

生物防治　用苏云金杆菌加水兑成每毫升含0.1亿~0.25亿个孢子的菌液，并加入十万分之一的敌百虫于幼虫期喷洒；也可田间采集被病毒感染的病死虫，研磨后，用纱布过滤，兑水喷雾，每亩枣林用病毒死虫7~10条，在幼虫期喷洒均有良好防效。

化学防治　①地面施药。在树干周围喷洒90%晶体敌百虫800~1000倍液或撒布40%辛硫磷颗粒剂，施药后地面用齿耙来回耧耙几次，使药土混匀，阻止成虫上树并毒杀成虫及初孵幼虫。②叶面喷药。在幼虫孵化前后喷洒20%甲氰菊酯乳油或2.5%溴氰菊酯乳油2500倍液，2.5%三氟氯氰菊酯乳油或50%顺式氰戊菊酯乳油3000倍液，20%氰戊菊酯乳油2000倍液、50%杀螟硫磷乳油1000倍液。

(65)　**枣刺蛾**（图2-65-1至图2-65-4）

属鳞翅目刺蛾科。又名枣奕刺蛾。

分布与寄主

分布　华北、黄淮、华东等产区。

寄主　枣、柿、梨、苹果、山楂、杏、核桃等果树。

危害特点　低龄幼虫取食叶肉，仅留表皮，虫龄稍大即取食全叶。

形态诊断　成虫：雌成虫翅展29～33毫米，触角丝状；雄成虫翅展28～31.5毫米，触角短双栉齿状；全体褐色，胸背中间鳞毛红褐色；腹部背面各节有似"人"字形的褐红色鳞毛；前翅基部褐色，中部黄褐色，近外缘处有2块似菱形的斑纹彼此连接，靠前一块褐色，后边一块红褐色；后翅灰褐色。卵：椭圆形，长1.2～2.2毫米，鲜黄色。幼虫：体长20～25毫米，淡黄至黄绿色，背面的蓝色斑，连接成近椭圆形斑纹；体背有6对红色长枝刺，其中胸部3对、体中部1对、腹末2对；体两侧各节上有红色短刺毛丛1对。蛹：椭圆形，长12～13毫米，初黄色渐变为褐色。茧：长11～14.5毫米，椭圆形，土灰褐色。

发生规律　1年发生1代，以老熟幼虫在树干根部土内7～9厘米深处结茧越冬。翌年6月下旬成虫羽化，7月上旬幼虫孵化，7月下旬至8月中旬危害重，8月下旬幼虫逐渐老熟，下树入土结茧越冬。成虫昼伏夜出，有趋光性。卵产于叶背成片排列，幼虫孵化后即分散至叶背面危害。

防治方法

农业防治　冬春季深翻园地，利用低温冻害和鸟食消灭土中越冬茧。

生物防治　秋冬季摘虫茧，放入细纱笼内，保护和引放寄生蜂。低龄幼虫期每亩用每克含孢子100亿的白僵菌粉0.5～1千克，在雨湿条件下喷雾防治效果好。

化学防治　卵孵化盛期至幼虫危害初期喷洒90%晶体敌百虫或40%马拉硫磷乳油1200倍液、25%灭幼脲悬浮剂1500倍液、20%除虫脲悬浮剂3000～4000倍液、1.8%阿维菌素2000～3000倍液、20%抑食肼可湿性粉剂800～1000倍液、20%虫酰肼悬浮剂1000～1500倍液、2.5%溴氰菊酯乳油3000～4000倍液、10%乙氰菊酯乳油2000倍液等。

⑥⑥　枣飞象（图2-66-1、图2-66-2）

属鞘翅目象甲科。又名食芽象甲、大谷月象、枣芽象甲、小灰象鼻虫。

分布与寄主

分布　全国各产区。

寄主　枣、苹果、梨、核桃等果树。

危害特点　成虫食芽、叶，常将寄主植物嫩芽吃光，第二、三批芽才能长出枝叶来，推迟生育，削弱树势，降低产量与品质。幼虫生活于土中，危害植物地下部组织。

形态诊断 成虫：体长4~6毫米，长椭圆形，体黑色，被白、土黄、暗灰等色鳞片，体呈深灰至土黄灰色，腹面银灰色；头宽，喙短粗、宽略大于长，背面中部略凹；触角膝状11节，着生在头管近前端；前胸宽略大于长，两侧中部圆突；鞘翅长2倍于宽，近端部1/3处最宽，末端较狭，两侧包向腹面，鞘翅上各有纵刻点列9~10行。卵：椭圆形，0.6毫米×0.4毫米，初乳白渐至黑褐色。幼虫：体长5~7毫米，头淡褐色，体乳白色，各节多横皱略弯曲，无足，前胸背面淡黄色。蛹：长4~6毫米，略呈纺锤形，乳白至红褐色。

发生规律 1年发生1代，以幼虫于5~10厘米深土中越冬。3月下旬越冬幼虫开始上移到表土层活动、危害，4月上旬至5月上旬老熟化蛹，蛹期12~15天。4月下旬至5月上旬成虫羽化，经4~7天出土，成虫寿命20~30天，危害至6月上旬，成虫多沿树干爬上树危害，以10:00~16:00高温时最为活跃，可作短距离飞翔，早晚低温或阴雨刮风时，多栖息在枝杈处不动，受惊扰假死落地。卵产于枝干皮缝和脱落的枝痕内，数粒成堆产在一起。产卵期5月上旬至6月上旬，卵期20天左右，5月中旬陆续孵化落地入土，危害至秋后做近圆形土室于内越冬。

防治方法

农业防治 成虫出土前树干周围铺塑料薄膜，周围用土压实，将土中羽化成虫闷死于地下；成虫上树后，树下铺塑料布，早、晚震落搜集成虫捕杀之。

土壤处理 4月下旬成虫开始出土上树时，用25%辛硫磷胶囊剂200~300倍液，喷洒树干及干基部60~90厘米地面，树干喷药至淋洗状态，或撒5%辛硫磷颗粒剂，每株成树撒100~150克，撒后浅耙表土使土药混匀，毒杀上树成虫效果好且省工。该措施做得好，基本可控制此虫危害。

化学防治 成虫危害期树冠上可喷洒90%晶体敌百虫或50%辛硫磷乳油1000~1500倍液、5.7%氟氯氰菊酯乳油3000倍液、10%醚菊酯乳油2000倍液等防治。

67 梨刺蛾（图2-67-1至图2-67-3）

属鳞翅目刺蛾科。又名梨娜刺蛾。危害植物的芽、叶。

分布与寄主

分布 全国各产区。

寄主 梨、苹果、桃、李、杏、樱桃、枣、核桃、柿等果树及杨树等90多种植物。

危害特点 幼虫啃食芽和叶片，将其啃吃成很多孔洞、缺刻或仅留叶柄、主脉，严重影响树势和果实产量。

形态诊断 成虫：体长14~16毫米，翅展29~36毫米，黄褐色；雌虫触角丝状，雄虫触角羽毛状；胸部背面有黄褐色鳞毛；前翅黄褐色至暗褐色，外缘为深褐色宽带，前缘有近似三角形的褐斑；后翅褐色至棕褐色；缘毛黄褐色。卵：扁圆形，白色，数十粒至百余粒排列成块状。幼虫：老熟幼虫体长22~25毫米，暗绿色；各体节有4个横列小瘤状突起，其上生刺毛。其中前胸、中胸和第六、第七腹节背面的瘤突较大且刺毛较长，形成枝刺，伸向两侧，黄褐色。蛹：黄褐色，体长约12毫米。

发生规律　1年发生1代，以老熟幼虫在土中结茧，以前蛹越冬，翌春化蛹，7~8月份出现成虫；成虫昼伏夜出，有趋光性，产卵于叶片上。幼虫孵化后取食叶片，发生盛期在8~9月份。幼虫老熟后从树上爬下，入土结茧越冬。在正常管理的果园，梨刺蛾的发生数量一般不大，在管理粗放的梨园，有时发生较多。

防治方法

农业防治　①结合整枝、修剪、除草和冬季清园、松土等，清除枝干上、杂草中的越冬虫体，破坏地下的蛹茧，以减少越冬虫源。②幼虫群集危害期人工捕杀。

物理防治　利用成蛾趋光习性，结合防治其他害虫，在6~8月成虫发生盛期，设诱虫灯、糖醋液盆等诱杀成虫。

生物防治　秋冬季摘虫茧，放入纱笼，保护和引放寄生蜂；用每克含孢子100亿的白僵菌粉0.5~1千克，在雨湿条件下防治1~2龄幼虫。

化学防治　幼虫孵化盛期及时喷洒90%晶体敌百虫或50%马拉硫磷乳油、25%亚胺硫磷乳油、50%杀螟硫磷乳油、30%乙酰甲胺磷乳油等900~1000倍液；还可选用50%辛硫磷乳油1400倍液或10%联苯菊酯乳油5000倍液、2.5%鱼藤酮300~400倍液、52.25%蝉·氯乳油1500~2000倍液等。

（68）梨大叶蜂（图2-68-1至图2-68-3）

膜翅目锤角叶蜂科。

分布与寄主

分布　山西、陕西、河南、山东、河北、安徽等地。

寄主　梨、山楂、樱桃、木瓜等植物。

危害特点　幼虫食叶成圆弧形缺刻，严重时把叶片吃光；成虫咬伤嫩梢的上部吸食汁液，致梢头萎枯脱落，影响幼树成型。

形态诊断　成虫：体长22~25毫米，翅展48~55毫米，红褐色；头黄色，单眼区和额两侧暗黑色，复眼椭圆形黑色；触角棒状，两端黄褐色，中间黑褐色；前胸背板黄色，中胸小盾片和后胸背板后缘黄褐色；前翅前半部暗褐色，不透明，后半部和后翅透明，淡黄褐色；腹部第一节至三节及第四节至六节的后缘黑褐色，其他部位黄色至黄褐色；背线黑褐色。卵椭圆形，略扁，长约3.5毫米，初淡绿色，孵化前变黄绿色。幼虫：体长约50毫米；体稍带灰白绿色；背线中央为淡褐色细线，从前胸至腹部第七腹节两侧有2纵列黑斑。蛹：体长25~30毫米，裸蛹。茧长30~35毫米，长椭圆形，褐色，质地坚硬，外附泥土。

发生规律 1年发生1代，以老熟幼虫在距地表约6厘米处的土中做茧越冬。4月下旬至5月中旬成虫羽化。5月上中旬幼虫出现，6月上中旬幼虫陆续老熟，落地入土做茧越夏、越冬。成虫喜食寄主嫩梢，将嫩梢顶端5~10厘米处咬伤，致使梢头萎蔫垂落，幼树受害较重。卵产于叶片表皮下。幼虫取食叶片呈缺刻状，静止时常栖息于叶背面，身体弯曲侧卧，姿态特殊，受惊时，体表能喷射出浅黄色液体。

防治方法

农业防治 冬春翻树盘挖茧。结合管理捕杀幼虫。成虫危害期在幼树上进行网捕成虫。

化学防治 此虫多零星发生，幼虫危害期结合防治其他害虫治此虫。

69 梨木虱（图2-69-1至图2-69-6）

属半翅目木虱科。

分布与寄主

分布 全国各产区均有发生，以东北、华北、西北等北方产区为重。

寄主 梨树。

危害特点 以幼虫、若虫刺吸寄主芽、叶、嫩枝梢汁液进行直接危害；成虫不危害，只产卵，产卵后不久死亡。幼虫、若虫分泌黏液，招致杂菌，间接危害叶片、果实，致叶片及果实出现褐斑、煤污而造成早期落叶和污染果实，严重影响产量和果品品质。

形态诊断 成虫：分冬型和夏型，冬型体长2.8~3.2毫米，体褐至暗褐色，具黑褐色斑纹。夏型成虫体略小，黄绿色，翅上无斑纹，复眼黑色，胸背有4条红黄色或黄色纵条纹。卵：长圆形，一端尖细，具一细柄。若虫：扁椭圆形，浅绿色，复眼红色，翅芽淡黄色，突出在身体两侧。

发生规律 东北地区1年发生3~5代，河北省中、南部产区1年发生6~7代。以冬型成虫在落叶、杂草、土石缝隙及树皮缝内越冬。河北省中、南部产区，早春2~3月份出蛰，3月中旬为出蛰盛期，梨树发芽前即开始产卵于枝叶痕处，发芽展叶期将卵产于幼嫩组织茸毛内叶缘锯齿间、叶片主脉沟内等处。若虫多群集危害，有分泌黏液的习性，在黏液中生活、取食及危害。直接危害盛期为5~7月份，因各代重叠交错，全年均可危害；7~8月份的雨季，高温、高湿、虫口密度集中时，易爆发危害。梨木虱分泌的黏液易招致杂菌，在相对湿度大于65%时，发生霉变，致使叶片产生褐斑并坏死，造成严重间接危害，引起早期落叶；分泌的黏液易诱发果面煤污菌感染，严重影响果实发育和果品质量。

防治方法

农业防治 冬春季彻底清除果园枯枝落叶和杂草；刮刷老树皮后涂白剂涂白，消灭越冬成虫。

化学防治 ①3月中旬越冬成虫出蛰盛期喷洒90%乙酰甲胺磷乳油1000～1500倍或者菊酯类药剂1500～2000倍液，控制出蛰成虫基数。②在梨木虱严重发生时，可选用1.8%阿维菌素乳油3000～4000倍液、20%菊·杀乳油1000～1500倍液、菊酯类杀虫剂叶面喷洒。

70 苹掌舟蛾（图2-70-1至图2-70-6）

属鳞翅目舟蛾科。又名舟形毛虫、苹果天社蛾、黑纹天社蛾、举尾毛虫、苹黄天社蛾等。

分布与寄主

分布 全国各产区。

寄主 苹果、山楂、核桃、樱桃、梨、杏、桃、李、板栗、枇杷等果树和林木。

危害特点 初龄幼虫啃食叶肉，仅留表皮，呈箩底状，稍大后把叶食成缺刻或仅残留叶柄，严重时把叶片吃光，造成二次开花。

形态诊断 成虫：体长22～25毫米，翅展49～52毫米，头胸部淡黄白色，腹背雄蛾浅黄褐色，雌蛾土黄色，末端均淡黄色；触角丝状；前翅银白色，在近基部生1长圆形斑，外缘有6个椭圆形斑，横列成带状，各斑内端灰黑色，外端茶褐色，中间有黄色弧线隔开；翅中部有淡黄色波浪状线4条；后翅浅黄白色，近外缘处生一褐色横带。卵：球形，直径约1毫米，初绿色渐变灰色。幼虫：体长55毫米左右，被灰黄长毛；头、前胸、臀板、足均黑色，胴部紫黑色，体侧具3条紫红色线，并具多个淡黄色的长毛簇。蛹：长20～23毫米，暗红褐色至黑紫色，腹末有臀棘6根。

发生规律 1年发生1代，以蛹在树冠下土中越冬，翌年7月上旬至下旬羽化，成虫昼伏夜出，趋光性强。卵多产在树体东北面的中下部枝条的叶背，数十粒或百余粒密集成块。卵期6～13天。低龄幼虫傍晚至早晨或阴天群集叶面，头向叶缘排列成行，由叶缘向内啃食。低龄幼虫遇惊扰或震动时，成群吐丝下垂。稍大后分散取食，白天多栖息在叶柄或枝条上，头尾翘起，状似小舟，故称舟形毛虫。幼虫期31天左右，成龄后食量大，常把叶片吃光。幼虫老熟后下树入土化蛹越冬。

防治方法

农业防治 冬春季翻耕树盘，利用低温和鸟食消灭越冬蛹；在幼虫分散危害前，及时剪除幼虫群居的枝叶并烧毁；利用幼虫吐丝下垂的习性，人工震落捕杀幼虫。

生物防治 在卵发生期的7月中下旬释放松毛虫赤眼蜂，卵被寄生率可达95%以上，灭卵效果好。也可在幼虫期喷洒每克含300亿孢子的青虫菌粉剂1000倍液。

物理防治 成虫发生期利用黑光灯诱杀成虫。

化学防治 卵孵化前后和幼虫分散危害前是树上施药的关键期。可喷洒48%毒死蜱乳油或40%乙酰甲胺磷乳油、50%杀螟硫磷乳油1000～1200倍液；90%晶体敌百虫800倍液、20%戊菊酯乳油1500～2000倍液、10%醚菊酯乳油800～1000倍液；25%灭幼脲悬浮剂1500倍液、3%啶虫脒乳油2000倍液等。

(71) 硕蝽（图2-71-1至图2-71-7）

属半翅目蝽科。

分布与寄主

分布 山东、河南、安徽、河北、内蒙古、陕西、浙江、福建、广东、贵州、江西、广西、四川、湖南、湖北、台湾等地。

寄主 梨、板栗、山楂、猕猴桃、桑、茶、油桐等多种果树和林木。

危害特点 以若虫和成虫刺吸嫩芽、幼叶，造成顶梢枯死，严重影响果树的开花结果。

形态诊断 成虫：体长25～34毫米，体宽11.5～17毫米，椭圆形，酱褐色，具金属光泽，头和前胸背板前半、小盾片两侧近绿色，小盾片上有较强的皱纹，腹下近绿色或紫铜色；触角基部3节黑；足同体色；第一腹节背面近前缘处有1对发音器，梨形，由硬骨片与相连接的膜组成，通过鼓膜振动能发出“叽叽”的声音，用来驱敌和寻偶。

发生规律 各地1年均发生1代。以4龄若虫在寄主植物附近的杂草丛中蛰伏越冬，翌年5月间活动。若虫期脱皮4次共5龄。成虫飞行力强，喜在树体上部活动，有假死性。

防治方法

农业防治 冬春季清除园地枯叶杂草，集中烧毁或深埋。成虫、若虫危害期，掌握在成虫产卵前，于清晨震落捕杀。

化学防治 成虫产卵期和若虫期喷洒25%溴氰菊酯乳油2000倍液或10%氯菊酯乳油1000～1500倍液、40%辛硫磷乳油600～1000倍液、10%乙氰菊酯乳油800～1000倍液等。

(72) 绣线菊蚜（图2-72-1至图2-72-3）

属同翅目蚜科。又名苹果黄蚜、苹叶蚜虫。

分布与寄主

分布　全国各产区。

寄主　苹果、山楂、梨、李、杏、柑橘、木瓜等果树和林木。

危害特点　以成虫、若虫刺吸叶和嫩梢汁液，被害叶尖向背弯曲或横卷，不能再恢复正常生长，重致落叶。

形态诊断　成虫：无翅胎生雌蚜长卵圆形，体长1.6~1.7毫米，宽0.94毫米，多为黄色，有时黄绿或绿色；头浅黑色；体表具网状纹。有翅胎生雌蚜近纺锤形，体长1.5毫米左右，翅展4.5毫米左右；头胸部、腹管尾片黑色，腹部绿色或淡绿至黄绿色；第二至四腹节两侧具大型黑缘斑。若虫：鲜黄色，无翅若蚜体肥大，有翅若蚜胸部较发达，具翅芽。卵：椭圆形，长0.5毫米，初淡黄渐至黄褐色。

发生规律　1年发生10多代，以卵在枝杈、芽旁及皮缝处越冬。翌年4月下旬越冬卵孵化，于芽、嫩梢顶端、新生叶的背面危害，10余天即发育成熟，开始进行孤雌生殖直到秋末。春季繁殖慢，多产生无翅孤雌胎生蚜；5月下旬开始出现有翅孤雌胎生蚜，并迁飞扩散；6~7月繁殖最快，虫口密度大时枝梢、叶柄、叶背布满蚜虫，危害最重，致叶片向叶背横卷，叶尖向叶背、叶柄方向弯曲。8~9月虫口密度下降，10~11月产生有性蚜交尾产卵。天敌有瓢虫、草蛉、食蚜蝇、蚜茧蜂等。

防治方法

农业防治　冬春季用硬刷子刮刷树皮裂缝，并用石灰水涂干，既消灭越冬卵，又防冻。发生初期，结合修剪剪除被害枝梢。保护利用天敌。

化学防治　①早春发芽前喷洒5%柴油乳剂或黏土柴油乳剂杀卵。②越冬卵孵化后及危害期，及时喷洒1%阿维菌素3000~4000倍液或52.25%蜱·氯乳油2000倍液、48%毒死蜱乳油1500倍液、50%抗蚜威可湿性粉剂2000~2500倍液、10%氯氰菊酯乳油3000倍液、43%辛·氟乳油1500倍液、2.5%氯氟氰菊酯乳油3000倍液等。③提倡使用EB-82灭蚜菌或Ec.t-107杀蚜霉素200倍液，掌握在蚜虫发生高峰前选晴天均匀喷洒。

73　艳叶夜蛾（图2-73-1至图2-73-3）

属鳞翅目夜蛾科。

分布与寄主

分布　浙江、江苏、福建、台湾、广东、广西、湖南、湖北、四川、山西、山东、陕西、河北、河南、北京、天津、辽宁、吉林、黑龙江、内蒙古等地。

寄主　梨、苹果、葡萄、桃、杏、柿、柑橘、枇杷、杨梅、番茄等植物。

危害特点　成虫吸食果实汁液，尤其近成熟或成熟果实。

形态诊断　成虫：体长29~34毫米，触角丝状，前翅呈铜色，从顶角至基角及臀角各有一白色阔带，内缘上方有一条酱红色线纹，后翅浓黄色，上有黑色肾形及大形宽黑纹，外缘有6个白斑。卵：圆球形，底面平，直径约0.9毫米，卵初产时色淡黄，近孵化时渐复暗。幼虫：老熟幼虫体长约50毫米，体宽约7毫米，头宽仅约4毫米；胸足3对，腹足4对，尾足1对；头部及身体均为棕色，腹足和胸足为黑色，第一对腹足退化，外形很小；静止时头下坠尾端高翘，仅以发达的3对腹足着地。蛹：长约24毫米，宽约9.0毫米，褐色，外被白色丝，混和叶片包在体外。

发生规律 生活在低、中海拔山区。成虫夜晚具趋光性。幼虫寄主有木防己和千金藤等。天敌有卵寄生蜂等。

防治方法

农业防治 合理规划果园。山区和半山区发展果树时应成片大面积栽植，尽量避免混栽不同成熟期的品种或多种果树。

物理防治 成虫发生期利用黑光灯、高压汞灯或频振式杀虫灯等诱杀成虫或夜间人工捕杀成虫。适期套袋，在套袋前喷洒1次杀虫杀菌剂。

生物防治 在7月份前后大量繁殖赤眼蜂，在果园周围释放，寄生吸果夜蛾卵粒。

化学防治 开始危害时喷洒5.7%氟氯氰菊酯乳油或10%醚菊酯乳油2000～3000倍液、20%除虫脲悬浮剂2000～2500倍液等。此外，用香蕉或成熟果实浸药（90%晶体敌百虫100倍液）诱杀。

⑦④ 果蝇（图2-74-1、图2-74-2）

属双翅目果蝇科。中国迄今有记录种计17属180余种。

分布与寄主

分布 全国各产区。

寄主 几乎所有的瓜果。

危害特点 成虫常见于熟透的瓜果及腐败植物上，舐吸糖蜜物质。成虫将卵产于成熟的果皮下，幼虫孵化后，取食果肉，致被害处软化、变褐、腐烂。

形态诊断 成虫：体长一般3～4毫米，淡黄至黄褐色；复眼具光泽；喙短曲，口器舐吸式；中胸盾片具纵行排列的细刚毛2～10行；小盾片背面光洁；翅透明，有时具淡褐或褐色斑纹；腹部狭小。卵：椭圆形，白色。幼虫：淡色，蛆型，头和口器均退化，头的大部缩入胸内，露于外面的仅为一尖细的头节和一对口钩，用其捣烂食物，然后吸取汁液。蛹：圆筒形。

发生规律 1年发生10多代，以蛹在土壤内、烂果或果壳内越冬，第二年2月底、3月初开始出现。成虫产卵于成熟果实的表皮下或发酵烂果肉里，每雌产卵200～700个。幼虫喜生于腐烂的果实、垃圾或醋缸等场所，多数以烂果中的酵母为食，少数有潜叶、潜茎的习性或捕食蜘蛛卵及介壳虫。幼虫经由3龄发育成熟进入蛹期，再经若干天后羽化成蝇。果蝇的生活周期一般较短，完成1个世代所需的时间，视种类和生态环境而异。产于中国华南诸省的黑腹果蝇，多发生于苹果、梨、柿、杏、桃等水果果园、瓜果摊、厨房及仓库等发酵场所；分布于东北的樱桃果蝇常轻度危害樱桃、梨、苹果等。果蝇本身对人体无害，常用作研究材料。

防治方法

农业防治　①及时清园。冬春季清除园内及园四周杂草落叶、腐烂的垃圾，降低虫源基数。果实生长期及时清除落地烂僵果，深埋。②熏杀成虫。成龄果园，于果实成熟前期，用1.8%的氯菊酯按1∶1对水，用喷烟机顺风对地面喷烟，熏杀成虫。

物理防治　利用糖醋液诱杀成虫。

化学防治　如果当地果蝇发生量较大，对果实产量影响较大时可以喷洒杀虫剂防治，宜选用低毒、残效期短的微生物制剂如阿维菌素或植物源农药烟碱、苦参碱等。使用浓度要低，距采果期至少20天以上，主要在树冠内膛喷洒药剂。

⑦⑤　白小食心虫（图2-75-1至图2-75-4）

属鳞翅目卷蛾科。又名桃白小卷蛾等，简称"白小"。

分布与寄主

分布　全国各产区。

寄主　山楂、樱桃、苹果、梨、桃、李、杏等果树。

危害特点　低龄幼虫咬食幼芽、嫩叶，并吐丝把叶片缀连成卷，在卷叶内危害；后期幼虫则从萼洼或梗洼处蛀入果心危害，蛀孔外堆积虫粪，粪中常有蛹壳，用丝连结不易脱落。

形态诊断　成虫：体长6.5毫米，翅展约15毫米，体灰白色；头胸部暗褐色，前翅中部灰白色、端部灰褐色。前缘近顶角处有4或5条黑色棒纹，后缘近臀角处有一暗紫色斑。卵：扁椭圆形，初白色渐变为暗紫色。幼虫：体长10~12毫米，体红褐色，头浅褐色，前胸盾、臀板、胸足黑褐色。蛹：长8毫米，黄褐色。

发生规律　辽宁、山东、河北1年发生2代，以低龄幼虫在干、枝粗皮缝内结茧越冬。翌年山楂萌动后，幼虫取食嫩芽、幼叶，吐丝缀叶成卷，居中危害，幼虫老熟后在卷叶内结茧化蛹，越冬代成虫于6月上旬至7月中旬羽化，早期成虫产卵在桃和樱桃叶背，后期卵产在山楂、苹果等果实上。幼虫孵化后多自萼洼或梗洼处蛀入。老熟后在被害处化蛹、羽化。第一代成虫于7月中旬至9月中旬发生，仍产卵果实上，幼虫危害一段时间脱果潜伏越冬。

防治方法

农业防治 ①冬春季，用硬刷子刮除老树皮、翘皮，集中烧毁或深埋。②春夏季，及时剪除山楂树被蛀梢端萎蔫而未变枯的树梢及时处理。③幼虫脱果越冬前，树干束草诱集幼虫越冬，于翌春出蛰前取下束草烧毁。

化学防治 在卵临近孵化时，喷洒2.5%溴氰菊酯乳油或20%氰戊菊酯乳油3000倍液；10%氯氰菊酯乳油或20%中西除虫菊酯乳油2000倍液；50%辛硫磷乳油1000倍液或20%氟啶脲可湿性粉剂2000~2500倍液、5%氟苯脲乳油1500~2000倍液；10%联苯菊酯乳油2000倍液等。

76 斑须蝽 (图2-76-1至图2-76-3)

属半翅目蝽科。又名细毛蝽、黄褐蝽、斑角蝽、节须蝽。

分布与寄主

分布 全国各产区。

寄主 樱桃、石榴、苹果、梨、桃、山楂、梅、柑橘、杨梅、枸杞、草莓等。

危害特点 成虫、若虫刺吸寄主植物的嫩叶、嫩茎、果实汁液，造成落蕾、落花，茎叶被害后出现黄褐色小点及黄斑，严重时叶片卷曲，嫩茎凋萎，影响生长发育。

形态诊断 成虫：体长8~13.5毫米，宽5.5~6.5毫米。椭圆形，黄褐或紫色，密被白色绒毛和黑色小刻点。复眼红褐色。触角5节，黑色，第一节、第二至四节基部及末端及第五节基部黄色，形成黄黑相间。喙端黑色，伸至后足基节处。前胸背板前侧缘稍向上卷，呈浅黄色，后部常带暗红。小盾片三角形，末端钝而光滑，黄白色。前翅革片淡红褐或暗红色，膜片黄褐，透明，超过腹部末端。侧接缘外露，黄黑相间。足黄褐至褐色，腿节、胫节密布黑刻点。卵：桶形，长1~1.1毫米，宽0.75~0.8毫米。初时浅黄，后变赭灰黄色。若虫：共5龄。1龄卵圆形，腹部背面中央和侧缘具黑色斑块。2龄第四、五、六腹节背面各具一对臭腺孔。3龄中胸背板后缘中央和后缘向后稍伸出。4龄腹部淡黄褐色至暗灰褐色，小盾片显露。5龄体椭圆形，黄褐至暗灰色，小盾片三角形。

发生规律 吉林1年1代，辽宁、内蒙古、宁夏2代，江西3~4代。以成虫在杂草、枯枝落叶、植物根际、树皮裂缝及屋檐下越冬。内蒙古越冬成虫4月初开始活动，4月中旬交尾产卵，4月末5月初卵孵化。第一代成虫6月初羽化，6月中旬产卵盛期，第二代卵于6月中下旬至7月上旬孵化，8月中旬成虫羽化，10月上旬陆续越冬。江西越冬成虫3月中旬开始活动，3月末4月初交尾产卵，4月初至5月中旬若虫出现，5月下旬至6月下旬第一代成虫出现。第二代若虫期为6月中旬至7月中旬，7月上旬至8月中旬为成虫期。第三代若虫期为7月中下旬至8月上旬，成虫期8月下旬开始。第四代若虫期9月上旬至10月中旬，成虫期10月上旬开始，10月下旬至12月上旬陆续越冬。第一代卵期8~14天；若虫期39~45天；成虫寿命45~63天。第二代卵期3~4天，若虫期18~23天，成虫寿命38~51天，第三代卵期3~4天，若虫期21~27天，成虫寿命52~75天。第四代卵期5~7天，若虫期31~42天，成虫寿命181~237天。成虫一般在羽化后4~11天开始交尾，交尾后5~16天产卵，产卵期25~42天。雌虫产卵于叶背面，20~30粒排成一列。

防治方法

农业防治　清除园内杂草及枯枝落叶并集中烧毁，以消灭越冬成虫。

化学防治　于若虫危害期喷洒50%马拉硫磷乳油或52.25%蜱·氯乳油1500倍液、50%丙硫磷乳油或90%晶体敌百虫800~1000倍液、2.5%溴氰菊酯乳油或20%甲氰菊酯乳油3000倍液。

77 茶翅蝽（图2-77-1至图2-77-3）

属半翅目蝽科。又名臭木椿象、臭木蝽、茶色蝽。

分布与寄主

分布　除新疆、青海未见报道外，其他各产区均有分布。

寄主　苹果、山楂、樱桃、柿、枣、梨、苹果、柑橘等果树和林木。

危害特点　成虫、若虫刺吸叶、嫩梢及果实汁液，致植株生长变弱，果实表面出现黑色斑点。

形态诊断　成虫：体长12~16毫米，宽6.5~9毫米，扁椭圆形，淡黄褐至茶褐色，略带紫红色，前胸背板、小盾片和前翅革质部有黑褐色刻点，前胸背板前缘横列4个黄褐色小点，小盾片基部横列5个小黄点；腹部侧接缘为黑黄相间。卵：圆筒形，直径约0.7毫米，初灰白渐至黑褐色。若虫：初孵体长1.5毫米左右，近圆形；腹部淡橙黄色，各腹节两侧节间各有1长方形黑斑，共8对；腹部第三、五、七节背面中部各有1个较大的长方形黑斑；老熟若虫与成虫相似，无翅。

发生规律　1年发生1代，以成虫在空房、屋角、檐下、树洞、土缝、石缝及草堆等处越冬。5月上旬陆续出蛰活动，6月上旬至8月产卵，多块产于叶背，每块20~30粒。卵期10~15天，6月中下旬为卵孵化盛期，7月上旬出现若虫，8月中旬至9月下旬为成虫盛期。成虫和若虫受到惊扰或触动时，即分泌臭液逃逸。天敌有椿象黑卵蜂、稻蝽小黑卵蜂等。

防治方法

生物防治　①5月至7月份为该虫寄生蜂成虫羽化和产卵期，果园应避免使用触杀性杀虫剂。②果园外围栽榆树作为防护林，可保护椿象黑卵蜂到林带内椿象卵上繁殖。

农业防治　冬春季捕杀越冬成虫。发生期随时摘除卵块及时捕杀初孵群集若虫。

化学防治　于成虫产卵期和低龄若虫期喷洒48%毒死蜱乳油2000倍液或20%杀螟硫磷乳油3000倍液、50%丙硫磷乳油1000倍液、5%氟虫脲乳油1000～1500倍液等。

78　大青叶蝉（图2-78-1至图2-78-5）

属鞘翅目象甲科。又名青叶跳蝉、青叶蝉、大绿浮尘子、桑浮尘子。

分布与寄主

分布　全国各产区。

寄主　柿、核桃、苹果、桃、葡萄、枣、梨、板栗、樱桃、山楂、柑橘等果树。

危害特点　以成虫和若虫刺吸芽、叶汁液，致叶褪色、畸形、卷缩甚至枯死，并可传播病毒病。

形态诊断　成虫：体长7～10毫米，雄较雌略小，青绿色；头橙黄色，左右各具一小黑斑，眼红色；前翅革质绿色微带青蓝，端部色淡近半透明；前翅反面、后翅和腹背均黑色，腹部两侧和腹面橙黄色。卵：长卵圆形，长约1.6毫米，乳白至黄白色。若虫：与成虫相似，共5龄，初龄灰白色；2龄淡灰微带黄绿色；3龄灰黄绿色，胸腹背面有4条褐色纵纹，出现翅芽；4、5龄同3龄，老熟时体长6～8毫米。

发生规律　北方1年发生3代，以卵在树木枝条表皮下越冬。4月孵化，于杂草、农作物及花卉上危害，若虫期30～50天。各代发生期大体为：第一代4月上旬至7月上旬，成虫5月下旬出现；第二代6月上旬至8月中旬，成虫7月出现；第三代7月中旬至11月中旬，成虫9月出现。世代重叠严重。成虫夏季趋光性强，晚秋不明显。产卵于茎秆、叶柄、主脉、枝条等组织内，每处产卵6～12粒，排列整齐，表皮成肾形凸起。非越冬卵期9～15天，越冬卵期5个月以上。春季主要危害花卉及杂草等植物，9、10月则集中于秋季花卉及其他植物上危害，10月中下旬第三代成虫陆续转移到果树、木本花卉和林木上危害并产卵于枝条内，直至秋后，以卵越冬。

防治方法

农业防治　彻底清除园内外杂草，减少叶蝉生活场所；发现产卵虫枝及时剪除销毁；夏季灯光诱杀第二代成虫，减少三代的发生。

化学防治　成虫、若虫危害期，喷洒90%晶体敌百虫1000倍液或2.5%溴氰菊酯乳油2000～3000倍液、10%吡虫啉可湿性粉剂3000倍液、52.25%蝉·氯乳油1500倍液；2%异丙威粉剂每亩2千克等。

79

二斑叶螨（图2-79-1至图2-79-4）

属真螨目叶螨科。又名白蜘蛛、二点叶螨、棉叶螨、棉红蜘蛛。

分布与寄主

分布　全国各地。

寄主　梨、桃、李、杏、樱桃等200余种果、菜和农作物。

危害特点　以成螨、若螨在叶背吸食叶片汁液。被害叶片初期仅在中脉附近出现失绿斑点，后叶面结橘黄色至白色丝网，危害重时叶焦枯，状似火烧状，甚至叶脱落。

形态诊断　雌成螨：椭圆形，长约0.5毫米，灰绿色或黄绿色；体背面两侧各有1个褐色斑块，斑块外侧呈不明显的3裂；越冬型雌成螨体为橙黄色，褐斑消失；雄成螨身体呈菱形，长约0.3毫米，黄绿色或淡黄色。卵：圆球形，直径约0.1毫米，白色至淡黄色，孵化前出现2个红色眼点。幼螨：近球形，黄白色，复眼红色，足3对。若螨：椭圆形，黄绿色，体背显现褐斑，足4对。

发生规律　1年发生10余代。以雌成螨在树干翘皮下、粗皮缝隙中、杂草、落叶中及土缝内越冬。春季当日平均气温上升到10℃时，越冬雌成螨出蛰，先在花芽上取食危害，产卵于叶片背面，幼螨孵化后即可刺吸叶片汁液。在6月份以前，害螨在树冠内膛危害和繁殖。在树下越冬的雌螨出蛰后先在杂草或果树根蘖上危害繁殖，6月后向树上转移。7月害螨逐渐向树冠外围扩散，繁殖速度加快。成螨吐丝结网，并产卵其上，也借此进行传播。害螨在夏季高温季节繁殖速度快，各虫态世代重叠。10月雌成螨越冬。天敌有中华草蛉、小花蝽、异色瓢虫、深点食螨瓢虫等。

防治方法

农业防治　及时清除果园杂草，深埋或烧毁，消灭草上的叶螨。

生物防治　在果园种植紫花苜蓿或三叶草，吸引害螨的天敌繁殖生活，可有效控制害螨发生。

化学防治　在害螨发生期，选用10%浏阳霉素乳油1000倍液或1.8%阿维菌素乳油4000倍液、5%唑螨酯乳油2500倍液、15%哒螨灵乳油2000倍液、25%苯丁锡可湿性粉剂1500倍液喷雾。喷药要均匀周到，以叶片背面为主。

80

果剑纹夜蛾（图2-80-1、图2-80-2）

属鳞翅目夜蛾科。又名樱桃剑纹夜蛾。

分布与寄主

分布　全国各产区。

寄主　樱桃、苹果、山楂、杏、梨、桃、李等果树和林木。

危害特点　初龄幼虫食叶的表皮和叶肉，仅留下表皮，似纱网状；3龄后把叶吃成长圆形孔洞或缺刻，也啃食幼果果皮。

形态诊断　成虫：体长11～22毫米，翅展37～41毫米；头部和胸部暗灰色，腹部背面灰褐色；前翅灰黑色，黑色基剑纹、中剑纹、端剑纹明显；后翅淡褐色；足黄灰黑色。卵：白色透明似馒头形，直径0.8～1.2毫米。幼虫：体长25～30毫米，绿色或红褐色，头部褐色具深斑纹；背线红褐色，亚背线赤褐色，气门上线黄色，中胸、腹部第二、三、九节背部各具黑色毛瘤1对，腹部第一、四～八节各具黑色毛瘤2对，生有黑长毛。蛹：长11.2～15.5毫米，纺锤形，深红褐色。茧：长16～19毫米，纺锤形，丝质薄茧外多黏附碎叶或土粒。

发生规律　1年发生2～3代，以茧蛹在地上草丛、土中或树皮裂缝中越冬。越冬成虫于4月下旬至5月中旬羽化；第一代成虫于6月下旬至7月下旬羽化；第二代于8月上旬至9月上旬羽化。成虫昼伏夜出，具趋光性和趋化性；羽化后短时间即交配产卵，卵期4～8天。幼虫期第一代19～35天，第二代22～31天，第三代23～43天。天敌有夜蛾绒茧蜂等。

防治方法

物理防治　成虫发生期利用糖醋液或黑光灯、高压汞灯诱杀成虫。

农业防治　秋末深翻树盘消灭越冬虫蛹。

化学防治　各代卵孵化盛期喷洒50%杀螟硫磷乳油或52.25%蜱·氯乳油1500倍液、20%甲氰菊酯乳油2000倍液；2.5%溴氰菊酯乳油或20%氰戊菊酯乳油3000～3500倍液；10%联苯菊酯乳油4000～5000倍液等。

⑧⑴　海棠透翅蛾（图2-81-1至图2-81-3）

鳞翅目透翅蛾科。

分布与寄主

分布　吉林、辽宁、河北、陕西、山西等地。

寄主　海棠、樱桃、桃、苹果、山楂、李、梨、梅等。

危害特点　幼虫多于枝干分杈处和伤口附近皮层下食害韧皮部，蛀成不规则的隧道，有的可达木质部，被害初有黏液流出呈水珠状，后变黄褐并混有虫粪，轻者削弱树势，重者致枝条或全株死亡。

形态诊断　成虫：体长10～14毫米，翅展19～26毫米，全体蓝黑色有光泽；头顶被厚鳞，头基部具黄色鳞毛；触角丝状，雄触角上密生枥毛；胸部两侧有黄鳞斑；翅透明，翅缘和脉黑色；第二、四腹节背面后缘各具一黄带，有时第一、三、五腹节也有很细的黄带但多不明显；雌尾部有两簇黄白色毛丛，雄尾部有扇状黄毛。卵：扁椭圆形，长0.5毫米，表面生六角形白色刻纹，初乳白渐变黄褐色。幼虫：体长22~25毫米，头褐色，胴部乳白至淡黄色，背面微红，各节背侧疏生细毛，头及尾部较长。蛹：长约15毫米，黄褐色，腹末环生8个臀棘。

发生规律　1年发生1代，多以中龄幼虫于隧道里结茧越冬。萌芽时活动危害，排出红褐色成团的粪便。一般位于主侧枝上的幼虫发育快而肥大，而位于主干上的幼虫发育慢而瘦小。老熟时先咬圆形羽化孔、不破表皮，然后于孔下做长椭圆形茧化蛹。河北4月末至7月下旬化蛹，有2个高峰：6月上旬和7月上旬，蛹期10~15天。羽化期为5月中旬至8月上旬，亦有2个高峰：6月中旬和7月中旬。羽化时蛹壳带出孔外1/3~1/2。成虫白天活动取食花蜜；喜于生长衰弱的枝干粗皮缝、伤疤边缘、分权等粗糙处产卵，散产，每雌可产卵20余粒。卵期约10天。6月上旬开始孵化、蛀入，于皮层内危害，11月结茧越冬。

防治方法

农业防治　加强管理增强树势，避免产生伤疤可减少受害。冬春季结合刮老翘皮、刮腐烂病，挖杀幼虫，之后涂消毒保护剂。

化学防治　①树干涂药液。4月和8~9月于幼虫危害处：涂柴油原油或煤油1~1.5千克加敌敌畏50克混合液。效果良好，秋季虫小、入皮浅防治效果更好。②成虫盛发期，枝干上喷洒90%晶体敌百虫或40%辛硫磷乳油1000倍液、50%马拉硫磷乳油1200倍液或20%甲氰菊酯乳油2500~3000倍液、10%联苯菊酯乳油2000~2500倍液等，防治成虫和初孵幼虫效果均很好。

82　褐点粉灯蛾（图2-82-1、图2-82-2）

属鳞翅目灯蛾蛾。又名粉白灯蛾。

分布与寄主

分布　南方果产区。

寄主　柿、桃、苹果、梨、核桃、梅等果树。

危害特点　幼虫啃食嫩芽和叶片，并吐丝织半透明的网，可将叶片表皮、叶肉啃食殆尽，叶缘成缺刻，受害叶卷曲，色变枯黄、暗红褐色。严重时叶片被吃光。

形态诊断　成虫：体白色；雌蛾体长约20毫米，翅展约56毫米；雄蛾体长约16毫米，翅展约30毫米；成虫头部腹面橘黄色，两边及触角黑色；前翅前缘脉上有4个黑点，内横线、中线、外横线、亚外缘线为一系列灰褐色点；后翅亚外缘线为一系列褐点；腹部背面橘黄色，基部具有一些白毛。卵：圆形，径约0.4毫米，浅红至浅黄色；卵粒常堆集并排列成数层。幼虫：体长23~40毫米，头浅玫瑰红色，体深灰色，具黄斑及黄色的背线。体具茶色毛瘤，其上密生黑、白色相间的长刺毛，前胸背板黑色，胸足黑色，腹足与臀足红色。蛹：红褐色，圆桶形。茧：长椭圆形，白色或浅黄色，由幼虫体毛和丝组成，丝质半透明。

发生规律　1年发生1代，以蛹越冬。翌年5月上中旬羽化，成虫昼伏夜出，有趋光性。雌蛾产卵于叶背面，卵块产，呈椭圆形或不规则块状。卵期10～23天，6月上中旬孵化。初龄幼虫在嫩梢与叶间织成半透明的网或用丝连缀叶片，群聚在网下取食，将叶片表皮、叶肉啃食殆尽，叶缘被食成缺刻。叶片被害后，卷曲枯黄直至变为棕褐色。随虫龄增大，食量增加，扩散危害。幼虫老熟后下树在地面落叶下、墙壁缝隙及其他隐蔽处结茧化蛹越冬。天敌有小茧蜂、寄生蝇、白僵菌等。

防治方法

农业防治　冬春季清除园内外枯叶杂草，消灭越冬蛹；产卵期及时摘除有卵叶片。

物理防治　成虫发生期，果园置黑光灯诱杀成虫；保护利用天敌防治。

化学防治　卵孵化期喷洒20%抑食肼可湿性粉剂1500～2000倍液或50%丙硫磷乳油1000倍液、10%醚菊酯乳油或20%氰戊菊酯乳油2000倍液等。

⑧③　红缘灯蛾（图2-83-1至图2-83-4）

属鳞翅目灯蛾科。又名红袖灯蛾、红边灯蛾。

分布与寄主

分布　全国各产区。

寄主　苹果、梨、白菜、玉米等110余种植物。

危害特点　幼虫啃食叶、花、果实，致叶成孔洞或缺刻，花脱落，果皮受伤。

形态诊断　成虫：体长20～31毫米，翅展56～71毫米；体翅白色，前翅前缘及颈板端缘呈1条红边，前后翅中室端各有1个黑点，腹部背面基节和肛毛簇白色，其余黄色并间有黑带。幼虫：体长45～55毫米，头黄褐色，胴部深赭色或黑色，全身密被红褐色或黑色长毛，每节有12个毛瘤，胸足黑色，腹足红色。卵：扁圆形，直径约0.7毫米。蛹：长约26毫米，黑棕色，形似橄榄。茧：椭圆形，灰黄色，外有幼虫黑色体毛。

发生规律　河北1年发生1代，南京3代，以蛹越冬。5～6月羽化，成虫昼伏夜出，有趋光性，卵块产数百粒于叶背，卵期6～8天。幼虫孵化后群集危害，3龄后分散，行动敏捷，幼虫期27～28天。老熟后入浅土或于落叶等被覆物内结茧化蛹。

防治方法

农业防治　秋后或早春耕翻园地，冬季彻底清除园内外落叶杂草集中处理。

物理防治　成虫发生期利用黑光灯诱杀成虫。

化学防治　卵孵化前后及低龄幼虫期，叶面喷洒20%杀螟硫磷乳油或2.5%溴氰菊酯乳油2000倍液；90%晶体敌百虫或50%辛硫磷乳油1000~1200倍液等。

(84) 黄褐天幕毛虫（图2-84-1至图2-84-4）

属鳞翅目枯叶蛾科。又名梅毛虫、天幕枯叶蛾、天幕毛虫、带枯叶蛾。

分布与寄主

分布　全国各产区。

寄主　苹果、山楂、樱桃、桃、杏、梨、梅等果树。

危害特点　刚孵化幼虫群集于一枝，吐丝结成网幕，食害嫩芽、叶片，随生长渐下移至粗枝上结网巢，白天群栖巢上，夜出取食，严重时将全树叶片吃光。

形态诊断　成虫：雌体长18~22毫米，翅展37~43毫米，黄褐色；触角栉齿状；前翅中部有一条赤褐色宽横带，其两侧有淡黄色细线；雄体略小，触角双栉齿状，前翅中部有2条深褐色横线，两线间色稍深。卵：圆筒形，灰白色，200~300粒卵环结于小枝上黏结成一圈呈"顶针"状。幼虫：体长50~55毫米，头蓝色，有2个黑斑，体上有10多条黄、蓝、白、黑相间的条纹。蛹：椭圆形，体上有淡褐色短毛。茧：黄白色，表面附有灰黄粉。

发生规律　1年发生1代，以幼虫在卵壳中越冬，翌年树芽膨大，日均温达11℃时幼虫钻出，先在卵附近的芽及嫩叶上危害，后转到枝杈上吐丝结网成天幕，于夜间出来取食。4龄后分散全树，暴食叶片。幼虫期45天左右，成虫有趋光性。成虫产卵于小枝上。天敌主要有赤眼蜂、姬蜂、绒茧蜂等。

防治方法

农业防治　冬春季彻底剪除枝梢上越冬卵块。幼虫发生期发现幼虫群集天幕及时消灭。

生物防治　为保护卵寄生蜂，将卵块放天敌保护器中，使卵寄生蜂羽化飞回果园。

化学防治　幼虫初孵期施药是关键，可喷洒52.25%蜱·氯乳油2000倍液、50%杀螟硫磷乳油或50%马拉硫磷乳油1000倍液、2.5%氯氟氰菊酯乳油或2.5%溴氰菊酯乳油3000倍液、10%联苯菊酯乳油4000倍液等。

(85) 角斑古毒蛾（图2-85-1至图2-85-5）

属鳞翅目毒蛾科。又名核桃古毒蛾、赤纹夜蛾、杨白纹夜蛾、梨叶毒蛾、囊尾毒蛾。

分布与寄主

分布　黄淮、华北、西北产区。

寄主　柿、核桃、苹果、梨、桃、樱桃、山楂、杏等果树。

危害特点　以幼虫、成虫食芽、叶和果实。初孵幼虫群集叶背取食叶肉，残留上表皮，稍大后分散取食。危害芽多从芽基部蛀食成孔洞，致芽枯死；食害嫩叶，仅残留叶柄；成虫食叶成缺刻和孔洞，重时仅留粗脉；食害果实表面成不规则的凹斑和孔洞，幼果被害多脱落。

形态诊断　成虫：雌雄异型，雌体长10~22毫米，翅退化仅残留痕迹，体略呈椭圆形，灰至灰黄色，密被深灰色短毛和黄、白色绒毛；头很小，触角丝状；足灰色有白毛。雄体长8~12毫米，翅展25~36毫米，体灰褐色，触角短羽毛状；前翅黄褐至红褐色，翅基前半部有白鳞，后半部赭褐色，具波浪形白色细线，近前缘有1赭黄色斑，后缘有1新月形白斑，缘毛暗褐色；后翅栗褐色，缘毛黄灰色。卵：近球形，直径0.8~0.9毫米，初白色渐变灰黄色。幼虫：体长33~40毫米，头部灰至黑色，上生细毛；体黑灰色，被黄色和黑色毛，亚背线上生有白色短毛；前胸两侧各有1束向前伸的由黑色羽状毛组成的长毛；第一至四腹节背面中央各有1簇黄灰至深褐色刷状短毛；第八腹节背面有1束向后斜伸的黑长毛。蛹：长8~20毫米，雌灰色，雄黑褐色。茧：纺锤形，丝质较薄。

发生规律　东北1年发生1代，黄淮地区2代。均以幼虫于树皮缝中及干基部附近的落叶等覆盖物下越冬。1代区，越冬幼虫5月间出蛰危害，6月底老熟吐丝缀叶或于枝杈及皮缝等处结茧化蛹。蛹期6~8天。7月上旬羽化，雄蛾白天飞到于茧上栖息的雌蛾上交配。卵多块产于茧的表面，上覆雌蛾鳞毛。卵期14~20天，孵化后分散危害至越冬。2代区，4月上中旬寄主发芽时出蛰危害，5月中旬化蛹，蛹期15天左右，越冬代成虫6~7月羽化产卵，卵期10~13天。第一代幼虫6月下旬发生，第一代成虫8月中旬至9月中旬发生。第二代幼虫8月下旬发生，危害至9月中旬前后潜入越冬场所越冬，天敌有赤眼蜂、姬蜂、小茧蜂、细蜂、寄生蝇等20多种。

防治方法

农业防治　9月前树干上束草诱幼虫栖息，入冬后解草烧掉。冬春季彻底清除园内枯枝落叶，用硬刷子刮刷老树皮、堵塞树洞等，消灭越冬幼虫。

生物防治　在成虫产卵期，每间隔7天左右，释放松毛虫赤眼蜂1次，连续3次，每株树每次释放3000~5000头，防治效果好。

化学防治　于卵孵化盛期和低龄幼虫期，喷洒90%晶体敌百虫800~1000倍液或50%杀螟硫磷乳油1000倍液、50%辛硫磷乳油1200倍液、50%马拉硫磷乳油1500倍液、5%氯氰菊酯乳油3000倍液、10%溴氰菊酯乳油3500~4000倍液、25%灭幼脲胶悬剂1200倍液等。

86　金毛虫（图2-86-1至图2-86-5）

属鳞翅目毒蛾科。又名桑斑褐毒蛾、纹白毒蛾、桑毒蛾、黄尾毒蛾、黄尾白毒蛾等。

分布与寄主

分布　全国产区。

寄主　柿、山楂、桃、杏、梨、苹果、石榴、樱桃等果树和林木。

危害特点　初孵幼虫群集叶背面取食叶肉，仅留透明的上表皮，稍大后分散危害，将叶片吃成大的缺刻，重者仅剩叶脉，并啃食幼果和果皮。

形态诊断　成虫：雌体长14~18毫米，翅展36~40毫米；雄体长12~14毫米，翅展28~32毫米；全体及足白色；触角双栉齿状；雌、雄蛾前翅近臀角处有褐色斑纹，雄蛾前翅在内缘近基角处还有一个褐色斑纹。卵：直径0.6~0.7毫米，淡黄色，上有黄色绒毛。幼虫：体长26~40毫米，头黑褐色，体黄色，背线红色；体背面有一橙黄色带，带中央贯穿一红褐间断的线；前胸背面两侧各有一红色瘤，其余各节背瘤黑色，瘤上生黑色长毛束和白色短毛。蛹：长9~11.5毫米。茧：长13~18毫米，椭圆形，淡褐色。

发生规律　1年发生2~6代，以幼虫结灰白色薄茧在枯叶、树杈、树干缝隙及落叶中越冬。2代区翌年4月开始危害春芽及叶片。一、二、三代幼虫危害高峰期主要在6月中旬、8月上中旬和9月上中旬，10月上旬前后开始结茧越冬。成虫昼伏夜出，产卵于叶背，形成长条形卵块，卵期4~7天。每代幼虫历期20~37天。幼虫有假死性。天敌主要有黑卵蜂、矮饰苔寄蝇、桑毛虫绒茧蜂等。

防治方法

农业防治　冬春季刮刷老树皮，清除园内外枯叶杂草，消灭越冬幼虫。在低龄幼虫集中危害时，摘虫叶灭虫。

生物防治　掌握在2龄幼虫高峰期，喷洒多角体病毒，每毫升含15000颗粒的悬浮液，每亩喷洒20升。

化学防治　幼虫分散危害前，及时喷洒2.5%溴氰菊酯乳油或20%氰戊菊酯乳油3000倍液、10%联苯菊酯乳油4000~5000倍液、52.25%蜱·氯乳油2000倍液、50%辛硫磷乳油1000倍液、10%吡虫啉可湿性粉剂2500倍液。

(87)　**枯叶夜蛾**（图2-87-1至图2-87-4）

属鳞翅目夜蛾科。又名通草木夜蛾。

分布与寄主

分布　全国各产区。

寄主　桃、柿、杏、苹果、柑橘、通草等植物。

危害特点　成虫刺吸果汁，幼虫吐丝缀叶潜伏危害。

形态诊断　成虫：体长35~38毫米，翅展96~106毫米，头胸部棕褐色，腹部杏黄色，触角丝状；前翅色似枯叶，从顶角至后缘内凹处有一黑褐色斜线，翅脉上有许多黑褐小点，翅基部及中央有暗绿色圆纹；后翅杏黄色，中部有1肾形黑斑，亚端区有1牛角形黑纹。卵：扁球形，直径1毫米左右，乳白色。幼虫：体长57~71毫米，头部红褐色，体黄褐或灰褐色；第一、二腹节常弯曲，第八腹节隆起，将七至十腹节连成山峰状；第二、三腹节亚背面各有1眼形斑，中黑并具月牙形白纹，各体节布有许多不规则白纹。蛹：长31~32毫米，红褐至黑褐色。

发生规律 1年发生2~3代，多以成虫越冬，温暖地区有以卵和中龄幼虫越冬的，发生期重叠。成虫多在7~8月危害，昼伏夜出，有趋光性，喜食香甜味浓的果实，7月前危害桃、杏等早中熟果实，后转危害柿、苹果、梨、葡萄等。成虫寿命较长，卵产于叶背；幼虫吐丝缀叶潜伏危害，老熟后缀叶结薄茧化蛹。

防治方法

农业防治 果实套袋防虫；在果园四周挂有香味的烂果诱集，晚22:00时后去捕杀成虫。

物理防治 设置高压汞灯，诱杀成虫。

化学防治 ①防治成虫。用果醋或酒糟液加红糖适量配成糖醋液加0.1%晶体敌百虫几滴诱杀成虫；或用早熟的去皮果实扎孔浸泡在50倍敌百虫液中，一天后取出晾干，再放入蜂蜜水中浸泡半天，晚上挂在果园里诱杀取食成虫。②防治幼虫。在卵孵化盛期或低龄幼虫期喷洒5%顺式氰戊菊酯乳油或20%甲氰菊酯乳油2000倍液；或50%杀螟硫磷乳油1000倍液、25%灭幼脲乳油1200倍液等。

(88) 阔胫赤绒金龟（图2-88-1至图2-88-3）

属鞘翅目鳃金龟科。又名阔胫鳃金龟。

分布与寄主

分布 东北、华北、黄淮等产区。

寄主 枣、樱桃、李、苹果、梨等果树。

危害特点 主要以成虫食害果树的蕾花、嫩芽和叶。

形态诊断 成虫体长约8毫米。全体赤褐色有光泽，密生绒毛。鞘翅布满纵列隆起纹。

发生规律 1年发生1代，以成虫在土中越冬。6月在果树根系周围土中产卵。成虫有假死性和趋光性，昼伏夜出，晚上取食危害。天敌有红尾伯劳、灰山椒鸟、黄鹂等益鸟和朝鲜小庭虎甲、深山虎甲、粗尾拟地甲及寄生蜂、寄生蝇、寄生菌等。

防治方法 此虫虫源来自多方面，特别是荒地虫量最多，故应以消灭成虫为主。

农业防治 早、晚张网震落成虫，捕杀之。

生物防治 保护利用天敌。

化学防治 ①地面施药，控制潜土成虫。于早晨成虫入土后或傍晚成虫出土前，地面撒施5%辛硫磷颗粒剂每亩3千克，或每亩用50%辛硫磷乳油0.3~0.4千克加细土30~40千克拌成的毒土撒施；或50%辛硫磷乳油500~600倍液均匀喷于地面。使用辛硫磷后及时浅耙，提高防效。②树上施药。成虫发生期，喷洒52.25%蜱·氯乳油或50%杀螟硫磷乳油、45%马拉硫磷乳油、48%毒死蜱乳油1500倍液、2.5%溴氰菊酯乳油2000~3000倍液、10%醚菊酯乳油800~1000倍液等。

89 李枯叶蛾（图2-89-1至图2-89-5）

属鳞翅目枯叶蛾科。又名枯叶蛾、苹叶大枯叶蛾、贴皮虫。

分布与寄主

分布 全国各产区。

寄主 核桃、桃、樱桃、李、梨、苹果等果树。

危害特点 幼虫食害嫩芽和叶片，食叶成孔洞或缺刻，重者吃光叶片仅留叶柄。

形态诊断 成虫：体长30~45毫米，翅展60~90毫米，雄较雌略小，全体赤褐至茶褐色，头中央有一条黑色纵纹；触角双栉齿状；前翅外缘和后缘略呈锯齿状，前缘色较深，翅上有3条波状黑褐色带蓝色荧光的横线，近中室端有一黑褐色斑点，缘毛蓝褐色；后翅短宽，外缘呈锯齿状，前缘橙黄色，翅上有2条蓝褐色波状横线，缘毛蓝褐色。卵：近圆形，直径1.5毫米，绿至绿褐色，带白色轮纹。幼虫：体长90~105毫米，暗褐至灰色，头黑色；各体节背面有2个红褐色斑纹；中后胸背面各有一明显的黑蓝色横毛丛；第八腹节背面有一角状小突起，上生刚毛；各体节生有毛瘤，上丛生黄色和黑色长、短毛。蛹：长30~45毫米，黄褐至黑褐色。茧：长椭圆形，长50~60毫米，丝质、暗褐至暗灰色，茧上附有幼虫体毛。

发生规律 东北、华北1年发生1代，河南2代，均以低龄幼虫在干枝皮缝中越冬。翌春寄主发芽后出蛰食害嫩芽和叶片，白天静伏，夜晚取食，常将叶片吃光仅残留叶柄；老熟后多于枝条下侧结茧化蛹。1代区成虫6月下旬至7月发生。2代区成虫5月下旬至6月、8月中旬至9月发生。成虫昼伏夜出，有趋光性。卵常数粒或散产于枝条上。幼虫孵化后分散危害，1代区幼虫达2~3龄、体长20~30毫米时，便于枝干皮缝中越冬；2代区一代幼虫历期30~40天，结茧化蛹、羽化繁殖，第二代幼虫达2~3龄时进入越冬状态。幼虫体扁，体色与树皮相似故不易发现。

防治方法

农业防治 冬春季结合树体管理捕杀幼虫。

物理防治 利用黑光灯或高压汞灯诱杀成虫。

化学防治　卵孵化前后至幼虫3龄前为防治的关键期，叶面喷洒52.25%蜱·氯乳油2000倍液、25%喹硫磷乳油或50%杀螟硫磷乳油、50%马拉硫磷乳油1500倍液、50%辛·溴乳油或20%菊·马乳油2000倍液、2.5%三氟氯氰菊酯乳油或2.5%溴氰菊酯乳油3000倍液、10%联苯菊酯乳油4000倍液等。

⑨⓪ 李叶甲（图2-90-1）

鞘翅目肖叶甲科。又名云南松叶甲、云南松金花虫、山跳蚤。

分布与寄主

分布　全国各产区。

寄主　李、石榴、桃、杏、梨、苹果、梅、栗、蔷薇、云南松等。

危害特点　以成虫啃食石榴叶表皮和叶肉，将叶片咬成许多断续而又呈网状的孔洞，而叶缘部分又常不被咬断，致叶片卷曲枯黄。

形态诊断　成虫：雌成虫体长3~3.8毫米，雄虫体长2.5~3.0毫米。黑色，有金属光泽。椭圆形，头部隐于前胸背板之下。鞘翅末端钝圆，其上各有10条左右连成线状的刻点纵列。足的基节为黑棕色，其余部分为黄棕色。腿节膨大，呈纺锤形；后足发达。卵：长椭圆形，长0.5毫米，宽0.2毫米，淡黄色。幼虫：老熟幼虫体长4~6毫米，乳白色，体扁，腹部向腹面弯曲，呈新月形。头部黄褐色。上唇黄褐色，上颚棕褐色，下颚及下唇须黄褐色。前胸背板淡黄色；胸足3对，黄褐色；中胸至第八腹节每节上有8个瘤状小突起，生有淡黄色刚毛。蛹：体长3~4毫米，宽2~2.5毫米，乳白色。

发生规律　在四川省凉山地区1年发生1代。以卵在土中越冬，翌年3月开始孵化，4月中下旬为孵化盛期。初孵幼虫在土壤表层活动，取食腐殖质、杂草和果木的须根。5月上中旬开始在2~3厘米的表土内筑土室化蛹。6月上旬成虫开始羽化出土，7月为羽化出土盛期。初孵化出土的成虫，先在杂草上缓慢爬行和取食，而后飞到梨树等寄主上危害。成虫常群栖危害，单株虫口可达数百头乃至上千头。成虫有较强的趋光性，白天喜群栖于阳光终日强烈照射的散生树和疏林上。梨受害严重时，全株枯黄，重者枯死。

防治方法

农业防治　加强果园土肥水管理和树体管理，使果园保持合理的密度，及时清除园地周围杂草，造成不利于此虫发生的环境条件，预防和抑制其发生。

生物防治　在成虫盛发期，应用每毫升含1.5亿孢子的苏云金杆菌悬浮液喷雾防治，效果较好。

化学防治　成虫产卵前，于7月上旬到8月中旬，在早上5:00~9:00，成虫不甚活动时，针对该虫集中危害的习性，重点挑治。可喷50%敌百虫可湿性粉剂600~700倍液或90%晶体敌百虫1000~1500倍液，或10%氯菊酯乳油2000~

2500倍液，或50%马拉硫磷乳油800~1000倍液等，每隔15~20天喷药1次，连续进行2~3次。

91 丽绿刺蛾（图2-91-1至图2-91-7）

属鳞翅目刺蛾科。又名绿刺蛾。

分布与寄主

分布　全国各产区。

寄主　柿、桃、杏、石榴、苹果、梨、山楂、柑橘等果树和林木。

危害特点　以幼虫蚕食叶片，低龄幼虫群集叶背食叶成网状，重者食净叶肉，仅剩叶柄。

形态诊断　成虫：体长10~17毫米，翅展35~40毫米，触角雄蛾双栉齿状、雌蛾基部丝状；头顶、胸背绿色，腹部灰黄色；前翅绿色，肩角处有1块深褐色尖刀形基斑，外缘具深棕色宽带；后翅浅黄色，外缘带褐色。卵：扁平椭圆形，长径约1.5毫米，浅黄绿色。幼虫：体长25~27毫米，初龄时黄色，稍大转为粉绿色；从中胸至第八腹节各有4个瘤状突起，上生有黄色刺毛丛，第一腹节背面的毛瘤各有3~6根红色刺毛；腹部末端有4丛球状黑色刺毛；背中央具暗绿色带3条；两侧有浓蓝色点线。蛹：椭圆形，长约13毫米，黄褐色。茧：椭圆形，长约15毫米，暗褐色坚硬。

发生规律　1年发生2代，以老熟幼虫在树干上结茧越冬。翌年4月下旬至5月上旬化蛹，第一代成虫于5月末至6月上旬羽化，第一代幼虫于6~7月发生；第二代成虫8月中下旬羽化，第二代幼虫于8月下旬至9月发生，至10月上旬在树干上结茧越冬。成虫有强趋光性，卵产于叶背，数十粒成块。初孵幼虫常7~8头群集取食，稍大后分散危害。幼虫体上的刺毛丛含有毒腺，人体皮肤接触后，常因毒液进入皮下而肿胀奇痛，故有"洋辣子"之称。天敌有爪哇刺蛾寄蝇等。

防治方法

农业防治　冬春季清洁果园消灭树枝上的越冬茧。及时摘除初孵幼虫群集危害的叶片消灭之，注意勿使虫体接触皮肤。

化学防治　卵孵化盛期至幼虫危害初期叶面喷洒90%晶体敌百虫或40%马拉硫磷乳油1200倍液、25%灭幼脲悬浮剂1500倍液、20%除虫脲悬浮剂3000~4000倍液、1.8%阿维菌素2000~3000倍液、20%抑食肼可湿性粉剂800~1000倍液、20%虫酰肼悬浮剂1000~1500倍液、2.5%溴氰菊酯乳油3000~4000倍液、10%乙氰菊酯乳油2000倍液等。

92 栗毒蛾（图2-92-1至图2-92-4）

属磷翅目毒蛾科。又名栎毒蛾、二角毛虫、苹果大毒蛾等。

分布与寄主

分布　全国各产区。

寄主　板栗、苹果、杏、梨、李等果树。

危害特点　以幼虫取食叶片，常造成叶片破碎和缺刻，严重时能将叶片吃光。

形态诊断　成虫：雌成虫体长约30毫米，翅展85~95毫米，触角丝状，头、胸部白色，背面有黑色斑5个，接近翅基部各有一个红斑；前翅灰白色，上有5条黑褐色波状纹，内缘有粉红色和黑色斑，外缘有8~9个黑斑，前缘和外缘粉红色；后翅淡红色，外缘有褐色斑8~9块并有横带1条；腹部浅红色，腹末3节白色，腹背中间有一排黑色斑。雄成虫体长20~24毫米，翅展45~52毫米，触角双栉齿状，胸部黑色，上有5块深黑色斑；前翅黑褐色，上有白色波状横纹数条，翅中室处有一个黑色圆点，外缘有8~9块黑斑；后翅淡黄褐色，外缘有黑色斑点和横带，中部有一个黑色横斑；腹部黄色，背中间有一条黑色纵条纹。卵：圆形白色，成块状。幼虫：体长60~80毫米，体黑褐色具黄白色斑；头部黄褐色；背线、前胸白色，后段枯黄色，体各节生毛瘤4个，上生黑褐色毛丛，第一节两侧丛毛特长且黑白毛混杂，第十一节生6丛长毛；腹面黄褐色，足赤褐色。蛹：长27~35毫米，黄褐色，头部有一对黑色短毛束。

发生规律　东北、华北等地1年发生1代，以卵在树皮裂缝及锯伤口处越冬，栗树发芽时卵孵化，孵化期20~30天，初孵幼虫先在卵块附近群集危害，随虫龄增大分散危害。幼虫危害期50余天，7月份老熟，在叶背面结薄丝茧化蛹，尾端结一束丝倒吊。7月下旬成虫羽化，雌蛾多将卵产于树干阴面，每块卵约200粒，以卵越冬。

防治方法

农业防治　冬春刮除卵块；利用初孵幼虫集中危害习性捕杀；人工捕杀蛹和成虫。

化学防治　卵孵化盛期和幼虫集中危害期，叶面喷洒90%晶体敌百虫800倍液或40%辛硫磷乳油1000倍液，或20%氰戊菊酯乳油、2.5%溴氰菊酯乳油、20%甲氰菊酯乳油、5%三氟氯氰菊酯乳油2000~3000倍液等。

（93）栗山天牛（图2-93-1至图2-93-3）

属鞘翅目天牛科。

分布与寄主

分布　全国各产区。

寄主　板栗、苹果、梨、梅等果树。

危害特点　幼虫先蛀食皮层，而后蛀入木质部，纵横回旋蛀食并向外蛀有通气孔、排粪孔。排出粪便和木屑，引起枝干枯死，易被风折。

形态诊断 成虫：体长40~48毫米，宽10~15毫米，灰褐色被棕黄色短毛，触角11节，近黑色，约为体长的1.5倍；头顶中央有一条深纵沟；前胸两侧较圆，有皱纹，背面有许多不规则的横皱纹，鞘翅周缘有细黑边，后缘呈圆弧形，内缘角生尖刺；足细长。幼虫：体长约70毫米，乳白色疏生细毛，头部较小淡黄褐色，胴部13节，背板淡褐色，前半部横列2个凹字形纹。蛹：体长45~50毫米，黄褐色。

发生规律 2~3年发生1代，以幼虫在虫道内越冬。成虫7~8月发生，卵多产于10~30年生大树、3米以上部位的枝干上，产卵前先咬破树皮成槽，将卵产于槽内，每槽1粒，幼虫孵出后即蛀食皮层，而后蛀入木质部，纵横回旋蛀食，并向外蛀通气孔和排粪孔，将粪和木屑排出孔外，危害至晚秋在虫道内越冬。次年4月份继续危害，老熟幼虫在虫道端部蛀椭圆形蛹室化蛹，羽化后咬一孔脱出。

防治方法

农业防治 成虫发生期捕杀成虫。

化学防治 在成虫羽化产卵期喷洒40%辛硫磷乳油或80%敌敌畏乳油、90%晶体敌百虫1000倍液，2.5%溴氰菊酯乳油2000~2500倍液、20%甲氰菊酯乳油2500~3000倍液等，重点喷洒树干至淋洗状态，毒化树皮，毒杀咬产卵槽的成虫或槽内初孵幼虫。

94 柳蝙蛾（图2-94-1、图2-94-2）

属鳞翅目蝙蝠蛾科。又名蝙蝠蛾、东方蝙蝠蛾。

分布与寄主

分布 东北、江淮及南方果产区。

寄主 山楂、核桃、板栗、葡萄、樱桃、梨、苹果、杏、枇杷等果树、林木。

危害特点 幼虫危害枝条，把木质部表层蛀成环形凹陷坑道，致受害枝条生长衰弱，重则枝条枯死，遭风易折断。

形态诊断 成虫：体长32~36毫米，翅展61~72毫米，体色变化较大，刚羽化绿褐色，渐变粉褐色，后变茶褐色；前翅前缘有7个半环形斑纹，翅中央有1个深褐色微暗绿的三角形大斑，外缘具由并列的模糊的弧形斑组成的宽横带；后翅暗褐色；雄蛾后足腿节背侧密生橙黄色刷状毛。卵：球形，直径0.6~0.7毫米，黑色。幼虫：体长50~80毫米，头部褐色，体乳白色，圆筒形，布有黄褐色瘤状突起。蛹：圆筒形，黄褐色。

发生规律 辽宁1年发生1代，少数2代，以卵在地面或以幼虫在枝干髓部越冬，翌年5月开始孵化，6月中旬在花木或杂草茎中危害，6~7月转移到附近木本寄主上，蛀食枝干。8月上旬开始化蛹，8月下旬至9月成虫羽化。成虫昼伏夜出，卵产在地面上越冬，每雌可产卵2000~3000粒。两年1代者幼虫翌年8月于被害处化蛹，9月成虫羽化。天敌有孢目白僵菌、柳蝙蛾小寄蝇等。

防治方法

农业防治　冬春季耕翻园地，将卵翻压至深层土壤，致幼虫不能正常孵化出土；及时清除园内杂草，集中深埋或烧毁；及时剪除被害虫枝。

生物防治　保护利用天敌。

化学防治　①地面施药。5月至6月上旬幼虫孵化及低龄幼虫在地面活动期，地面喷洒40%辛硫磷乳油600~800倍液；45%马拉硫磷乳油或48%毒死蜱乳油800~1000倍液；2.5%溴氰菊酯乳油或20%氰戊菊酯乳油1500~2000倍液等2~3次，省工效果好。②枝干涂药。于幼虫上树前，树干上涂抹上述药液，毒杀上树幼虫。③虫孔注药。幼虫钻入枝干后，可用80%敌敌畏乳油50倍液及上述药液50~100倍液注入虫孔，每孔10~20毫升，注意不要注入太多，以能杀死幼虫药液被树体吸收为好，注多了容易造成烂干。

95　绿盲蝽（图2-95-1至图2-95-3）

属半翅目盲蝽科。又名花叶虫、小臭虫、棉青盲蝽、青色盲蝽、破叶疯、天狗蝇等。

分布与寄主

分布　全国各梨产区。

寄主　葡萄、石榴、桃、草莓、桑、棉花、麻类、苹果、梨、杏、李、梅、山楂等。

危害特点　成虫、若虫刺吸寄主汁液，受害初期叶面呈现黄白色斑点，渐扩大成片，成黑色枯死斑，造成大量破孔、皱缩不平的"破叶疯"。孔边有一圈黑纹，叶缘残缺破烂，叶卷缩畸形，叶早落。严重时腋芽、生长点受害，造成腋芽丛生。

形态诊断　成虫：体长5毫米，宽2.2毫米，绿色，密被短毛。头部三角形，黄绿色，复眼黑色突出，无单眼，触角4节丝状，较短，约为体长2/3，第二节长等于三、四节之和，向端部颜色渐深，第一节黄绿色，第四节黑褐色。前胸背板黄绿色，布许多小黑点，前缘宽。小盾片三角形微突，黄绿色，中央具1浅纵纹。前翅膜片半透明暗灰色，余绿色。足黄绿色，胫节末端、跗节色较深，后足腿节末端具褐色环斑，雌虫后足腿节较雄虫短，不超腹部末端，跗节3节，末端黑色。卵：长1毫米，黄绿色，长口袋形，卵盖奶黄色，中央凹陷，两端突起，边缘无附属物。若虫：共5龄，与成虫相似。初孵时绿色，复眼桃红色；2龄黄褐色；3龄出现翅芽；4龄翅芽超过第一腹节；五龄后全体鲜绿色，密被黑色细毛，触角淡黄色，端部色渐深。

发生规律 北方1年发生3~5代，山西运城4代，陕西、河南5代，江西6~7代，以卵在树皮裂缝、树洞、枝杈处及近树干土中越冬。翌春3~4月，旬均温高于10℃或连续日均温达11℃，相对湿度高于70%，卵开始孵化。成虫寿命长，产卵期30~40天，发生期不整齐。成虫飞行力强，喜食花蜜，羽化后6~7天开始产卵。非越冬代卵多散产在嫩叶、茎、叶柄、叶脉、嫩蕾等组织内，外露黄色卵盖，卵期7~9天。以春、秋两季受害重。主要天敌有寄生蜂、草蛉、捕食性蜘蛛等。

防治方法

农业防治 冬春清理园中枯枝落叶和杂草，刮刷树皮、树洞，消除寄主上的越冬卵。

化学防治 于3月下旬至4月上旬越冬卵孵化期，4月中下旬若虫盛发期及5月上中旬初花期3个关键期喷洒20%氰戊菊酯乳油2500倍液或48%哒嗪硫磷乳油1500倍液、52.25%蜱·氯乳油2000倍液。

96 苹果大卷叶蛾（图2-96-1至图2-96-3）

属鳞翅目卷蛾科。又名黄色卷蛾。

分布与寄主

分布 长江以北产区。

寄主 樱桃、桃、杏、李、苹果、梨等果树。

危害特点 以幼虫危害嫩芽、花蕾、叶片和果实。幼虫卷叶危害，将叶片吃成孔洞和缺刻。

形态诊断 成虫：体长11~13毫米，雄虫翅展19~24毫米，雌虫翅展23~34毫米；翅黄褐色或暗褐色，前翅近基部1/4处和中部自前缘向后缘有2条浓褐色斜宽带；雄虫前翅基部有前缘褶，翅基部1/3处靠后缘有1黑色小圆点。卵：椭圆形，黄绿色。幼虫：体长23~25毫米，深绿色稍带灰白色，头和前胸背板黄褐色，前胸背板后缘黑褐色，体背毛瘤较大，刚毛细长，臀栉5根。蛹：长10~13毫米，红褐色。

发生规律 1年发生2代，以幼龄幼虫结白色薄茧在树干翘皮下和剪、锯口等处越冬。翌春果树花芽开绽时，幼虫出蛰危害嫩叶，稍大后卷叶危害。老熟幼虫在卷叶内化蛹，6月上中旬越冬代成虫发生。成虫昼伏夜出，趋光性和趋化性不强。成虫产卵于叶上，数十粒排列成鱼鳞状卵块，卵期5~8天。低龄幼虫多在叶背啃食叶肉，稍大后卷叶危害，有吐丝下垂的习性。6月下旬至7月上旬第一代幼虫发生，8月上中旬第一代成虫发生，8月下旬第二代幼虫发生，危害一段时间后结茧越冬。天敌有赤眼蜂、甲腹茧蜂等。

防治方法

农业防治　冬春季彻底刮除树体粗皮、翘皮、剪锯口周围死皮，消灭越冬幼虫。生长季节及时摘除卷叶。

生物防治　幼虫发生期，隔株或隔行释放赤眼蜂，每代放蜂3~4次，间隔5天，每株放有效蜂1000~2000头。

化学防治　越冬幼虫出蛰盛期及第一代卵孵化盛期是施药的关键期，可喷洒48%哒嗪硫磷乳油或50%杀螟硫磷乳油、50%马拉硫磷乳油1000倍液，或20%氰戊菊酯乳油3000倍液、5%氯氰菊酯乳油3000倍液等。

97　苹果剑纹夜蛾 （图2-97-1至图2-97-3）

属鳞翅目夜蛾科。又名桃剑纹夜蛾。

分布与寄主

分布　全国各产区。

寄主　苹果、桃、樱桃、杏、山楂、梨、李、核桃等果树。

危害特点　幼龄幼虫群集叶背危害，取食上表皮和叶肉，仅留下表皮和叶脉，受害叶呈网状，幼虫稍大后将叶片食成缺刻或孔洞，并啃食果皮，果面上出现不规则的坑洼。

形态诊断　成虫：体长17~22毫米，翅展40~48毫米，体表被较长的鳞毛，体、翅灰褐色；前翅有3条与翅脉平行的黑色剑状纹，基部的1条呈树枝状，端部2条平行，外缘有1列黑点；触角丝状暗褐色；后翅灰白色，翅脉淡褐色；腹面灰白色，雄腹末分叉，雌较尖。卵：半球形，直径1.2毫米，白至污白色。幼虫：老熟幼虫体长38~40毫米，头红棕色布黑色斑纹，其余部分灰色略带粉红；体背有1条橙黄色纵带，纵带两侧每节各有2个黑色毛瘤，其上着生黑褐色长毛，毛端黄白稍弯；第一腹节背面中央有1黑色柱状突起；胸足黑色，腹足俱全暗灰褐色。蛹：长约20毫米，棕褐色有光泽。

发生规律　1年发生2代，以茧蛹在土中或树皮缝中越冬。成虫于翌年5~6月间羽化。成虫昼伏夜出，有趋光性和趋化性，产卵于叶面。5月中下旬发生第一代幼虫，危害至6月下旬，吐丝缀叶，在其中结白色薄茧化蛹，第一代成虫于7月下旬至8月下旬发生。第二代幼虫于7月下旬至8月上中旬发生，9月中旬后化蛹越冬。天敌有桥夜蛾绒茧蜂等。

防治方法

人工防治　冬春翻树盘，消灭在土中越冬的蛹。

物理防治　成虫发生期设置糖醋液盆和黑光灯，诱杀成虫。

化学防治　幼虫发生期喷洒90%晶体敌百虫1000倍液或20%杀螟硫磷乳油

2000倍液、20%甲氰菊酯乳油2000倍液、2.5%溴氰菊酯乳油3000倍液等。

(98) 柿黄毒蛾（图2-98-1至图2-98-7）

属鳞翅目毒蛾科。又名折带黄毒蛾、黄毒蛾、杉皮毒蛾。

分布与寄主

分布　黑龙江、辽宁、河南、河北、山东、江苏、安徽、浙江、江西、福建、湖北、湖南、广西、广东、陕西、四川等地。

寄主　柿、石榴、苹果、海棠、梨、山楂、樱桃、桃、李、梅、枇杷、板栗、榛、茶、蔷薇等。

危害特点　幼虫食芽、叶，将叶吃成缺刻或孔洞，严重的将叶片吃光，并啃食枝条的皮。

形态诊断　成虫：雌体长15~18毫米，翅展35~42毫米；雄略小；体黄色或浅橙黄色。触角栉齿状，雄较雌发达；复眼黑色；下唇须橙黄色。前翅黄色，中部具棕褐色宽横带1条，从前缘外斜至中室后缘，折角内斜止于后缘，形成折带，故称折带黄毒蛾。带两侧为浅黄色线镶边，翅顶区具棕褐色圆点2个，位于近外缘顶角处及中部偏前。后翅无斑纹，基部色浅，外缘色深。缘毛浅黄色。卵：半圆形或扁圆形，直径0.5~0.6毫米，淡黄色，数十粒至数百粒成块，排列为2~4层，卵块长椭圆形，并覆有黄色绒毛。幼虫：体长30~40毫米，头黑褐色，上具细毛。体黄色或橙黄色，胸部和第五至十节背面两侧各具黑色纵带1条，其胸部者前宽后窄，前胸下侧与腹线相接，五至十腹节者则前窄后宽，至第八节两线相接合于背面。臀板黑色，第八节至腹末背面为黑色。第一、二腹节背面具长椭圆形黑斑，毛瘤长在黑斑上。各体节上毛瘤暗黄色或暗黄褐色，其中一、二、八腹节背面毛瘤大而黑色，毛瘤上有黄褐色或浅黑褐色长毛。腹线为1条黑色纵带。胸足褐色，具光泽，腹足发达，淡黑色，疏生淡褐色毛。背线橙黄色，较细，但在中、后胸节处较宽，中断于体背黑斑上。气门下线淡橙黄色，气门黑褐色近圆形。腹足、臀足趾钩单纵行，趾钩39~40个。蛹：长12~18毫米，黄褐色，臀棘长，末端有钩。茧：长25~30毫米，椭圆形，灰褐色。

发生规律　1年发生2代，以3~4龄幼虫在树洞或树干基部树皮缝隙、杂草、落叶等杂物下结网群集越冬。翌春上树危害芽叶。老熟幼虫5月底结茧化蛹，蛹期约15天。6月中下旬越冬代成虫出现，并交尾产卵，卵期14天左右。第一代幼虫7月初孵化，危害到8月底老熟化蛹，蛹期约10天。第一代成虫9月发生后交尾产卵，9月下旬出现第二代幼虫，危害到秋末。以3~4龄幼虫越冬。幼虫孵化后多群集叶背危害，并吐丝网群居枝上，老龄时多至树干基部、各种缝隙吐丝群集，多于早晨及黄昏取食。成虫昼伏夜出，卵多产在叶背，每雌产卵600~700

粒。该虫寄生性天敌有寄生蝇等20多种。

防治方法

农业防治　冬春季清除园内及四周落叶杂草，刮树皮，杀灭越冬幼虫。及时摘除卵块，捕杀群集幼虫。

化学防治　低龄幼虫危害期叶面喷洒80%丙硫磷乳油或48%哒嗪硫磷乳油、50%二嗪磷乳油、50%马拉硫磷乳油1000倍液、2.5%溴氰菊酯乳油3000~3500倍液、10%联苯菊酯乳油4000倍液等。

99 双线盗毒蛾（图2-99-1、图2-99-2）

属鳞翅目毒蛾科。

分布与寄主

分布　全国多数梨产区。

寄主　枇杷、枣、柿、桃、梨、柑橘等果树。

危害特点　以幼虫咬食新梢嫩芽和叶，致芽、叶缺刻并枯死；啃食花器和谢花后的小果，致落花落果。

形态诊断　成虫：体长12~14毫米，翅展20~38毫米，体暗黄褐色；前翅褐色至赤褐色，内、外线黄色，前缘、外缘和缘毛柠檬黄色，外缘和缘毛被黄褐色部分分隔成三段；后翅淡黄色。卵：扁圆球形。幼虫：老熟幼虫体长21~28毫米，头部浅褐至褐色，胸、腹部暗棕色，前中胸和第三至七腹节以及第九腹节背线黄色，中央贯穿红色细线；后胸红色，前胸侧瘤红色，第一、二和第八腹节背面有黑色绒球状短毛簇，其余毛瘤为污黑色或浅褐色。蛹：圆锥形，长约13毫米，褐色，外被疏松的棕色丝茧。

发生规律　福建1年发生7代，以幼虫在寄主叶片间越冬。广州等冬季气温较暖地区，1年发生10多代，无越冬现象。沿黄地区，4月上旬幼虫出蛰活动危害，5月上旬越冬代成虫始见。成虫昼伏夜出，有趋光性。卵块产在叶背或花穗枝梗上，上覆黄褐色或棕色毛。初孵幼虫有群集性，在叶背取食叶肉，残留上表皮。稍大后分散危害，将叶片食成缺刻或孔洞，或咬食花器，或咬食刚谢花的幼果。老熟幼虫入表土层结茧化蛹。幼虫天敌有姬蜂、小茧蜂和食虫鸟类等。

防治方法

农业防治　果树生长季节及冬春季及时中耕园地和清除园内外杂草，杀死土中虫蛹。结合疏梢、疏花、疏果，捕杀幼虫。

化学防治　卵孵化盛期和低龄幼虫期叶面喷洒5%氟虫脲乳油800~1000倍液或10%氯氰菊酯乳油2500~3000倍液、2.5%三氟氯氰菊酯乳油2000~2500倍液、40%辛硫磷乳油1000倍液、10%吡虫啉可湿性粉剂2000倍液等。

100

四星尺蠖（图2-100-1、图2-100-2）

属鳞翅目尺蛾科。

分布与寄主

分布　除西北少数地区外，全国各产区均有分布。

寄主　杏、李、枣、苹果、梨、柑橘等果树。

危害特点　幼虫食害嫩芽和叶成缺刻或孔洞，致芽生长点受损。

形态诊断　成虫：体长18毫米，体绿褐色或青灰白色；前后翅具多条黑褐色锯齿状横线，翅中部有一肾形黑纹，前后翅上各有一个星状斑，后翅内侧有一条污点带，翅反面布满污点，外缘黑带不间断。卵：椭圆形，青绿色。幼虫：老熟幼虫体长65毫米左右，体浅黄绿色，有黑色细纵条纹，腹背第二至八节上有瘤状突起各1对。蛹：长20毫米左右，体前半部黑褐色，后半部红褐色。

发生规律　发生代数不详，浙江省于5~7月中旬以幼虫危害枣树，9月中旬化蛹。成虫晚上活动。

防治方法

农业防治　冬春季耕翻园地，清除园内枯枝落叶，集中烧毁或深埋。

物理防治　黑光灯或频振式杀虫灯诱杀成虫。

化学防治　在低龄幼虫发生期，叶面喷洒90%晶体敌百虫或40辛硫磷乳油800~1000倍液、20%氰戊菊酯乳油或2.5%溴氰菊酯乳油4000~5000倍液、20%抑食肼悬浮剂1500~2000倍液、25%灭幼脲悬浮剂1200~1500倍液等。

101

桃黄斑卷叶蛾（图2-101-1至图2-101-3）

属鳞翅目卷蛾科。又名桃黄斑卷叶虫、桃黄斑长翅卷叶蛾。

分布与寄主

分布　长江以北产区。

寄主　桃、李、杏、山楂、苹果、梨等果树。

危害特点　幼龄幼虫食害嫩叶、新芽，稍大卷叶或平叠叶片或贴叶果面，食叶肉呈纱网状和孔洞；啃食贴叶果的果皮，至呈不规则形凹疤，多雨时常腐烂脱落。

形态诊断　成虫：有夏型和越冬型之分；体长约7毫米，翅展15~20毫米；前翅近长方形，顶角圆钝；夏型头胸背和前翅金黄色，其上散生银白色竖立鳞片，后翅和腹部灰白色；越冬型体较夏型稍大，体暗褐色微带浅红，前翅上散生有黑色鳞片；后翅浅灰色。卵：扁椭圆形，直径约0.8毫米，乳白色至暗红色。幼虫：初龄幼虫体淡黄色，2~3龄为黄绿色，头、前胸背板及胸足都为黑色；成龄幼虫体长21毫米左右，黄绿至绿色，头部黄褐色，前胸盾黄绿色。蛹：体长9~11毫米，黑褐色。

发生规律　北方1年发生3~4代，以越冬型成虫在杂草、落叶间越冬，翌年3月开始活动，第一代卵于4月上中旬产于枝条或芽附近，一代幼虫孵后蛀食花芽及芽的基部后卷叶危害。以后各代幼虫均卷叶危害。世代重叠。成虫寿命越冬型5个多月，夏型仅有12天左右，单雌产卵80余粒，多散产于叶背。卵期一代约20天，其他世代4~5天。幼虫3龄前食叶肉仅留表皮，3龄后咬食叶片成孔洞。幼虫期约24天，共5龄，老熟后转移卷新叶结茧化蛹，蛹期平均13天左右。天敌有赤眼蜂、黑绒茧蜂、瘤姬蜂、赛寄蝇等。

防治方法

农业防治　冬春季清除果园及附近的枯枝落叶和杂草，集中堆沤或烧毁；幼虫发生时摘除卷叶。

生物防治　释放赤眼蜂等天敌。

化学防治　在各代卵孵化盛期及时施药，可用90%晶体敌百虫或50%丙硫磷乳油、48%哒嗪硫磷乳油、50%杀螟硫磷乳油、50%马拉硫磷乳油1000倍液；25%三氟氯氰菊酯乳或20%氰戊菊酯乳油3000~3500倍液、10%联苯菊酯乳油4000倍液或52.25%蜱·氯乳油1500倍液进行防治。

102　桃潜叶蛾（图2-102-1至图2-102-4）

属鳞翅目潜蛾科。又名桃潜蛾。

分布与寄主

分布　分布全国各地。

寄主　桃、樱桃、李、杏、梨、苹果、山楂等果树。

危害特点　幼虫在叶肉里蛀食呈弯曲隧道，致叶片破碎干枯脱落。

形态诊断　成虫：体长3毫米，翅展8毫米左右，银白色，触角丝状；前翅白色，狭长，中室端部有一椭圆形黄褐色斑，外侧具黄褐色三角形端斑一个；后翅灰色缘毛长。卵：圆形，长0.5毫米，乳白色。幼虫：体长6毫米，淡绿色，头淡褐色，胸足短小，黑褐色，腹足极小。蛹：长3~4毫米，细长淡绿色。茧：长椭圆形，白色，两端具长丝，黏附叶背。

发生规律　河南1年发生7~8代，以蛹在被害叶上的茧内越冬，翌年4月桃展叶后成虫羽化。北京平谷1年生6代，以成虫越冬。成虫昼伏夜出，卵散产在叶表皮内。孵化后在叶肉里潜食，初串成弯曲似同心圆状蛀道，常枯死脱落成孔洞，后线状弯曲也多破裂，粪便充塞蛀道中。幼虫老熟后钻出，多于叶背中部吐丝结茧，于内化蛹。5月上旬始见第一代成虫。后每20~30天完成一代。发生期不整齐，10~11月以成虫或以末代幼虫于叶上结茧化蛹越冬。

防治方法

农业防治　冬春季清除园内落叶和杂草，集中处理消灭越冬蛹和成虫。

化学防治　①花前防治。樱桃树花芽膨大期，叶芽尚未开放，越冬代成虫已出蛰群集在主干或主枝上，及时喷洒90%晶体敌百虫1000倍液对压低当年虫口数量起有决定性作用。②防治一代幼虫。樱桃树春梢展叶期，喷洒20%甲氰菊酯乳油或52.25%蜱·氯乳油1500~2000倍液、25%喹硫磷乳油1500倍液，5月下旬出蛾高峰期喷洒25%灭幼脲悬浮剂1500倍液。③8月中下旬叶面喷洒25%灭幼脲悬浮剂2000倍液或5%高效氯氰菊酯乳油1500倍液等。

⑩103　桃小蠹（图2-103-1至图2-103-4）

属鞘翅目小蠹科。又名多毛小蠹。

分布与寄主

分布　长江以北产区。

寄主　桃、樱桃、杏、李、梨等果树。

危害特点　成虫、幼虫蛀食枝、干韧皮部和木质部，蛀道于其间。母坑道单纵向长约4厘米，子坑道密集于母坑道两则，长4~5厘米。常造成枝干枯死。

形态诊断　成虫：体长2.7~4.5毫米，体黑色，鞘翅暗褐色有光泽，头短小，触角锤状，体密布细刻点，鞘翅上有较浅的纵刻点列，腹部末端腹面斜截形；雄虫第7背板有1对大刚毛。卵：圆形，乳白色，长约1毫米。幼虫：体长4~5毫米，乳白色，略向腹面弯，无足，头较小黄褐色。蛹：长2.7~4.5毫米，乳白至黑色。

发生规律　1年发生1代，以幼虫在坑道内越冬。翌春老熟于子坑道端并蛀圆筒形蛹室化蛹。羽化后咬圆形羽化孔爬出。6月间成虫出现并交配，多选择衰弱的枝干上蛀入皮层，在韧皮部与木质部间蛀纵向母坑道，并产卵于母坑道两侧。孵化后的幼虫分别在母坑道两侧横向蛀子坑道，略呈"非"字形，初期互不相扰近于平行，随虫体增长，坑道弯曲混乱交错。加速枝干死亡。秋后以幼虫于坑道端越冬。

防治方法

农业防治　加强管理，增强树势；彻底剪除有虫枝和衰弱枝，集中处理；成虫出树前，田间放置半枯死或整枝剪掉的树枝，诱集成虫产卵，产卵后集中处理，均可减少发生与危害。

化学防治　①成虫羽化初期，枝干上涂刷高效低毒杀虫剂，如50%马拉硫磷乳油或菊酯类药剂200~300倍液，触杀成虫效果良好。②成虫出树后产卵前，树上喷洒50%辛硫磷乳油1000倍液、50%马拉硫磷乳油或20%氰戊菊酯乳油2000

倍液，毒杀成虫效果良好。枝干涂药或喷雾均隔15天1次，连续2~3次即可。

104 舞毒蛾（图2-104-1至图2-104-6）

属鳞翅目毒蛾科。又名柿毛虫、松针黄毒蛾、秋千毛虫。

分布与寄主

分布　全国各产区。

寄主　柿、苹果、柑橘等500余种植物。

危害特点　初孵幼虫群栖危害，稍大后分散危害，白天潜藏在树皮缝、枝杈、树下杂草等多种隐蔽场所，傍晚上树。幼虫蚕食叶片，严重时整树叶片被吃光。

形态诊断　成虫：雄虫体长18~20毫米，翅展45~47毫米，暗褐色；头黄褐色，触角羽状褐色；前翅外缘色深呈带状，翅面上有4~5条深褐色波状横线，中室中央有一黑褐圆斑，中室端横脉上有一黑褐色"<"形斑纹，外缘脉间有7~8个黑点；后翅色较淡，外缘色较浓成带状。雌虫体长25~28毫米，翅展70~75毫米，污白微黄色；触角黑色短羽状，前翅上的横线与斑纹同雄虫相似，暗褐色；后翅近外缘有一条褐色波状横线；外缘脉间有7个暗褐色点；腹部肥大，末端密生黄褐色鳞毛。卵：卵圆形，0.9~1.3毫米，黄褐至灰褐色。幼虫：体长50~70毫米，头黄褐色，正面有"八"字形黑纹；胸部背面灰黑色，背线黄褐，腹面带暗红色，胸、腹足暗红色；各体节各有6个毛瘤横列，背面中央的一对色艳，上生棕黑色短毛，两侧的毛瘤上生黄白与黑色长毛一束。蛹：长19~24毫米，红褐至黑褐色。

发生规律　1年发生1代，以卵块在树体上、树下砖石块等处越冬。寄主发芽时孵化，初龄幼虫日间多群栖，夜间取食，受惊扰吐丝下垂借风力扩散，故称秋千毛虫。稍大后分散取食，白天栖息在树杈、皮缝或树下土石缝中，傍晚成群上树取食。幼虫期50~60天，6月中下旬陆续老熟爬到隐蔽处结薄茧化蛹，蛹期10~15天。7月成虫大量羽化。成虫有趋光性，雄蛾白天在枝叶间飞舞；雌体大、笨重，很少飞行，常在化蛹处附近产卵，在树上多产于枝干的阴面，卵400~500粒成块，形状不规则，上覆雌蛾腹末的黄褐色鳞毛。天敌主要有舞毒蛾黑瘤姬蜂、喜马拉雅聚瘤姬蜂、脊腿匙宗瘤姬蜂、舞毒蛾卵平腹小蜂、梳胫饰腹寄蝇、毛虫追寄蝇、隔脑狭颊寄蝇等。

防治方法

农业防治　冬春季清理树下砖石、土块，消灭越冬卵。幼虫发生期利用幼虫白天下树潜伏习性，在树干基部堆积砖石瓦块，诱集捕杀幼虫。

生物防治　保护和利用天敌。

化学防治　①在幼虫孵化盛期和分散危害前，喷洒90%晶体敌百虫或50%杀螟硫磷乳油、50%辛硫磷乳油、90%杀螟丹可湿性粉剂1000倍液、2.5%溴氰菊酯乳油或20%氰戊菊酯乳油、1.8%阿维菌素乳油、10%联苯菊酯乳油3000倍液、52.25%蚜·氯乳油1500~2000倍液。②于傍晚幼虫上树前，在树干上喷洒高效低毒低残留的触杀剂或在树干上涂50~60厘米宽的药带，毒杀幼虫。

105　小青花金龟（图2-105-1至图2-105-5）

属鞘翅目花金龟科。又名小青花潜、银点花金龟、小青金龟子。

分布与寄主

分布　全国除新疆未见报道外，其他各地均有分布。

寄主　栗、苹果、梨、李、杏、桃等果树。

危害特点　成虫食害芽、花器和嫩叶；幼虫危害植物地下部组织。

形态诊断　成虫：体长11~16毫米，宽6~9毫米，长椭圆形稍扁，背面暗绿、绿色或黑褐色，腹面黑褐色；体表密布淡黄色毛和点刻。头较小，黑褐或黑色；前胸背板半椭圆形，前窄后宽，其上有3个白斑；小盾片三角状，鞘翅狭长，翅面上生有白色或黄白色绒斑。卵：椭圆形，长1.7毫米×1.2毫米，乳白至淡黄色。幼虫：体长32~36毫米，体乳白色，头部棕褐色或暗褐色；臀节肛腹片后部生刺状刚毛。蛹：长14毫米，淡黄白至橙黄色。

发生规律　1年发生1代，北方以幼虫越冬，江南以幼虫、蛹或成虫越冬。以成虫越冬的翌年4月上旬出土活动，4月下旬到6月盛发。以末龄幼虫越冬的，成虫于5~9月陆续出现，雨后出土多。成虫白天活动、喜食花器，春季多群集食害花和嫩叶，导致落花，并随寄主开花早晚转移危害；成虫飞行力强，具假死性，夜间多入土潜伏。卵散产在土中、杂草或落叶下，尤喜产卵于腐殖质多的场所。幼虫孵化后以腐殖质为食，并危害根部，老熟后化蛹于浅土层。

防治方法

农业防治　冬春季耕翻果园，利用低温和鸟食消灭地下幼虫；随时清除果园杂草、落叶，不在果园内堆放未腐熟的农家肥；春季开花期张单振落成虫捕杀之。

化学防治　必要时叶面喷洒2.5%溴氰菊酯乳油1500倍液或5%顺式氰戊菊酯乳油3000倍液、25%喹硫磷乳油1000倍液、48%哒嗪硫磷乳油1500倍液等。

106　杏星毛虫（图2-106-1至图2-106-5）

属鳞翅目斑蛾科。又名桃斑蛾，红褐星毛虫、梅黑透羽、杏叶斑蛾。

分布与寄主

分布　长江以北产区。

寄主　杏、山楂、桃、樱桃、李、梨、柿等果树、林木、花卉。

危害特点　幼虫食芽、花、叶，早春蛀萌动的芽致枯死。寄主发芽后危害花、嫩芽和叶，食叶成缺刻和孔洞，重则吃光叶片。

形态诊断　成虫：体长7~10毫米，翅展21~23毫米，体黑褐色具蓝色光泽；翅半透明，布黑色鳞毛；雄虫触角羽毛状，雌虫短锯齿状。卵：椭圆形，长0.7毫米，初白色渐至黄褐色。幼虫：体长13~16毫米，近纺锤形，背暗赤褐色，腹面紫红色；头小黑褐色，大部分缩于前胸内，取食或活动时伸出；腹部各节具横列毛瘤6个，中间4个大，毛瘤中间生很多褐色短毛，周生黄白长毛。蛹：椭圆形，淡黄至黑褐色。茧：椭圆形，丝质稍薄淡黄色，外常附泥土、虫粪等。

发生规律　1年发生1代，以初龄幼虫在树皮缝、枝杈及贴枝叶下结茧越冬。寄主萌动时开始出蛰活动，先蛀芽，后危害蕾、花及嫩叶。3龄后白天下树，潜伏到树干基部附近的土、石块及枯草落叶下、树皮缝中，19:00后又上树取食叶片，拂晓又下树隐蔽。老熟幼虫于5月中旬开始在树干周围的各种植被下、皮缝中结茧化蛹，6月上旬成虫羽化交配产卵，多产在树冠中下部老叶背面，块生，每块有卵70~80粒；卵期10~11天。第一代幼虫于6月中旬始见，啃食叶片表皮或叶肉，被害叶呈纱网状斑痕，幼虫受惊扰吐丝下垂，于7月上旬结茧越冬。天敌有金光小寄蝇、常怯寄蝇、梨星毛虫黑卵蜂、潜蛾姬小蜂等。

防治方法

农业防治　果树休眠期彻底刮除树体粗皮、翘皮、剪锯口周围死皮，消灭越冬幼虫。幼虫发生期在树干基部铺瓦片、碎砖等诱集幼虫，集中杀灭。

生物防治　利用和保护天敌。

化学防治　①于落叶后，用50%马拉硫磷乳油200倍液封闭剪锯口和树皮裂缝，可消灭大部分越冬幼虫。②幼虫危害期地面喷药，利用该虫白天下树潜伏的习性，在树干周围喷洒48%毒死蜱乳油500倍液或50%丙硫磷乳油800倍液。③树上喷药，卵孵化前后和低龄幼虫期喷洒50%马拉硫磷乳油或40%辛硫磷乳油1000倍液；2%氟丙菊酯乳油1000~2000倍液、20%氰戊菊酯乳油1500~2000倍液等。

107　**芽白小卷蛾**（图2-107-1至图2-107-3）

属鳞翅目卷蛾科。又名顶梢卷叶蛾、顶芽卷蛾。

分布与寄主

分布　除西藏、新疆未见报道外，其它各地均有分布。

寄主　樱桃、桃、苹果、梨、李、杏、山楂等果树。

危害特点　幼虫危害新梢顶端，将叶卷成一团，食害新芽、嫩叶，生长点被食，新梢歪在一边，影响顶花芽形成及树冠扩大。

形态诊断　成虫：体长6~8毫米，翅展12~15毫米，淡灰褐色；触角丝状；前翅长方形，翅面有灰黑色波状横纹，前缘有数条并列向外斜伸的白色短线，后缘外侧1/3处有1块三角形的暗色斑纹，静止时并成菱形，外缘内侧前缘至臀角间有5~6个黑褐色平行短纹；后翅淡灰褐色。卵：扁椭圆形，长0.7微米，乳白至黄白色。幼虫：体长8~10毫米，体粗短，污白或黄白色；头、前胸盾、足和臀板均黑褐色；越冬幼虫淡黄色。蛹：长6~8毫米，黄褐色，纺锤形。茧：黄白色，长椭圆形。

发生规律　黄淮地区1年发生3代，山东、华北、东北2代。均以2~3龄幼虫于被害梢卷叶团内结茧越冬，少数于芽侧结茧越冬。1个卷叶团内多为1头幼虫，亦有2~3头者。寄主萌芽时越冬幼虫出蛰转移到邻近的芽危害嫩叶，将数片叶卷在一起，并吐丝缀连叶背茸毛作巢潜伏其中，取食时身体露出。经24~36天老熟于卷叶内结茧化蛹。化蛹期大体为5月中旬至6月下旬，蛹期8~10天。各代成虫发生期：2代区为6月至7月上旬，7月中下旬到8月中下旬；3代区为6月、7月、8月。成虫昼伏夜出，趋光性不强，喜食糖蜜。卵多散产于顶梢上部嫩叶背面，尤喜产于茸毛多处。卵期6~7天。初孵幼虫多在梢顶卷叶危害。末代幼虫危害到10月中下旬，在梢顶卷叶内结茧越冬。

防治方法

农业防治　冬春剪除被害梢干叶团，集中烧毁或深埋；幼虫危害季节及时摘除卷叶团，消灭其中幼虫和蛹。

化学防治　越冬幼虫出蛰盛期及第一代卵孵化盛期是施药的关键时期，可用48%哒嗪硫磷乳油或50%马拉硫磷乳油、50%杀螟硫磷乳油1000倍液，25%三氟氯氰菊酯乳油或20%氰戊菊酯乳油、2.5%溴氰菊酯乳油3000~3500倍液，52.25%蜱·氯乳油1500倍液或10%联苯菊酯乳油4000倍液。

108　银杏大蚕蛾（图2-108-1至图2-108-6）

属鳞翅目大蚕蛾科。又名核桃楸天蚕蛾、白果蚕、栗天蚕。

分布与寄主

分布　东北、华北、华东、华中、华南、西南等产区。

寄主　核桃、樱桃、银杏、板栗、桃、苹果、梨、李等果树。

危害特点　幼虫取食果树的嫩芽和叶片，食叶成缺刻，重者食光叶片。

形态诊断　成虫：体长25~60毫米，翅展90~150毫米，体灰褐色或紫褐色；雌蛾触角栉齿状，雄蛾羽状；前翅内横线紫褐色，外横线暗褐色，两线近后缘处汇合，中间呈三角形浅色区，中室端部具月牙形透明斑；后翅从基部到外横线间具较宽红色区，亚缘线区橙黄色，缘线灰黄色，中室端处生一大眼状斑，斑内侧具白纹；后翅臀角处有一白色月牙形斑。卵：椭圆形，长2.2毫米左右，灰褐色，一端具黑色黑斑。幼虫：末龄幼虫体长80～110毫米；体黄绿色或青蓝色；背线黄绿色，亚背线浅黄色，气门上线青白色，气门线乳白色，气门下线、腹线处深绿色，各体节上具青白色长毛及突起的毛瘤，其上生黑褐色硬毛。蛹：长30～60毫米，污黄至深褐色。茧：长60～80毫米，黄褐色，网状。

发生规律 1年发生1～2代，辽宁、吉林年发生1代，以卵越冬。翌年5月上旬越冬卵开始孵化，5～6月进入幼虫危害盛期，重者把树上叶片吃光，6月中旬至7月上旬于树冠下部枝叶间缀叶结茧化蛹，8月中下旬羽化、交配和产卵。卵多产在树干下部1～3米处及树杈处，数十粒至百余粒块产。天敌主要有赤眼蜂、黑卵蜂、绒茧蜂、螳螂、蚂蚁等。

防治方法

农业防治 冬春季用硬刷子刷除树皮缝隙中的越冬卵减少越冬虫源。6～7月结合园内管理，人工捕捉幼虫和摘除茧蛹，喂养家禽。

化学防治 掌握雌蛾到树干上产卵、幼虫孵化盛期上树危害之前和幼虫3龄前2个有利时机，喷洒50%马拉硫磷乳油或90%晶体敌百虫1000倍液或10%氯菊酯乳油2000～2500倍液、10%醚菊酯悬浮剂1000～1500倍液、5%氟苯脲乳油1000～2000倍液等。

109 云斑鳃金龟（图2-109-1至图2-109-3）

属鞘翅目金龟科。又名大云鳃金龟、石纹金龟子、大理石须金龟、大理石须云斑鳃金龟等。

分布与寄主

分布 除西藏、新疆未见报道外，其他各产区均有分布。

寄主 核桃、苹果、梨、杏、桃、樱桃等果树及旱地农作物。

危害特点 成虫食害芽和叶片，幼虫危害果树苗木的根，食性很杂。

形态诊断 成虫：长椭圆形，背面隆拱，体长28～41毫米，宽14～21毫米，体紫黑色或栗黑至褐色等，上覆各式白色或乳白色鳞片组成的云斑状白斑，斑间多零星鳞片并散布小刻点，白色鳞片群集点缀如云斑，触角鳃片状，故名云斑鳃金龟。卵：椭圆形，3.5～4毫米×2.5～3毫米，乳白色。幼虫：俗称“蛴螬”，体长60～70毫米，头宽9.8～10.5毫米，体乳白色，头部黄褐色，臀节腹面刺毛列由10～12根短锥状刺毛组成，排列整齐。蛹：体长49～53毫米，初乳白渐变棕褐色或黑褐色。

发生规律 3～4年1代，以幼虫在20～50厘米深土层中越冬。翌年5月上升到

10~20厘米浅土层中危害，老熟幼虫于5月下旬在土中筑蛹室化蛹。蛹期15天，6月中旬成虫始羽化出土上树，7月羽化盛期。成虫昼伏夜出。雄成虫趋光性强，能发出"吱吱"鸣声，其作用是引诱雌虫进行交配。成虫产卵历期20~25天，卵散产在未腐熟的农家肥中或10~30厘米土层中，卵期约20天，幼虫期1360天。幼虫喜欢生活在砂土和砂壤土及未腐熟的农家肥中，危害植物地下幼根。果树幼苗根部受害重。

防治方法

农业防治　重点是抓好幼虫的防治，春秋季园内外土地深耕，并随犁拾虫消灭；避免施用未腐熟的农家肥，减少虫产卵；在发生严重果园，合理控制灌溉，促使幼虫向土层深处转移，避开果树苗木最易受害时期。

物理防治　利用黑光灯诱杀雄成虫。

化学防治　①土壤处理。用50%辛硫磷乳油每亩200~250克，加水10倍喷于25~30千克细土上拌匀成毒土，或用10%辛硫磷颗粒剂1.5~2.5千克加细土拌匀，撒于地面，随即耕翻。②农家肥处理。按5立方米农家肥均匀拌入5%辛硫磷颗粒剂2.5~3千克的比例处理农家肥，可大量杀死其中的幼虫。③树上施药。成虫发生期叶面喷洒52.25%蝉·氯乳油或50%杀螟硫磷乳油、45%马拉硫磷乳油1500倍液、48%毒死蜱乳油或20%甲氰菊酯乳油1500~2000倍液等。

110　桃天蛾（图2-110-1、图2-110-2）

属鳞翅目天蛾科。又名枣豆虫、枣桃六点天蛾。

分布与寄主

分布　全国多数产区。

寄主　枣、桃、杏、樱桃、梨、李等果树。

危害特点　幼龄幼虫将叶片吃成孔洞或缺刻，随虫龄增大常将叶片吃掉大半甚至吃光。

症形诊断　成虫：体长36~46毫米，翅展82~120毫米。体、翅黄褐色至灰褐色；前胸背板棕黄色，腹部各节间有棕色横环；前翅有4条深褐色波状横带，后缘近后角处有1个黑斑，其前方有1个小黑点；后翅枯黄至粉红色，近臀角处有2个黑斑；前翅腹面粉红色，后翅腹面灰褐色。卵：椭圆形，长约1.6毫米，绿色有光泽。幼虫：体长80~84毫米，绿色或黄褐色；头部三角形，青绿色，每节两侧各有1条黄白色斜条纹，第八腹节背面后缘有1个很长的斜向后方的尾角。蛹：长约45毫米，黑褐色。

发生规律　在东北和华北部分地区1年发生1代，黄淮地区发生2代，以蛹在土中越冬。1代区，成虫于6月羽化，7月上旬出现幼虫，危害至9月份，老熟入土化蛹越冬。2代区，5月中旬至6月中旬羽化，第一代幼虫5月下旬至7月发生，第一代成虫7月发生。第二代幼虫7月下旬发生，危害至9月，入土化蛹越冬。成虫昼伏夜出，有趋光性。卵多产于树皮裂缝中。幼虫体大食量也大，暴食叶片。老熟幼虫多在树冠下疏松土中4~7厘米深处做土室化蛹。幼虫天敌有寄生蜂等。

防治方法

农业防治　冬春深翻树盘，利用低温或鸟食消灭土中越冬蛹。幼虫发生期经常检查，发现危害及时捕捉消灭。

物理防治　成虫发生期设置黑光灯诱杀成虫。

化学防治　在幼虫初孵期及时喷洒48%哒嗪硫磷乳油或50%杀螟硫磷乳油、70%马拉硫磷乳油1000倍液、20%氰戊菊酯乳油3000~3500倍液、52.25%蜱·氯乳油1500倍液等。

第**3**章

果园主要杂草识别与防治

01 灰绿黎 （图3-1-1、图3-1-2）

藜科藜属，一年生草本植物。又名盐灰菜。在我国温带、暖温带气候条件下都有分布。幼嫩植株可作猪饲料。嫩苗、嫩茎叶人可食。全草可以入药。

形态识别　种子繁殖。株高10~45厘米。茎多在基部分枝，平铺或斜升；有暗绿色或紫红色条纹。叶互生有短柄，叶片厚肉质，椭圆状卵形至卵状披针形，长2~4厘米，宽5~20毫米，顶端急尖或钝，边缘有波状齿，基部渐狭，表面绿色，背面灰白色，密被粉粒，中脉明显；叶柄短。花簇短穗状，腋生或顶生；花被裂片3~4枚，少为5枚。胞果伸出花被片，果皮薄，黄白色；种子扁圆，暗褐色。花果期5~10月。

防治方法

农业防治　幼苗时及时拔除食用或作猪饲料或拔除全株入药；及时清除田间、地边、路旁的灰绿黎，控制灰绿黎种子入田，减少产种量，控制翌年发生；用杂草沤制农家肥时，应将含有杂草种子的植物残体高温堆沤2~4周，彻底腐熟，杀死种子以免发芽；利用覆盖、遮光等原理，用塑料薄膜覆盖或播种其他作物（或草种）等方法进行除草。

化学防治　利用除草剂甲草胺、异丙甲草胺、乙草胺、敌稗、萘氧丙草胺、西玛津、扑草净、噁草酮、乙氧氟草醚、百草枯、草甘膦等进行化学防除。

02 稻槎菜 （图3-2-1至图3-2-3）

菊科稻槎菜属，一年或二年细弱草本植物。又名鹅里腌、回荠。分布于黄淮和长江流域。可以食用和作为中草药利用。

形态识别　种子繁殖和根茎繁殖。茎高5~30厘米。基生叶丛生，有柄；叶片长4~18厘米、宽1~3厘米，先端圆钝或短尖，顶端裂片较大，卵圆形，边缘羽状分裂，两侧裂片3~4对，短椭圆形；茎生叶1~2对，有短柄或近无柄。

头状花序成稀疏的伞房状圆锥花丛，有细梗，果时常下垂；总苞圆柱状钟形，外层总苞片小，卵状披针形，长约1毫米，内层总苞片5~6片，长椭圆状披针形，长约4.5毫米；花托平坦，无毛；全部为舌状花，黄色。瘦果椭圆状披针形，扁平，长4~5毫米，等于或长于总苞片，成熟后黄棕色，无毛，背腹面各有5~7肋，先端两侧各有1钩刺，无冠毛。花果期4~5月。

生于田野、果园、荒地、溪边、路旁等处。

防治方法　农业防治　嫩芽叶可食，幼苗时人工拔除食用；园地及时中耕清除；全草有入药的特性，可有目的地挖除利用。

化学防治　采用唑草酮、双氟磺草胺、2甲4氯钠等化学除草剂防治。

03 冬葵（图3-3-1至图3-3-5）

锦葵科锦葵属，一年生草本植物。又名葵菜、冬寒（苋）菜、薪菜、皱叶锦葵。产我国河南、山东、陕西、山西、湖北、安徽、江苏、湖南、四川、贵州、云南、江西、甘肃等地。我国早在汉代以前即已栽培供蔬食，现在在很多地方仍有栽培以供蔬食者；北京、甘肃等地也偶见栽培。

形态识别　种子繁殖。茎高1米左右；上部少分枝，茎被柔毛。叶圆形，常5~7裂或角裂，径5~8厘米，基部心形，裂片三角状圆形，边缘具细锯齿，并皱缩扭曲，两面无毛至疏被糙伏毛或星状毛，在脉上尤为明显；叶柄瘦弱，长4~7厘米，疏被柔毛。

花小，花型美观，粉红、白色相间，直径约6毫米，单生或几个簇生于叶腋，近无花梗至具极短梗；小苞片3枚，披针形，长4~5毫米，宽1毫米，疏被糙伏毛；萼浅杯状，5裂，长8~10毫米，裂片三角形，疏被星状柔毛；花瓣5枚，较萼片略长。

果扁球形，径约8毫米，分果片11裂，网状，具细柔毛；种子肾形，径约1毫米，暗黑色。花期6~9月。

冬葵喜冷凉湿润气候，不耐高温和严寒，但耐低温、耐轻霜，植株生长适温为15~20℃。对土壤要求不严，但在排水良好、疏松肥沃、保水保肥的土壤中生长良好。

种子在8℃时开始发芽，发芽适温为25℃，30℃以上植株病害严重，低于15℃植株生长缓慢。春、秋种子发芽生长。

防治方法

农业防治　加强果园管理，及时中耕除草，特别在冬葵种子成熟前，彻底拔除单株，减少种子留存。

化学防治　可用有2，4-D、麦草畏、异丙甲草胺、利谷隆、灭草猛、氟磺胺草醚、西玛津、哒草特、灭草松、百草枯、苯磺隆、克阔乐、绿黄隆、草净津等除草剂进行防除。

04 火麻（图3-4-1至图3-4-3）

桑科大麻属，一年生直立草本植物。又名大麻、山丝苗、线麻、胡麻、野麻。我国各地有栽培或野生。茎皮纤维长而坚韧，可用以织麻布或纺线，制绳索，编织渔网和造纸；种子含油率30%左右，可榨油，用做油漆、涂料等，油渣可作饲料。果实中医称"火麻仁"或"大麻仁"，可入药。

形态识别　种子繁殖。高1~3米，枝具纵沟槽，密生灰白色贴伏毛。叶掌状全裂，裂片披针形或线状披针形，长7~15厘米，中裂片最长，宽0.5~2厘米，先端渐尖，基部狭楔形，表面深绿，微被糙毛，背面幼时密被灰白色贴状毛后变无毛，边缘具内弯的粗锯齿，中脉及侧脉在表面微下陷，背面隆起；叶柄长3~15厘米，密被灰白色贴伏毛；托叶线形。

雄花序长达25厘米；花黄绿色，花被5片，膜质，外面被细伏贴毛，雄蕊5枚，花丝极短，花药长圆形；小花柄长2~4毫米；雌花绿色；花被1枚，紧包子房，略被小毛；子房近球形，外面包于苞片。瘦果为宿存黄褐色苞片所包，果皮坚脆，表面具细网纹。花期5~6月，果期为7月。

防治方法

农业防治　农田幼苗期深耕，加强田间管理，及早清除；结合本种植物有多种利用价值的特点，在种子成熟前或种子成熟后拔除全株利用。

化学防治　有效除草剂有乙氧氟草醚、萘氧丙草胺、二甲戊灵、草甘膦、灭草松等。

05　金狗尾草（图3-5-1至图3-5-3）

禾本科狗尾草属，一年生草本植物。农田常见杂草，可作为马、牛、羊等草食动物的饲草。

形态识别　种子繁殖。幼苗第1叶线状长椭圆形，先端锐尖。第2~5叶为线状披针形，先端尖，黄绿色，基部具长毛，叶鞘无毛。成株秆直立或基部倾斜，高20~90厘米。叶片线形，长5~40厘米，顶端长渐尖，基部钝圆，通常两面无毛或仅于腹面基部疏被长柔毛。叶鞘无毛，下部者压扁具脊，上部者圆柱状。

花和子实圆锥花序紧缩，圆柱状，主轴被微柔毛。刚毛稍粗糙，金黄色或稍带褐色。小穗椭圆形，长约3毫米，顶端尖，通常在一簇中仅一个发育。颖果宽卵形，暗灰色或灰绿色。脐明显，近圆形，褐黄色。腹面扁平。胚椭圆形，色与颖果同。

生于旱作地、田边、路旁和荒芜的园地及荒野，为秋熟旱作地的常见杂草，在果、桑、茶园危害较重。

防治方法

农业防治　合理轮作；田间及时中耕除草或割除作牧草利用。

化学防治　有效除草剂有二甲戊灵、吡氟禾草灵、甲草胺、异丙甲草胺、乙草胺、敌稗、萘氧丙草胺、氟乐灵、灭草松、西玛津、噁草酮、茅草枯、草甘膦、敌草隆等。

06　马兜铃（图3-6-1至图3-6-5）

马兜铃科马兜铃属，多年生缠绕性草质藤本植物。又名水马香果、蛇参果、三角草、秋木香罐。可以作为中药利用。分布于我国黄淮流域、长江流域及以南各地。

形态识别　种子和分株繁殖。根圆柱形。茎柔弱，无毛。叶互生；叶柄长1~2厘米，柔弱；叶片卵状三角形、长圆状卵形或戟形，长3~6厘米，基部宽1.5~3.5厘米，先端钝圆或短渐尖，基部心形，两侧裂片圆形，下垂或稍扩展；基出脉5~7条，各级叶脉在两面均明显。

花单生或2朵聚生于叶腋；花梗长1~1.5厘米；小苞片三角形，易脱落；花被长3~5.5厘米，基部膨大呈球形，向上收狭成一长管，管口扩大成漏斗状，黄绿色，口部有紫斑，内面有腺体状毛；檐部一侧极短，另一侧渐延伸成舌片；舌片卵状披针形，顶端钝；花药贴生于合蕊柱近基部；子房圆柱形，6棱；合蕊柱生先端6裂，稍具乳头状凸起，裂片先端钝，向下延伸形成波状圆环。

蒴果近球形，先端圆形而微凹，具6棱，成熟时由基部向上沿空间6瓣开裂；果梗长2.5~5厘米，常撕裂成6条。种子扁平，钝三角形，边线具白色膜质宽翅。花期7~8月，果期9~10月。

生于田边、路旁阴湿处及山坡灌丛中。喜光，稍耐阴，喜砂质土壤，耐寒。适应性强。

防治方法

农业防治　人工防除园地及周围马兜铃植株，尽量减少田间马兜铃植株来源；蒴果成熟后及时采摘利用，并防止扩散。

化学防治　利用赛克津、异恶草松、咪草烟、氯嘧磺隆、氟磺胺草醚、杂草焚、乙草胺、2，4-滴丁酯、莠去津、氟乐灵、萘氧丙草胺、麦草畏等除草剂进行防除。

---

(07)　**野鸡冠花**（图3-7-1至图3-7-3）

苋科青葙属，一年生草本植物。又名青葙、青葙子、狗尾草、鸡冠苋、大尾鸡冠花、牛尾花子。几遍全国。种子可以作为中药利用。

形态识别　茎直立，高30~100厘米，上有分枝。叶片矩圆披针形、披针形或披针状条形，少数卵状矩圆形，长5~8厘米，宽1~3厘米；绿色常带红色，顶端急尖或渐尖，具小芒尖，基部渐狭；叶柄长2~15毫米或无叶柄。

花多数，密生，在茎端或枝端成单一、无分枝的塔状或圆柱状穗状花序，长3~10厘米；苞片及小苞片披针形，长3~4毫米，白色，光亮，顶端渐尖，延长成细芒，具一中脉，在背部隆起；花被片矩圆状披针形，长6~10毫米，初为白色顶端带红色，或全部粉红色，后成白色，顶端渐尖，具一中脉，在背面凸起；花丝长5~6毫米，分离部分长2.5~3毫米，花药紫色；子房有短柄，花柱紫色，长3~5毫米。

胞果卵形，长3~3.5毫米，包裹在宿存花被片内。种子凸透镜状肾形，直径约1.5毫米。花期5~8月，果期6~10月。

种子呈扁圆形、圆肾形，直径1~1.8毫米。表面黑色或红黑色，光亮，中间微隆起，侧边微凹处有种脐。种子易粘手，种皮薄而脆。

生长于果园、农田、地边等处。

防治方法

农业防治　及时中耕，铲除杂草；利用种子可以入药的特性，及时采后利用，还减少了种子残留，影响田间作物的正常生长。

化学防治　有效除草剂有二甲戊灵、噁草酮、灭草松、萘氧丙草胺、异丙甲草胺、乙氧氟草醚、氟乐灵等。

08　日本菟丝子（图3-8-1、图3-8-2）

旋花科菟丝子属，一年生寄生草本植物。又名金灯藤。原产于日本，在我国多地有分布，其靠寄生于其他植物而生，往往造成寄主植物大量死亡，被称为植物杀手。但其种子也是一种用于补肝肾、益精壮阳和止泻的中草药。

形态识别　种子繁殖。缺乏根与叶的构造。茎攀缘性，丝状且光滑，淡黄色，植株以吸器附着寄主生存。

花多数，簇生成球状，具有极短的柄，花萼5裂，大约与花冠等长，花冠5裂，呈短钟型，长约2毫米，雄蕊5枚，花柱2枚。蒴果为球形，稍扁，种子形状变化较大，褐色。

菟丝子9月开花，10月种子成熟，种子落入土中经休眠越冬，或到第二年2~3~6月落入土壤，陆续发芽，遇寄主后缠绕危害，若无寄主，在适宜条件下，可独立生活达1个半月之久。寄主广泛，以木本植物为主，也可危害草本植物，蔓延迅速，危害幼苗，幼树和灌木，但不能危害老化的树皮，高大树木通过根际萌蘖小枝或依靠其他寄主作为桥梁向上蔓延。

当菟丝子侵害植物时，会长出吸器伸入植物体内，吸收寄主的养分，继续长出其他分枝。一株菟丝子可覆盖住相当大面积的农作物或植物。而菟丝子的种子有休眠作用，所以一旦田地被菟丝子侵入后，会造成连续数年均遭菟丝子危害问题。

防治方法

农业防治　受害严重的地块，每年深翻，凡种子埋于3厘米以下便不易出土。春末夏初及时检查，发现菟丝子连同杂草及寄主受害部位一起清除并销毁，清除起桥梁作用的萌蘖枝条和野生植物。

化学防治　种子萌发高峰期地面喷洒1.5%五氯酚钠和2%扑草净液，以后每隔25天左右喷洒1次药，共喷3~4次，以杀死菟丝子幼苗。或在菟丝子幼苗期，用丙草胺、2,4-D、嗪草酮、双苯酰草胺、2，4-二氯苯晴、地乐胺、二硝基磷甲酚、稀禾啶等除草剂进行防除。

⑨ 稀莶草（图3-9-1、图3-9-2）

菊科稀莶草属，一年生草本植物。又名豨莶、茎略四棱。全国各地有分布。地上部可以作为中药利用。

形态识别 种子繁殖。根粗壮，茎粗壮，高60~150厘米。四棱形，具槽及条纹，上部密被短茸毛，下部疏被星状疏柔毛，有分枝。下部的茎生叶叶柄长7~13厘米；叶片心形或阔卵形，上部卵形，长7~18厘米，宽6~15厘米，先端急尖或尾状渐尖，基部心形至圆形，边缘为具胼胝尖的中齿状，上面疏生短柔毛及单毛，下面密被短柔毛；苞片卵状披针形，超过花序很多，柄长0.5~5.5厘米。

轮伞花序具总梗；苞片叶状，线状披针形，长4~13毫米，宽1.5~5毫米；花萼管状，外面被灰色短毡毛，萼齿5齿；花冠白色或黄色，冠檐二唇形，侧裂片较小；雌花花冠的管部长0.7毫米；两性管状花上部钟状，上端有4~5卵圆形裂片；雄蕊4枚，花柱先端不等的2短裂。瘦果倒卵圆形，有4棱，顶端有灰褐色环状突起，长3~3.5毫米，宽1~1.5毫米。花期4~9月，果期6~11月。

防治方法

农业防治 加强果园管理，及时中耕除草，特别在成熟前，彻底拔除单株，减少种子留存；地上部分可以入药，可以割除利用。

化学防治 可用丙草胺、灭草松、高效吡氟乙草灵、噁草酮、扑草净、绿麦隆、氟磺胺草醚、西玛津等除草剂进行防除。

⑩ 香薷（图3-10-1）

唇形科香薷属，一年生草本植物。又名香茹、香草。除新疆、青海外，几遍全国各地。地上部可以作为中药利用。

形态识别 种子繁殖。茎直立，高0.5~1.2米，具密集的须根。茎通常自中部以上分枝，钝四棱形，具槽，无毛或被疏柔毛，常呈麦秆黄色，老时变紫褐色。叶卵形或椭圆状披针形，长3~9厘米，宽1~4厘米，先端渐尖，基部楔状下延成狭翅，边缘具锯齿，上面绿色，疏被小硬毛，下面淡绿色，主脉上疏被小硬毛，余部散布松脂状腺点，侧脉6~7对，与中肋两面稍明显；叶柄长0.5~3.5厘米，背平腹凸，边缘具狭翅，疏被小硬毛。

穗状花序长2~7厘米，宽达1.3厘米，偏向一侧，由多花的轮伞花序组成；苞片宽卵圆形或扁圆形，长宽约4毫米，先端具芒状突尖，尖头长达2毫米，多半退色，外面近无毛，疏布松脂状腺点，内面无毛，边缘具缘毛；花梗纤细，长1.2毫米，近无毛，序轴密被白色短柔毛。花萼钟形，长约1.5毫米，外面被疏柔毛，疏生腺点，内面无毛，萼齿5裂，三角形，前2齿较长，先端具针状尖头，边缘具缘毛。花冠淡紫色，约为花萼长之3倍，外面被柔毛，上部夹生有稀疏腺点，喉部被疏柔毛，冠筒自基部向上渐宽，至喉部宽约1.2毫米，冠檐二唇形，上唇直立，先端微缺，下唇开展，3裂，中裂片半圆形，侧裂片弧形，较中裂片短。雄蕊4枚，前对较长，外伸，花丝无毛，花药紫黑色。花柱内藏，先端2浅裂。

小坚果长圆形，长约1毫米，棕黄色，光滑。花期7~10月，果期10~11月。

生于园地、路旁、山坡、荒地、林内、河岸等处。

防治方法

农业防治 幼苗时通过中耕清除，成株后适时割除并挖根，可售卖作中药利用。

化学防治 可用双苯酰草胺、灭草松、噁草酮、嗪草酮、扑草净、绿麦隆、氟磺胺草醚、扑草净、西玛津等除草剂进行防除。

11 洋金花（图3-11-1至图3-11-5）

茄科曼陀罗属，一年生直立草木而呈半灌木状植物。又名闹洋花、凤茄花。分布于我国热带、亚热带及温带地区。花可入药。

形态识别 种子繁殖和扦插繁殖。株高0.5~1.5米，全体近无毛；茎基部稍木质化。叶卵形或广卵形，顶端渐尖，基部不对称圆形、截形或楔形，长5~20厘米，宽4~15厘米，边缘有不规则的短齿或浅裂、或者全缘而波状，侧脉每边4~6条；叶柄长2~5厘米。

花单生于枝杈间或叶腋，花梗长约1厘米。花萼筒状，长4~9厘米，直径2厘米，裂片狭三角形或披针形；花冠长漏斗状，长14~20厘米，檐部直径6~10厘米，筒中部之下较细，向上扩大呈喇叭状，裂片顶端有小尖头，白色、黄色或浅紫色，单瓣、2重瓣或3重瓣；雄蕊5枚，在重瓣类型中常变态成15枚左右，花药长约1.2厘米；子房疏生短刺毛，花柱长11~16厘米。蒴果近球状或扁球状，疏生粗短刺，直径约3厘米，不规则4瓣裂。种子淡褐色，宽约3毫米。花果期3~12月。

喜温暖湿润气候，气温5℃左右种子开始发芽；气温低于2~3℃时，植株死亡。生于荒地、旱地、宅旁、向阳山坡、林缘、草地。在低纬度地区可长成亚灌木。以向阳、土层疏松肥沃、排水良好的砂质壤土分布居多。

防治方法

农业防治 加强果园管理，及时中耕除草，特别在洋金花种子成熟前，彻底拔除单株，减少种子留存；利用花可入药的特性，花期采花利用。

化学防治　可用灭草松、吡氟乙草灵、噁草酮、扑草净、绿麦隆、丁草胺、氟磺胺草醚、伏草隆、西玛津等除草剂进行防除。

12　百日草（图3-12-1、图3-12-2）

菊科百日菊属，一年生草本植物。又名百日菊、步步高、火球花、对叶菊、秋罗、步步登高。原产墨西哥，在中国各地均有分布，以观赏为主，也多有野生。全草可入药。

形态识别　种子繁殖。根深，茎直立不易倒伏，高30~100厘米，被糙毛或长硬毛。叶宽卵圆形或长圆状椭圆形，长5~10厘米，宽2.5~5厘米，基部稍心形抱茎，两面粗糙，下面被密的短糙毛，基出三脉。

头状花序，径5~6.5厘米，单生枝端，无中空肥厚的花序梗。总苞宽钟状；总苞片多层，宽卵形或卵状椭圆形，外层长约5毫米，内层长约10毫米，边缘黑色。托片上端有延伸的附片；附片紫红色，三角形。舌状花深红色、玫瑰色、紫堇色或白色，舌片倒卵圆形，先端2~3齿裂或全缘，上面被短毛，下面被长柔毛。管状花黄色或橙色，长7~8毫米，先端裂片卵状披针形，上面被黄褐色密茸毛。

瘦果倒卵圆形，长6~7毫米，宽4~5毫米，扁平，腹面正中和两侧边缘各有1棱，顶端截形，基部狭窄，被密毛。花期6~9月，果期7~10月。

喜温、喜光、耐干旱、耐瘠薄、不耐寒。生长适温15~30°C。

防治方法

农业防治　园地内分布影响果树正常生长，须在幼苗时及时中耕；成株时挖根清除。

化学防治　可用丁草胺、灭草松、嗪草酮、噁草酮、恶草灵、扑草净、绿麦隆、乙草胺、氟磺胺草醚、西玛津等除草剂进行防除。

13　宝盖草（图3-13-1至图3-13-3）

唇形科野芝麻属，一年生或二年生植物。又名珍珠莲、接骨草、莲台夏枯草。分布于江苏、安徽、浙江、福建、湖南、湖北、河南、陕西、甘肃、青海、新疆、四川、贵州、云南及西藏等地；生于田间、路旁、林缘、沼泽草地及宅旁等地，生长海拔可高达4000米。全草可入药。

形态识别　种子繁殖和分株繁殖。茎高10~30厘米，基部多分枝，上升，四棱形，具浅槽，常为深蓝色，几无毛，中空。茎下部叶具长柄，柄与叶片等长或超过之，上部叶无柄，叶片均圆形或肾形，长1~2厘米，宽0.7~1.5厘米，先端圆，基部截形或截状阔楔形，半抱茎，边缘具极深的圆齿，顶部的齿通常较其余的为大，上面暗橄榄绿色，下面稍淡，两面均疏生小糙伏毛。

轮伞花序6~10花；苞片披针状，长约4毫米，宽约0.3毫米，具缘毛。花萼管状钟形，长4~5毫米，宽1.7~2毫米，外面密被白色直伸的长柔毛，内面除萼上被白色直伸长柔毛外，余部无毛，萼齿5枚，披针状锥形，长1.5~2毫米，边缘具缘毛。花冠紫红或粉红色，长1.7厘米左右，外面除上唇被有较密带紫红色的短柔毛外，余部均被微柔毛，内面无毛环，冠筒细长，长约1.3厘米，直径约1毫米，筒口宽约3毫米，冠檐二唇形，上唇直伸，长圆形，长约4毫米，先端微弯，下唇稍长，3裂，中裂片倒心形，先端深凹，基部收缩，侧裂片浅圆裂片状。雄蕊花丝无毛，花药被长硬毛。花柱丝状，先端不相等2浅裂。花盘杯状，具圆齿。子房无毛。小坚果倒卵圆形，具三棱，先端近截状，基部收缩，长约2毫米，宽约1毫米，淡灰黄色，表面有白色大疣状突起。花期3~5月，果期7~8月。

防治方法

农业防治　幼苗时通过中耕清除，成株后适时割除并挖根，晒干用作中药。

化学防治　可用乙氧氟草醚、灭草松、双苯酰草胺、噁草酮、扑草净、稀禾啶、绿麦隆、喹禾灵、氟磺胺草醚、西玛津等除草剂进行防除。

⑭ 狗娃花（图3-14-1、图3-14-2）

菊科狗娃花属，一年生或二年生草本植物。广泛分布于我国北部、西北部及东北部各地。地上部分可入药。

形态识别　种子繁殖。垂直的根纺锤状。地上茎高30~150厘米，单生或数个丛生，茎生曲或开展的粗毛，下部常脱毛，有分枝。基部及下部叶倒卵形，长4~13厘米，宽0.5~1.5厘米，渐狭成长柄，顶端钝或圆形，全缘或有疏齿，在花期枯萎；中部叶矩圆状披针形或条形，长3~7厘米，宽0.3~1.5厘米，常全缘；上部叶小，条形；全部叶质薄，两面被疏毛或无毛，边缘有疏毛，中脉及侧脉显明。

头状花序径3~5厘米，单生于枝端而排列成伞房状。总苞半球形，长7~10毫米，径10~20毫米；总苞片2层，近等长，条状披针形，宽1毫米，草质，或内层菱状披针形而下部及边缘膜质，背面及边缘有上曲的粗毛，常有腺点。舌状花30余个，管部长2毫米；舌片浅红色或白色，条状矩圆形，长12~20毫米，宽2.5~4毫米；管状花花冠长5~7毫米，管部长1.5~2毫米，裂片长1或1.5毫米。

瘦果倒卵形，扁，长2.5~3毫米，宽1.5毫米，有细边肋，被密毛。冠毛极短，白色，膜片状，或部分带红色。花期7~9月，果期8~9月。

多生于农田、荒地、路旁、林缘及草地。生长海拔达2400米左右。

防治方法

农业防治 幼苗时及时铲除；成株时挖根清除，减少种子存留，或在成株时割除地上部分入药。

化学防治 可用灭草松、伏草隆、噁草酮、吡氟乙草灵、扑草净、绿麦隆、氟磺胺草醚、西玛津等除草剂进行防除。

15 马鞭草（图3-15-1至图3-15-3）

马鞭草科马鞭草属，多年生直立草本植物。原产于欧洲，现在我国的华东、华南和西南大部地区都有分布。全草可供药用。

形态识别 种子繁殖。株高30~120厘米。茎四方形，近基部约为圆形，节和棱上有硬毛。叶片卵圆形至倒卵形或长圆状披针形，长2~8厘米，宽1~5厘米，基生叶的边缘通常有粗锯齿和缺刻，茎生叶多数3深裂，裂片边缘有不整齐锯齿，两面均有硬毛，背面脉上尤多。

穗状花序顶生和腋生，细弱，结果时长达25厘米左右，花小，无柄，最初密集，结果时疏离；苞片稍短于花萼，具硬毛；花萼长约2毫米，有硬毛，有5脉，脉间凹穴处质薄而色淡；花冠淡紫至蓝色，长4~8毫米，外面有微毛，裂片5裂；雄蕊4枚，着生于花冠的中部，花丝短；子房无毛。果长圆形，长约2毫米，外果皮薄，成熟时4瓣裂。花期6~8月，果期7~10月。

喜湿润，怕涝，不耐干旱，一般的土壤均可生长，常生长在低至高海拔的田边、路边、山坡、溪边或林旁。

防治方法

农业防治 利用全草可入药的特性，及时割除利用；及时中耕除草，特别是种子成熟前清除干净，减少种子存留扩散。

化学防治 有效除草剂有噁草酮、敌草胺、灭草松、丁草胺、萘氧丙草胺、异丙甲草胺、乙氧氟草醚、氟乐灵等，幼苗期使用效果好。

16 柔弱斑种草（图3-16-1至图3-16-5）

紫草科斑种草属，一年生草本植物。又名细茎斑种草。分布于东北、华东、华南、西南及陕西、河南等地。全草可入药。

形态识别 种子繁殖。株高15~30厘米。茎细弱，丛生，直立或平卧，多分枝，被向上贴伏的糙伏毛。叶椭圆形或狭椭圆形，长1~2.5厘米，宽0.5~1厘米，先端钝，具小尖，基部宽楔形，上下两面被向上贴伏的糙伏毛或短硬毛。

花序柔弱，细长，长10~20厘米；苞片椭圆形或狭卵形，长0.5~1厘米，宽3~8毫米，被伏毛或硬毛；花梗短，长1~2毫米，果期不增长或稍增长；花萼长

1~1.5毫米，果期增大，长约3毫米，外面密生向上的伏毛，内面无毛或中部以上散生伏毛，裂片披针形或卵状披针形，裂至近基部；花冠蓝色或淡蓝色，长1.5~1.8毫米，基部直径1毫米，檐部直径2.5~3毫米，裂片圆形，长宽约1毫米；花柱圆柱形，极短，长约0.5毫米，约为花萼1/3或不及。小坚果肾形，长1~1.2毫米。

苗期秋冬季或少量至第2年春季，花果期4~6月份。为夏熟作物田和果园冬季主要杂草。

防治方法

农业防治　及时中耕，铲除杂草；及时拔除全草入药利用。

化学防治　有效除草剂有伏草隆、噁草酮、灭草松、双苯酰草胺、萘氧丙草胺、地乐胺、异丙甲草胺、精吡氟禾草灵、乙氧氟草醚、氟乐灵等。

⑰　夏枯草（图3-17-1、图3-17-2）

唇形科夏枯草属，多年生草本植物。又名麦穗夏枯草、铁线夏枯草、麦夏枯等。主要分布在陕西、甘肃、新疆、河南、湖北、湖南、江西、浙江、福建、台湾、广东、广西、贵州、四川及云南等地。地上部分可入药。

形态识别　种子繁殖。根茎匍匐，在节上生须根。茎高20~30厘米，上升，下部伏地，自基部多分枝，钝四棱形，紫红色，被稀疏的糙毛或近于无毛。茎叶卵状长圆形或卵圆形，大小不等，长1.5~6厘米，宽0.7~2.5厘米，先端钝，基部圆形、截形至宽楔形，下延至叶柄成狭翅，边缘具不明显的波状齿或几近全缘，草质，上面橄榄绿色，具短硬毛或几无毛，下面淡绿色，几无毛，侧脉3~4对，在下面略突出，叶柄长0.7~2.5厘米，自下部向上渐变短。

花序下方的一对苞叶似茎叶，近卵圆形，无柄或具不明显的短柄。轮伞花序密集组成顶生长2~4厘米的穗状花序，每一轮伞花序下承以苞片；苞片宽心形，长约7毫米，宽约11毫米，先端具长1~2毫米的骤尖头，脉纹放射状，外面在中部以下沿脉上疏生刚毛，内面无毛，边缘具睫毛，膜质，浅紫色。花萼钟形，连齿长约10毫米，筒长4毫米，倒圆锥形，外面疏生刚毛，二唇形，上唇扁平，宽大，近扁圆形，先端几截平，具3个不很明显的短齿，中齿宽大，齿尖均呈刺状微尖，下唇较狭，2深裂，裂片达唇片之半或以下，边缘具缘毛，先端渐尖，尖头微刺状。花冠紫、蓝紫或红紫色，长约13毫米，略超出于萼，冠筒长7毫米，基部宽约1.5毫米，其上向前方膨大，至喉部宽约4毫米，外面无毛，内面约近基部1/3处具鳞毛毛环，冠檐二唇形，上唇近圆形，径约5.5毫米，内凹，多少呈盔状，先端微缺，下唇约为上唇1/2裂，中裂片较大，近倒心脏形。雄蕊4枚，前对长很多，均上升至上唇片之下，彼此分离，花丝略扁平，无毛。花柱纤细，先端相等2裂，裂片钻形，外弯。花盘近平顶。子房无毛。

小坚果黄褐色，长圆状卵珠形，长1.8毫米，宽约0.9毫米，微具沟纹。花期4~6月，果期7~10月。

夏枯草喜温暖湿润的环境，耐寒性、适应性较强。在旱坡地、山脚、林边草地、路旁、田埂边呈自然分布。

防治方法

农业防治 幼苗时通过中耕清除，成株后适时割除利用入药，彻底清除须挖根。

化学防治 可用吡氟乙草灵、灭草松、噁草酮、喹禾灵、扑草净、绿麦隆、乙草胺、氟磺胺草醚、西玛津等除草剂进行防除。

⑱ 早开堇菜（图3-18-1至图3-18-4）

堇菜科堇菜属，多年生草本植物。又名光瓣堇菜。分布在我国黑龙江、辽宁、甘肃、江苏、吉林、宁夏、山东、云南、内蒙古、山西、安徽、湖北、陕西、河南、河北等地。全草可供药用。

形态识别 种子繁殖和分株繁殖。根状茎垂直，短而较粗壮，长4~20毫米，粗可达9毫米，上端常有前一年残叶围绕。根数条，带灰白色，粗而长，通常皆由根状茎的下端发出，向下直伸，或有时近横生。无地上茎，花期高3~10厘米，果期高可达20厘米左右。叶多数，均基生；叶片在花期呈长圆状卵形、卵状披针形或狭卵形，长1~4.5厘米，宽0.6~2厘米，先端稍尖或钝，基部微心形、截形或宽楔形，稍下延，幼叶两侧通常向内卷折，边缘密生细圆齿，两面无毛，或被细毛，有时仅沿中脉有毛；果期叶片显著增大，长可达10厘米，宽可达4厘米，三角状卵形，最宽处靠近中部，基部通常宽心形；叶柄较粗壮，花期长1~5厘米，果期长达13厘米，上部有狭翅，无毛或被细柔毛；托叶苍白色或淡绿色，干后呈膜质，2/3与叶柄合生，下部者宽7~9毫米，离生部分线状披针形，长7~13毫米，边缘疏生细齿。

花紫堇色或淡紫色，喉部色淡并有紫色条纹，直径1.2~1.6厘米，无香味；花梗较粗壮，具棱，超出于叶，在近中部处有2枚线形小苞片；萼片披针形或卵状披针形，长6~8毫米，先端尖，具白色狭膜质边缘，基部附属物长1~2毫米，末端具不整齐齿痕或近全缘，无毛或具纤毛；上方花瓣倒卵形，长8~11毫米，向上方反曲，侧方花瓣长圆状倒卵形，长8~12毫米，里面基部通常有须毛或近于无毛，下方花瓣长14~21毫米，粗1.5~2.5毫米，末端钝圆且微向上弯；药隔顶端附属物长约1.5毫米，花药长1.5~4.5毫米；子房长椭圆形，无毛，花柱棍棒状，顶部明显膝曲，上部增粗，柱头顶部平或微凹，两侧及后方浑圆或具狭缘边，前方具不明显短喙，喙端具较狭的柱头孔。

蒴果在花柱顶端均等地向三个方向呈放射状，每个角呈长椭圆形，长5~12

毫米，无毛。种子多数，卵球形，长约2毫米，直径约1.5毫米，深褐色常有棕色斑点。花果期4月上中旬至9月。

早春花开放季节具有观赏价值，可以栽植在花圃用于观赏。多生长在农田、山坡草地、沟边或宅旁等向阳处。

防治方法 适时中耕除草，并在种子成熟前彻底清除田旁隙地的早开堇菜；采种作花卉种子利用；采挖全草入药利用。有效除草剂有嗪草酮、精吡氟禾草灵、甲草胺、异丙甲草胺、乙草胺、敌稗、萘氧丙草胺、西玛津、扑草净、噁草酮、乙氧氟草醚、百草枯、草甘膦等。

⑲ 紫苜蓿（图3-19-1、图3-19-2）

豆科苜蓿属，多年生草本植物。全国各地都有栽培或呈野生、半野生状态。为优良饲料、绿肥植物，种子含油10%左右。

形态识别 种子繁殖。根粗壮，根颈发达。茎高30～100厘米，直立、丛生以至平卧，茎四棱形，无毛或微被柔毛，枝叶茂盛。羽状三出复叶；托叶大，卵状披针形，先端锐尖，基部全缘或具1～2齿裂，脉纹清晰；叶柄比小叶短；小叶长卵形、倒长卵形至线状卵形，等大，或顶生小叶稍大，长（5）10～25（～40）毫米，宽3～10毫米，纸质，先端钝圆，具由中脉伸出的长齿尖，基部狭窄，楔形，边缘1/3以上具锯齿，上面无毛，深绿色，下面被贴伏柔毛，侧脉8～10对，与中脉成锐角，在近叶边处略有分叉；顶生小叶柄比侧生小叶柄略长。花序总状或头状，长1～2.5厘米，具花5～30朵；总花梗挺直，比叶长；苞片线状锥形，比花梗长或等长；花长6～12毫米；花梗短，长约2毫米；萼钟形，长3～5毫米，萼齿线状锥形，比萼筒长，被贴伏柔毛；花冠各色：淡黄、深蓝至暗紫色，花瓣均具长瓣柄，旗瓣长圆形，先端微凹，明显较翼瓣和龙骨瓣长，翼瓣较龙骨瓣稍长；子房线形，具柔毛，花柱短阔，上端细尖，柱头点状，胚珠多数。荚果螺旋状紧卷2～4（～6）圈，中央无孔或近无孔，径5～9毫米，被柔毛或渐脱落，脉纹细，不清晰，熟时棕色；有种子10～20粒。种子卵形，长1～2.5毫米，平滑，黄色或棕色。花期5～7月，果期6～8月。

防治方法

农业防治 适时中耕除草，因其可以作牧草，在不影响果树生长的前提下，可以刈割利用；在种子成熟前彻底清除田旁隙地的紫苜蓿，减少种子存留。

化学防治 有效除草剂有甲草胺、异丙甲草胺、乙草胺、敌稗、萘氧丙草胺、西玛津、扑草净、噁草酮、乙氧氟草醚、百草枯、草甘膦等。

⑳ 簇生卷耳（图3-20-1至图3-20-3）

石竹科卷耳属，一年生或越年生草本植物。分布于华南、华中、华东、西北、西南各地。

形态识别 种子繁殖。茎单生或丛生，高15~30厘米，近直立，全株被白色短柔毛和腺毛。基生叶叶片近匙形或倒卵状披针形，基部渐狭呈柄状；茎生叶近无柄，叶片卵形、狭卵状长圆形或披针形，长1~4厘米，宽3~12毫米，顶端急尖或钝尖，两面均被短柔毛，边缘具缘毛。聚伞花序顶生；苞片草质；花梗细，长5~25毫米，密被长腺毛，花后弯垂；萼片5，长圆状披针形，长5.5~6.5毫米，外面密被长腺毛，边缘中部以上膜质；花瓣5，白色，倒卵状长圆形，等长或微短于萼片，顶端2浅裂，基部渐狭，无毛；雄蕊短于花瓣，花丝扁线形，无毛；花柱5，短线形。蒴果圆柱形，长8~10毫米，长为宿存萼的2倍，顶端10齿裂；种子褐色。花期5~6月，果期6~7月。

防治方法

农业防治　加强果园管理及时铲除幼苗；成株时彻底拔除，减少种子存留。

化学防治　可用吡氟乙草灵、苯磺隆、苄嘧磺隆、噁草灵、氟唑草酮、噻磺隆等除草剂进行防除。

21 聚合草（图3-21-1至图3-21-3）

紫草科聚合草属，丛生型多年生草本植物。又名爱国草、肥羊草、友益草、友谊草、紫根草、康复力、外来聚合草、西门肺草、紫草根等。全国多地有分布。

形态识别 种子和分株繁殖。根发达、主根粗壮，淡紫褐色。茎数条，直立或斜升，具分枝，高30~90厘米，全株被向下稍弧曲的硬毛和短伏毛。基生叶通常50~80片，最多可达200片，具长柄，叶片带状披针形、卵状披针形至卵形，长30~60厘米，宽10~20厘米，稍肉质，先端渐尖；茎中部和上部叶较小，无柄，基部下延。花序含多数花；花萼裂至近基部，裂片披针形，先端渐尖；花冠长14~15毫米，淡紫色、紫红色至黄白色，裂片三角形，先端外卷；花药长约3.5毫米，顶端有稍突出的药隔，花丝长约3毫米，下部与花药近等宽；子房通常不育，偶而个别花内成熟1个小坚果。小坚果歪卵形，长3~4毫米，黑色，平滑，有光泽。花期5~10月。

聚合草适应性广，产量高，利用期长，适口性好，是优质高产的畜禽饲草，并有较高的营养价值，也可作药用，还有一定的观赏价值。

防治方法

农业防治　幼苗时通过中耕清除，成株后适时采收作饲草利用或作中药；果园生长量大时影响果树生长，应及时清除。

化学防治　可用嗪草酮、苯磺隆、苄嘧磺隆、敌草胺、氟唑草酮、噻磺隆等杀灭阔叶杂草的除草剂进行防除。

22 藜（图3-22-1至图3-22-4）

藜科藜属，一年生杂草。又名灰条菜、灰菜、灰灰菜。全国各地均有分布，是世界恶性杂草，也是地老虎、棉铃虫、双斑萤叶甲等害虫的寄主。

形态识别　种子繁殖。子叶长椭圆形，长1.4厘米，宽4毫米，先端钝圆，叶基阔楔形，全缘，背面有白色粉粒层，具长柄。下胚轴非常发达，红色；上胚轴亦很发达，具棱条纹，密布白色粉粒。初生叶2片，对生，单叶，三角状卵形，先端急尖，叶缘微波状，叶基戟形，两面均被白色粉粒。成株高60~120厘米。茎直立，粗壮，有棱和绿色或紫红色的条纹，多分枝。叶互生，具长柄；叶片菱状卵形至披针形，边缘有不整齐的浅裂，两面均被白色粉粒，灰绿色。花两性，数个集成团伞花簇，多数花簇排成腋生或顶生的圆锥状花序，花被片5个，具纵隆背和膜质的边缘，雄蕊5个，柱头2个。胞果完全包于花被内或顶端稍露，果皮薄，紧贴种子，种子双凸镜形，光亮，表面有不明显的沟纹及点洼。黄淮地区9月、10月或春季气温回暖后种子发芽，春夏秋生长，花期8~9月。果期9~10月。

防治方法

农业防治　合理轮作，全面秋深耕，施用腐熟的农家肥料，适时中耕除草，并在种子成熟前彻底清除园地及田旁隙地的杂草。

化学防治　有效除草剂有甲草胺、异丙甲草胺、乙草胺、敌稗、萘氧丙草胺、西玛津、扑草净、噁草酮、乙氧氟草醚、百草枯、草甘膦等。

23 狗尾草（图3-23-1至图3-23-3）

禾本科狗尾草属，一年生杂草。又名牛尾草、黄狗尾草、黄安草。全国各地均有分布，是旱作苗圃、果园常见的杂草。

形态识别　种子繁殖。第一片真叶带状，长2~3.5厘米，宽3~4毫米，先端急尖，有26条直出平行脉，其中3条较粗，叶片与叶鞘之间有一圈毛状叶舌，叶鞘紫红色。第二片真叶呈带状披针形，叶片基部腹面上疏生长柔毛。成株茎秆直立或基部倾斜地面，节处着地易生根，高20~90厘米。叶片条形，叶面近基部处常有毛；叶鞘扁而具脊，淡红色，光滑无毛；叶舌为一圈长约1毫米的柔毛，圆锥形，含1~2朵花，先端尖，通常在一簇中仅一个发育；第一颖长约为小穗的1/3，第二颖长约为小穗的一半，有5~7脉；第一外稃与小穗等长，具5脉，内稃膜质，与外稃近等长。谷粒先端尖，成熟时有明显的横皱纹，背部极隆起。黄淮地区春季气温回暖后种子发芽，春夏秋生长，花期8~9月。果期9~10月。

防治方法

农业防治　合理轮作；田间及时中耕除草。

化学防治　有效除草剂有吡氟禾草灵、甲草胺、异丙甲草胺、乙草胺、敌稗、萘氧丙草胺、氟乐灵、灭草松、西玛津、噁草酮、茅草枯、草甘膦、敌草隆等。

24　牛筋草（图3-24-1至图3-24-3）

禾本科穇属，一年生杂草。又名蟋蟀草。世界性恶性杂草，全国各地都有分布。也是许多果树病虫害的寄主。

形态识别　种子繁殖。发芽适宜土壤含水量10%~40%，温度20~40℃，发芽的土层深度以0~1厘米为宜，3厘米以下不发芽。成株须根细密，扎根较深，分蘖也多，不易拔除。地上茎秆扁，自基部分枝，斜升或偃卧，质地坚韧。叶片条形；叶鞘压扁，鞘口有毛；叶舌短。穗状花序2~7枚，指状排列于秆顶；小穗无柄，含3~6朵小花，成2行排列于宽扁穗轴的一侧。果实为囊果，种子黑棕色，被膜质果皮疏松地包着，易分离。种子经冬季休眠后萌发，在黄淮地区4月下旬发芽出土，春夏秋生长，7~8月抽穗开花，果熟期8~10月，随熟随落，由水、风或动物传播。

防治方法

农业防治　及时中耕除草，并将草携出园外堆沤。

化学防治　有效除草剂有稀禾啶、草甘膦、禾草灭、噁草酮、萘氧丙草胺、异丙甲草胺、吡氟禾草灵、烯禾啶、氟乐灵等。

25　白茅（图3-25-1至图3-25-3）

禾本科白茅属，多年生杂草，地下具根茎。分布于全国各地，尤以南方地区为多。也是褐飞虱、灰飞虱的寄主。

形态识别　根茎和种子（颖果）繁殖。根茎粗长，横卧地下，长达2~3米，节上生褐色或淡黄鳞片状叶和不定根，断节再生能力极强，根状茎可以穿透树根。根茎咀嚼有甜味。成株茎秆直立，2~3节，节上有长4~10毫米的柔毛；叶多聚集基部，叶鞘无毛或上部边缘和鞘口有纤毛，老时基部破碎成纤维状；叶舌膜质，长约1毫米；叶片条形或条状披针形，先端渐尖，基部渐狭，长5~60厘米，宽2~8厘米；顶生叶片短小。圆锥花序圆柱状，分枝短缩密集，小穗披针形或长圆形，长3~4毫米，基部密生长10~15毫米的丝状柔毛。黄淮地区4月中下旬根茎上发芽出苗，5月上旬抽穗开花，颖果成熟后随风飘散，入土后即能发芽，当年生的实生苗即能形成地下根茎；白茅适应性强，耐阴、耐瘠薄和干旱，喜湿润疏松土壤，在适宜的条件下，一旦形成草害就很难彻底清除。

防治方法

农业防治　深翻土壤，发现有白茅发生即彻底清除，防止形成灾害。

化学防治　有效除草剂有乙氧氟草醚、草甘膦、茅草枯、烯禾啶等。

㉖ 荩草（图3-26-1至图3-26-3）

禾本科荩草属，一年生杂草。又名细叶秀竹、马耳草。全国各地均有分布。

形态识别　种子繁殖和分株繁殖。秆细弱无毛，基部倾斜，高30~45厘米，分枝多节。叶鞘短于节间，有短硬疣毛；叶舌膜质，边缘具纤毛；叶片卵状披针形，长2~4厘米，宽8~15毫米，除下部边缘生纤毛外，余均无毛。总状花序细弱，长1.5~3厘米，2~10个成指状排列或簇生于秆顶，穗轴节间无毛。花黄色或紫色，长0.7~1毫米。颖果长圆形。春季发芽，春、夏、秋生长，花、果期8~11月。

防治方法

农业防治　及时中耕除草，并将草携出园外堆沤。

化学防治　有效除草剂有莎扑隆、草甘膦、噁草酮、萘氧丙草胺、异丙甲草胺、吡氟禾草灵、唏禾啶、氟乐灵等。

㉗ 猪殃殃（图3-27-1至图3-27-3）

茜草科拉拉藤属，一年生或越年生杂草。又名拉拉藤、锯锯藤、细叶茜草、锯子草、活血草。全国各地果园均有分布。

形态识别　种子繁殖。以种子或幼苗越冬。黄淮地区9~11月发芽出土，以幼苗越冬，生长期较长。多枝、蔓生或攀缘状草本。茎具4棱，棱上、叶缘及叶背面中脉上均有倒生小刺毛。叶4~8片轮生，近无柄；叶片纸质或近膜质，条状倒披针形，长1~3厘米，先端有凸尖头，秆时常卷缩。聚伞花序腋生或顶生，有花数朵；花小，白色或淡黄色；花冠4裂。春、夏、秋生长，花期3~7月，果期4~11月。成熟种果坚硬，圆形，2个连生在一起，内有种子2个。

防治方法

农业防治　生长季节人工及时除草；种子成熟前清除，减少种子生成量。

化学防治　可用苯磺隆、噻磺隆、苄嘧磺隆、麦草畏、阔草清、旱草灵、乙草胺、草除灵等除草剂。

㉘ 蛇莓（图3-28-1、图3-28-2）

蔷薇科蛇莓属，多年生草本杂草。又名野草莓、地莓。辽宁以南各地区都有分布。

形态识别 种子和分株繁殖。全株有柔毛；匍匐茎多数，长30~100厘米。小叶片倒卵形至菱状长圆形，长2~5厘米，宽1~3厘米，先端圆钝，边缘有钝锯齿，具小叶柄；叶柄长1~5厘米；托叶窄卵形至宽披针形，长5~8毫米。花单生于叶腋，直径1.5~2.5厘米；花梗长3~6厘米，萼片卵形，长4~6毫米，先端锐尖；副萼片倒卵形，长5~8毫米，比萼片长，先端常具3~5锯齿；花瓣倒卵形，长5~10毫米，黄色，先端圆钝；雄蕊20~30枚；心皮多数，离生；花托在果期膨大，海绵质，鲜红色，有光泽，直径10~20毫米，外面有长柔毛。瘦果卵形，长约1.5毫米，光滑或具不明显突起，鲜时有光泽。春、夏、秋生长，花期6~8月，果期8~10月。

防治方法

农业防治 深耕，加强田间管理；结合野生植物的利用，在种子成熟前拔除全株。

化学防治 有效除草剂有噁草酮、灭草松、萘氧丙草胺、嗪草酮、异丙甲草胺、乙氧氟草醚、氟乐灵、扑草净等。

㉙ 刺儿菜（图3-29-1至图3-29-3）

菊科蓟属，多年生草本植物。又名小蓟草。除西藏、云南、广东、广西外，全国其他各地都有分布。

形态识别 种子繁殖，秋季或春季发芽出土；或地下根茎无性繁殖。春夏季生长旺盛。长匍匐根茎，地下部分常大于地上部分。茎直立，幼茎被白色蛛丝状毛，有棱，高30~120厘米，基部直径3~5毫米，上部有分枝，花序分枝无毛或有薄茸毛。叶互生，基生叶花时凋落，下部和中部叶椭圆形或椭圆状披针形，长7~10厘米，宽1.5~2.2厘米，表面绿色，背面淡绿色，两面有疏密不等的白色蛛丝状毛，顶端短尖或钝，基部窄狭或钝圆，近全缘或有疏锯齿，无叶柄。头状花序单生茎端，有少数伞房花序；总苞卵形、长卵形或卵圆形，直径1.5~2厘米；总苞片约6层，覆瓦状排列；小花紫红色或白色，两性花，花冠长1.8厘米左右。瘦果淡黄色，椭圆形或偏斜椭圆形，长3毫米，宽1.5毫米。冠毛污白色，多层，整体脱落。花果期5~9月。

防治方法

农业防治 园地深耕，捡拾地下根茎带出园外处理；结合茎叶可以作饲草的特性，有目的地刈割利用。

化学防治 采用嗪草酮、双苯酰草胺、唑草酮、双氟磺草胺、2甲4氯钠等除草剂进行防治。

30 苍耳（图3-30-1至图3-30-4）

菊科苍耳属，一年生草本植物。全国各地均有分布。

形态识别 种子繁殖。茎直立不分枝或少有分枝，株高20~90厘米。叶三角状卵形或心形，长4~9厘米，宽5~10厘米，近全缘，或有3~5片不明显浅裂，顶端尖或钝，基部稍心形，与叶柄连接处成相等的楔形，边缘有不规则的粗锯齿，叶被粗糙或短白茸毛，叶柄长3~11厘米。雄性的头状花序球形，直径4~6毫米，有或无花序梗，总苞片长圆状披针形，长1~1.5毫米，被短柔毛，花托柱状，托片倒披针形，长约2毫米，顶端尖，雄花多数，花冠钟形；花药长圆状线形；雌性的头状花序椭圆形，外层总苞片小，披针形，长约3毫米，被短柔毛，内层总苞片结合成囊状，宽卵形或椭圆形，绿色、淡黄绿色或红褐色。

带总苞的果实中药称为苍耳子，具药用价值，成熟时坚硬，倒卵形，连同喙部长12~15毫米，宽4~7毫米，外面有疏生的具钩状的刺，刺极细，基部微增粗，长1~1.5毫米，喙坚硬，锥形，上端略呈镰刀状，长2.5毫米左右，不等长。4~5月发芽出土，5~9月营养和生殖生长同时生长，7~9月开花，9~10月成熟。

防治方法

农业防治 加强果园管理，及时中耕除草，特别在苍耳子成熟前，彻底拔除单株，减少种子留存；苍耳子可以入药，可以利用。

化学防治 可用灭草松、噁草酮、扑草净、绿麦隆、氟磺胺草醚、西玛津等除草剂进行防除。

31 硬质早熟禾（图3-31-1至图3-31-4）

禾本科早熟禾属，多年生、密丛型草本植物。分布于东北、华北、西北、华中等地。

形态识别 种子和分株繁殖。秆高30~60厘米，具3~4节。叶鞘基部淡紫色，叶舌长约4毫米，先端尖；叶片长3~7厘米，宽1毫米，稍粗糙。圆锥花序紧缩而稠密，长3~10厘米，宽约1厘米；分枝长1~2厘米，4~5枚着生于主轴各节；小穗柄短于小穗，侧枝基部着生小穗；小穗绿色，熟后草黄色，长5~7毫米，含4~6小花；花药长1~1.5毫米。颖果长约2毫米。9、10月发芽，冬、春、初夏生长，花果期5~8月。

防治方法

农业防治 幼嫩时人工拔除可作饲草；园地及时中耕。

化学防治 有效除草剂有草甘膦、噁草酮、萘氧丙草胺、异丙甲草胺、吡氟禾草灵、啼禾啶、氟乐灵等。

32 萎蒿（图3-32-1至图3-32-3）

菊科蒿属，多年生草本植物。又名蒿草。分布于全国各地。

形态识别　种子繁殖和分株繁殖。植株有普通青草味。主根不明显或稍明显，具多数侧根；茎单生或少数，高60~150厘米，初时绿褐色，后为紫红色，有明显纵棱，下部通常半木质化，上部有着生头状花序的分枝，枝长6~12厘米，斜向上。叶纸质或薄纸质，表面密被灰白色蛛丝状平贴的茸毛；茎下部叶宽卵形或卵形，长8~12厘米，宽6~10厘米，近成掌状或指状，5或3全裂或深裂，极少7裂或不分裂的叶，分裂叶的裂片线形或线状披针形，长5~8厘米，宽3~5毫米，不分裂的叶片为长椭圆形、椭圆状披针形或线状披针形，长6~12厘米，宽5~20毫米，先端锐尖，边缘通常具细锯齿，叶柄长0.5~2.5厘米；中部叶近成掌状，5深裂或为指状3深裂，少有不分裂之叶，长3~5厘米，宽2.5~4毫米；上部叶与苞片叶指状3深裂，2裂或不分裂。头状花序多数，长圆形或宽卵形，直径2~2.5毫米，近无梗，直立或稍倾斜，在分枝上排成密穗状花序；雌花8~12朵；两性花10~15朵。瘦果卵形，略扁。北方地区，宿根3月初发芽，种子4月中下旬萌发出土，7月开花，8月下旬至9月上旬种子成熟，10月中旬植株枯黄。

防治方法

农业防治　无药用价值，应及时割除并挖根。

化学防治　可用毒草胺、灭草松、氟乐灵、噁草酮、扑草净、绿麦隆、氟磺胺草醚、西玛津等除草剂进行防除。

33 苘麻（图3-33-1至图3-33-5）

锦葵科苘麻属，一年生亚灌木草本植物。全国除青藏高原外，其他各地均有分布。其茎皮纤维色白，具光泽，可作编织麻袋、搓绳索、编麻鞋等纺织材料。种子含油量15%~16%，供制皂、油漆和工业用润滑油；麻秆色白轻巧，可做纸扎工艺品的骨架或微型建筑造型工艺品用材；全草可作药用。

形态识别　种子繁殖。茎枝被柔毛，高达1~3米。叶互生，圆心形，长5~15厘米，先端长渐尖，基部心形，边缘具细圆锯齿，两面均密被星状柔毛；叶柄长3~12厘米，被星状细柔毛；托叶早落。花单生于叶腋，花梗长1~13厘米，被柔毛；花萼杯状，密被短茸毛，裂片5片，卵形，长约6毫米；花黄色，花瓣倒卵形，长约1厘米。蒴果半球形，直径约2厘米，长约1.2厘米，分果片15~20个，被粗毛，顶端具长芒2个；种子肾形，未成熟乳白色，成熟褐色。春夏生长，花期7~8月。

防治方法

农业防治　加强果园管理，及时中耕除草，特别在苘麻成熟前，彻底拔除单株，减少种子留存。

化学防治　可用有2，4-滴、麦草畏、异丙甲草胺、利谷隆、灭草猛、氟磺胺草醚、西玛津、哒草特、灭草松、百草枯、苯磺隆、克阔乐、绿黄隆、草净津等除草剂进行防除。

㉞ 狗牙根（图3-34-1至图3-34-3）

禾本科狗牙根属，多年生宿根性杂草。又名绊根草、爬根草。分布于全国各地。

形态识别　种子或分根茎法无性繁殖。低矮草本，具根茎。秆细而坚韧，下部匍匐地面蔓延甚长，长1~2米，茎的节上又分生侧枝与新的走茎；新老匍匐茎在地面上互相穿插，交织成网，短时间内即成坪，形成占绝对优势的植物群落，耐践踏，侵占能力强。节上常生不定根，生长季节随时植根土中；直立部分高10~30厘米，直径1~1.5毫米，秆壁厚，光滑无毛。叶片线形，长1~12厘米，宽1~3毫米。穗状花序2~6枚，长2~6厘米；小穗灰绿色或带紫色，长2~2.5毫米，仅含1小花；花药淡紫色。颖果长圆柱形。以其根状茎和匍匐茎越冬，翌年则靠越冬部分体眠芽萌发生长。

防治方法　狗牙根抗逆力强，繁殖方式多样，果园发生量大时防治较难。

农业防治　春季进行连续中耕除草，一定要捡拾干净带根匍匐茎，带出果园集中销毁。果园深耕可切断大部分根茎，将其暴露于地表阳光下晒死，深耕还可将种子埋于深土层，而失去萌发能力。

化学防治　用扑草净、草甘膦、吡氟乙草灵、茅草枯、吡氟禾草灵等除草剂进行防除。

㉟ 野燕麦（图3-35-1至图3-35-4）

禾本科燕麦属，一年生或越年生植物。又名乌麦、铃铛麦。全国各地均有分布。

形态识别　种子繁殖。一年生须根较坚韧。秆直立，光滑无毛，高60~120厘米，具2~4节。叶鞘松弛，光滑或基部者被微毛；叶舌透明膜质，长1~5毫米；叶片扁平，长10~30厘米，宽4~12毫米，微粗糙。圆锥花序开展，金字塔形，长10~25厘米，分枝具棱角；小穗长18~25毫米，含2~3个小花，其柄弯曲下垂；小穗轴密生淡棕色或白色硬毛；颖草质，外稃质地坚硬，第一外稃长15~20毫米，芒自稃体中部稍下处伸出，长2~4厘米。颖果被淡棕色柔毛，长6~8毫米。9、10月种子发芽出土，冬季生长量小，春暖夏初生长，花果期5~6月。

防治方法

农业防治 生长季节及时中耕，特别是在种子成熟前彻底清除燕麦植株，减少种子留存。

化学防治 利用专用化学除草剂毒草胺、野麦畏（燕麦畏）、禾草丹进行防除。

36 小花山桃草（图3-36-1至图3-36-5）

柳叶菜科山桃草属，一年生或越年生草本杂草。分布于河南、河北、山东、安徽、江苏、湖北、福建等地。

形态识别 种子繁殖。主根发达，全株尤茎上部、花序、叶、苞片、萼片蜜被灰白色长毛与腺毛；茎直立，有少数分枝，高50~100厘米。基生叶宽倒披针形，长达12厘米，宽达2.5厘米，先端锐尖；茎生叶狭椭圆形、长卵圆形、菱状卵形，长2~10厘米，宽0.5~2.5厘米，先端渐尖或锐尖，基部楔形。花序穗状，少数分枝，生茎枝顶端，常下垂，长8~35厘米；花傍晚开放；花管带红色，长1.5~3毫米，径约0.3毫米；萼片绿色，线状披针形，长2~3毫米，宽0.5~0.8毫米；花瓣初白色，渐变红色，倒卵形，长1.5~3毫米，宽1~1.5毫米；花丝长1.5~2.5毫米，花药黄色，长圆形；花柱长3~6毫米，伸出花管部分长1.5~2.2毫米；柱头围以花药。蒴果坚果状，纺锤形，长5~10毫米，径1.5~3毫米。种子卵状3~4枚，长3~4毫米，径1~1.5毫米，红棕色。种子9、10月或于春季4月上旬前后萌发生长，初始生长缓慢，至4月下旬随气温、地温、水分的增加，生长逐渐加快，至6~8月生长高峰，花期7~8月，果期8~9月。9月中下旬停止生长，10月逐渐枯死。

防治方法

农业防治 及时中耕除草，特别是种子成熟前清除干净，减少种子存留扩散。

化学防治 有效除草剂有伏草隆、噁草酮、灭草松、萘氧丙草胺、异丙甲草胺、乙氧氟草醚、氟乐灵等，幼苗期使用效果好。

37 蒺藜（图3-37-1至图3-37-3）

蒺藜科蒺藜属，一年生草本杂草。又名白蒺藜、屈人等。全国各地有分布。

形态识别 种子繁殖。茎平卧地面，具棱条，长可达1米以上，基部多有分枝；全株被绢丝状柔毛；托叶披针形，形小而尖，长约3毫米；叶为偶数羽状复叶，对生，一长一短；长叶长3~5厘米，宽1.5~2厘米，通常具6~8对小叶，对生；短叶长1~2厘米。花淡黄色，小型，整齐，单生于短叶的叶腋；花梗长4~20毫米；萼5片，卵状披针形，渐尖，长约4毫米，宿存；花瓣5片，倒卵形，与萼片互生。果实为离果，五角形或球形，由5个呈星状排列的果瓣组成，每个果瓣具长短棘刺各1对，背面有短硬毛及瘤状突起。黄淮地区4月上旬种子发芽出土，5~9月生长旺盛，花期5~8月，果期6~9月。

防治方法

农业防治　及时中耕，携出园外集中堆沤。

化学防治　有效除草剂有伏草隆、氟乐灵、乙氧氟草醚、异丙甲草胺、萘氧丙草胺、灭草松、甲草胺等。

㉟ 虎尾草（图3-38-1至图3-38-4）

禾本科虎尾草属，一年生草本植物。又名棒槌草、大屁股草。全国各地都有分布。

形态识别　种子或分株法繁殖。秆直立或基部膝曲，高12~75厘米，径1~4毫米，光滑无毛。叶鞘背部具脊，包卷松弛；叶片线形，长3~25厘米，宽3~6毫米，边缘及上面粗糙。穗状花序5~10枚，长1.5~5厘米，着生于秆顶，常直立而并拢成毛刷状，有时包藏于顶叶之膨胀叶鞘中，成熟时常带紫色；小穗无柄，长约3毫米。颖果纺锤形，淡黄色，光滑无毛而半透明。春季种子发芽出土，夏秋生长。

防治方法

农业防治　幼嫩时人工拔除，可作饲草；园地及时中耕。

化学防治　有效除草剂有伏草隆、草甘膦、禾草灭、噁草酮、萘氧丙草胺、异丙甲草胺、吡氟禾草灵、唏禾啶、氟乐灵等。

㊴ 刺苋（图3-39-1至图3-39-4）

苋科苋属，一年生草本植物。又名竻苋菜、勒苋菜。全国各地都有分布。

形态识别　种子繁殖。茎直立，高30~100厘米；圆柱形或钝棱形，多分枝，有纵条纹，绿色或带紫色，无毛或稍有柔毛。叶片菱状卵形或卵状披针形，长3~12厘米，宽1~5.5厘米，顶端圆钝；叶柄长1~8厘米，在其旁有2刺，刺长5~10毫米。圆锥花序腋生及顶生，长3~25厘米，花被片绿色。胞果矩圆形，长1~1.2毫米。种子近球形，直径约1毫米，黑色或带棕黑色。春季气温回暖种子发芽出土，夏秋季生长，花果期7~11月。

防治方法

农业防治　及时中耕铲除。

化学防治 有效除草剂有精吡氟禾草灵、噁草酮、扑草净、灭草松、萘氧丙草胺、异丙甲草胺、乙氧氟草醚、氟乐灵等。

40 播娘蒿（图3-40-1至图3-40-4）

十字花科播娘蒿属，一年生草本植物。又名米蒿、黄蒿。分布于全国各地。

形态识别 种子繁殖。茎直立，高20~80厘米，上部分枝，密被分枝状短柔毛。叶为矩圆形或长披针形，长3~7厘米，宽1~4厘米，二至三回羽状全裂或深裂；茎下部叶有柄，向上叶柄逐渐缩短或近于无柄。总状花序顶生，具多数花；具花梗；萼4片，条状矩圆形；花瓣4片，黄色，匙形，与萼片近等长。长角果狭条形，长2~3厘米，宽约1毫米，淡黄绿色。种子1行，黄棕色，矩圆形，长约1毫米，宽约0.5毫米，稍扁。黄淮地区9月、10月种子发芽出土，以幼苗越冬，春季生长，花果期4~6月。

防治方法

农业防治 生长季节人工及时除草；种子可榨油食用，种子散落前拔除利用。

化学防治 可用嗪草酮、苯磺隆、苄嘧磺隆、氟唑草酮、乙草胺、噻磺隆等除草剂进行防除。

第4章

果园害虫主要天敌
保护与识别利用

01　食虫瓢虫（图4-1-1至图4-1-7）

属鞘翅目瓢虫科。瓢虫的种类多达4000种，其中80%以上是肉食性的。常见的有七星瓢虫、四斑月瓢虫、二星瓢虫、小红瓢虫、大红瓢虫、异色瓢虫、黑背小毛瓢虫、澳洲瓢虫、深点食螨瓢虫、黑襟毛瓢虫、龟纹瓢虫、孟氏隐唇瓢虫等，均为天敌昆虫。全国各产区均有分布。我国利用瓢虫防治果树害虫已达数十种。

防治对象　以成虫、幼虫捕食叶螨、蚜虫、介壳虫、粉虱、木虱、叶蝉等小体型昆虫及鳞翅目低龄幼虫和卵。

生活习性　捕食性瓢虫其食量很大，如异色瓢虫的1龄幼虫每天捕食蚜虫数量为10~30头，4龄幼虫为每天100~200头，成虫食量更大。而深点食螨瓢虫能捕食果树、蔬菜、花卉及林木等多种螨类的成虫、若虫和卵，它的成虫和幼虫发生时期长，世代重叠，食量大，对果树上的螨类有较好的控制作用。

利用方法

利用七星瓢虫等防治果树蚜虫　食蚜瓢虫除七星瓢虫外，还有四斑月瓢虫、二星瓢虫、异色瓢虫、龟纹瓢虫、六斑月瓢虫等。于4~5月间把麦田的上述瓢虫引移到果园，每亩移入千头以上，可有效地防治果树蚜虫。也可在早春利用田间的蚜虫饲养繁殖瓢虫，然后散放到果园中控制果树蚜虫效果好。

用澳洲瓢虫、大红瓢虫、小红瓢虫防治果树害虫吹绵蚧　4~6月移殖散放到果园中心枝叶茂密、吹绵蚧多的果树上，每500株受害树，散放200头成虫，散放后2个月可消灭吹绵蚧。

利用食螨瓢虫防治果树害螨　常用的有深点食螨瓢虫、广东食螨瓢虫、拟小食螨瓢虫、腹管食螨瓢虫。生产上华北地区用深点食螨瓢虫防治苹果叶螨效果很好。后3种分布东南地，在4、5月和9、10月将食螨瓢虫散放在果树枝条上，于每亩果园中央10株放200~400头，可控制山楂叶螨等。

02　草蛉（图4-2-1至图4-2-4）

属脉翅目草蛉科。幼虫又称蚜狮。草蛉种类多，分布广，食性杂。已知有86属1350多种，中国有15属百余种，常见的有中华草蛉、大草蛉、丽草蛉、叶色草蛉、晋草蛉等，分布在长江流域及北方各地。普通草蛉分布在新疆、黄淮、台湾等地。

防治对象　草蛉是捕食性天敌昆虫。成虫、幼虫捕食螨类、蚜虫类、白粉虱、叶蝉、介壳虫、蓟马等多种小体型害虫以及蝶蛾类和叶甲类的卵和幼虫。

生活习性 草蛉食量大，行动迅速，捕食能力强。草蛉在华北地区1年发生3~5代。其成虫产卵量大，少者300~400粒，多者达1000粒以上。草蛉发育一代需22~43天。1头大草蛉幼虫一生可捕食各类蚜虫600头以上；1头中华草蛉1~3龄幼虫平均日最多可分别捕食若螨400~700头，同时还可捕食其他害虫的卵和幼虫。中华草蛉控制害虫作用非常明显。

利用方法 晋草蛉嗜食螨类，可用于防治山楂叶螨、卵形短须螨。大草蛉嗜食蚜虫，用于防治果树上的蚜虫。利用方法是在上述螨类、蚜虫初发时投放即将孵化的灰色蛉卵，也可把蛉卵放入1%琼脂液中，用喷雾法施放。

草蛉的饲养：将新羽化的成虫集中大笼饲养，喂饲清水和啤酒酵母干粉加食糖混合（10：8）的人工饲料，进入产卵前期转入产卵笼饲喂。每笼养雌草蛉50~75头，搭配少量雄虫，笼内壁围衬卵箔纸，24小时可获草蛉卵700~1000粒，每天更换卵箔纸1次，添加清水和饲料。把卵箔装进塑料袋封口置于8~12℃条件下，存放30天，卵仍可孵化。

03 寄生蜂、蝇类（图4-3-1至图4-3-9）

寄生蜂，属膜翅目，分属姬蜂科、小蜂科等。种类多，分布广。我国应用较多的有赤眼蜂、蚜茧蜂、甲腹茧蜂、上海青蜂、跳小蜂和姬小蜂、姬蜂和茧蜂等。

寄生蝇，属双翅目寄蝇科。是果园害虫幼虫和蛹的主要天敌，防治对象与寄生蜂类基本相同。与苍蝇的主要区别是身上有很多刚毛，种类很多。果树上常见的有卷叶蛾赛寄蝇、伞裙追寄蝇等，寄主为桃小食心虫、大袋蛾、棉蛉虫、小地老虎等。

防治对象 以雌成虫产卵于鳞翅目害虫，如桃蛀螟、果剑纹夜蛾、刺蛾、桃小食心虫、卷叶蛾及蚜虫等寄主体内或体外，以幼虫取食寄主的体液摄取营养，至寄主死亡。

生活习性 不同的寄生蜂对寄主的寄生方式不同，可以分别寄生卵、幼虫、蛹和成虫、若虫。

赤眼蜂 是一种寄生在害虫卵内的寄生蜂，我国应用较多的有松毛虫赤眼蜂、拟澳洲赤眼蜂、舟蛾赤眼蜂及稻螟赤眼蜂等。该类蜂体型很小，眼睛鲜红色，故名赤眼蜂。它能寄生400余种昆虫卵，尤其喜欢寄生鳞翅目昆虫卵，如果树上的刺蛾等，是果园害虫的重要天敌。果树上常见的松毛虫赤眼蜂，在自然条件下，华北地区1年发生10~14代，每头雌蜂可繁殖子代40~176头。利用松毛虫赤眼蜂防治果园梨小食心虫，每亩放蜂量8万~10万头，梨小食心虫卵寄生率为90%，虫害明显降低，其效果明显好于化学防治。

蚜茧蜂 是一种寄生在蚜虫体内的重要天敌。蚜茧蜂在4~10月均有成虫发生，每头雌蜂产卵量数粒至数百粒，尤其喜欢寄生2~3龄的若蚜，以6~9月寄生率较高，有时寄生率高达80%~90%，对蚜虫种群有重要的抑制作用。

甲腹茧蜂　果园常见的是桃小甲腹茧蜂，1年发生2代，寄主为桃小食心虫，以幼虫在桃小食心虫越冬幼虫体内越冬，世代发生与寄主同步。寄生率可达25%~50%。

跳小蜂和姬小蜂　旋纹潜叶蛾的主要天敌，均在寄主蛹内越冬。1年发生4~5代，越冬代成虫5月份将卵产于寄主幼虫体内，寄生率可达40%以上。

姬蜂和茧蜂　可寄生多种害虫的幼虫和蛹。果树上主要有桃小食心虫白茧蜂和花斑马尾姬蜂。白茧蜂1年发生4~5代，产卵于寄主卵内，随寄主卵孵化而取食发育，直至将寄主幼虫致死。马尾姬蜂1年发生2代，以幼虫在寄主幼虫体内越冬，翌春待寄主化蛹后将其食尽，并在寄主蛹壳内化蛹。

利用方法　以赤眼蜂为例。用蓖麻蚕、柞蚕及松毛虫的卵，繁殖松毛虫赤眼蜂和拟澳洲赤眼蜂，这两种赤眼蜂在蓖麻蚕卵内，25℃发育历期10~12天，每年可繁殖30~50代。繁殖时可从田间采集被赤眼蜂寄生的卵，羽化后进行鉴定再饲养。用于寄生的蓖麻蚕卵先洗掉表面胶质，用白纸涂薄胶后，把蚕卵均匀黏上制成卵箔或称卵卡。繁蜂时把卵箔置于繁蜂箱透光一面，当种蜂羽化30%~40%时接蜂。成蜂趋光并趋向蚕卵寄生。种蜂和蓖麻蚕卵的比为2：1或1：1，适温25~28℃，相对湿度85%~90%为宜。田间放蜂、繁蜂及防治对象的卵期应掌握恰当才能有效。制好的蜂卡要在蜂发育到幼虫期或预蛹期时，置于10℃以下冷藏保存，50~90天内羽化率不低于70%。放蜂时把即将羽化的预制蜂卡，按布局分放在田间，使其自然羽化，也可先在室内使蜂羽化、再饲以糖蜜，然后到田间均匀释放。防治发生代数较多或产卵期较长的害虫时，应在害虫产卵期内多放几次蜂。

④ 捕食螨（图4-4-1）

属蛛形纲，分属不同的科。俗称红蜘蛛、黄蜘蛛等。是以捕食害螨为主的有益螨类的统称。我国有利用价值的捕食螨种类有智利小植绥螨、东方植绥螨、尼氏钝绥螨、穗氏钝螨、东方钝绥螨、拟长毛钝绥螨、西方盲走螨等。

防治对象　以成虫、若虫捕食害螨和蚜虫、介壳虫、叶蝉等小体型害虫和卵。

生活习性　在捕食螨中以植绥螨最为理想，它捕食凶猛，具有发育周期短、捕食范围广、捕食量大等特点，1头雌螨能消灭5头害螨在半月内繁殖的群体，同时还捕食一些蚜虫、介壳虫等小体型害虫。植绥螨发生代数因种类而异，一般1年发生8~12代，以雌成虫在枝干树皮裂缝或翘皮下越冬。幼螨孵化后随即取食，成螨、若螨均可捕食害螨的各虫态。

利用方法　我国对几种植绥螨的饲养繁殖，多采用隔水法：即在瓷盆内垫泡沫塑料，上盖一层薄膜，饲料和植绥螨放在薄膜上，盘中加浅水隔离，防止植绥螨逃逸。饲料以喜食的害螨为主，也可用20%~50%的蜂蜜水、鲜花粉或干燥2年的柑橘花粉为食料。适时在果园中释放植绥螨。果园内种植益螨栖息植物豆类等，增加其栖息场所和食料来源；合理灌溉，提高果园相对湿度；加强测报，必要时进行挑治，以利益螨繁殖，使益螨种群数量增加，维持益、害螨之间的数量平衡，把害螨控制在经济阈值允许的范围之内。

05 蜘蛛（图4-5-1至图4-5-8）

属蜘蛛纲蛛形目。种类多，种群的数量大，分属不同的科。我国有3000多种，现已定名1500余种，其中80%生活在果园中，是害虫的主要天敌。如三突花蛛、草间小黑蛛、八斑球腹蛛、拟水狼蛛等。

防治对象 为肉食性动物。捕食同翅目、鳞翅目、直翅目、半翅目、鞘翅目等多种害虫，如蚜虫、花弄蝶、毛虫类、椿象、叶蝉、飞虱、卷叶蛾等害虫的成虫、幼虫和卵。

生活习性 蜘蛛寿命较长，小体型半年以上，大体型可达多年；两性生殖，雄蛛体小，出现时间短，通常采到的多为雌蛛；抗逆性强，耐高温、低温和饥饿；为肉食性动物，性情凶猛，行动敏捷，专食活体，在它的视力范围或丝网附近的猎物很少能够逃脱；分结网和不结网两类，前者在地面土壤间隙做穴结网或在树冠上、草丛中结网，捕食落入网中的害虫，后者游猎捕食地面和地下害虫，也可从树上、草丛、水面或墙壁等处猎食，无固定的栖息场所。捕食时先用螯肢刺入活虫体内，注入毒液使之麻痹，然后取食。

利用方法 ①创造适于蜘蛛生存的环境条件，特别注意不要人为破坏蜘蛛结的丝网；收集田边、沟边杂草等处的蜘蛛，助其迁入果园。②人工繁殖。人工繁殖母蛛越冬，待其产卵孵化后，分批释放至果园，增加果园有益蛛量。或于2~3月田间收集越冬卵囊，冷藏在0℃左右的低温下，经40天对孵化无影响，待果树发芽后放入果园。③防治害虫时选择高效低毒农药，不准用剧毒农药，以免伤及害虫天敌。

06 食蚜蝇（图4-6-1至图4-6-4）

属双翅目食蚜蝇科。种类多，分布广。主要有黑带食蚜蝇、斜斑额食蚜蝇等。

防治对象 捕食果树蚜虫、叶蝉、介壳虫、飞虱、蓟马、叶螨等小体型害虫和蝶蛾类害虫的卵和初龄幼虫。

生活习性 成虫颇似蜜蜂，但腹部背面大多有黄色横带，喜取食花粉和花蜜。卵单产，白色，大多产于蚜虫群中或其周围。黑带食蚜蝇是果园中较常见的一种，幼虫蛆形，头尖尾钝，体壁上有纵向条纹，碰到蚜虫就用口器咬住不放，举在空中吸，把体液吸干后丢弃在一旁，又继续捕食；幼虫孵化后即可捕食蚜虫，每只幼虫一生可捕食数百头至数千头蚜虫；在华北地区1年发生4~5代，卵期3~4天，幼虫期9~11天，蛹期7~9天，多以末龄幼虫或蛹在植物根际土中越冬，翌春4月上旬成虫出现，4月下旬在果树及其他植物上活动取食，5~6月份各虫态发生数量较多，7~8月份蚜虫等食料缺乏时，幼虫在叶背或卷叶中化蛹越夏，秋季又继续取食或转移至果园附近农田或林木上产卵，孵化后继续取食蚜虫，秋后入土化蛹。

利用方法　①种植蜜源植物，招引和诱集食蚜蝇繁衍。②人工繁殖和释放。③提倡使用低毒高效低残留农药，禁用剧毒农药，保护天敌。

07　食虫椿象（图4-7-1至图4-7-3）

属半翅目蝽总科。果园害虫天敌的一大类群，其种类很多。主要有茶色广喙蝽、东亚小花蝽、小黑花蝽、黑顶黄花蝽、光肩猎蝽、白带猎蝽、褐猎蝽等。

防治对象　以成虫、若虫捕食蚜虫、叶螨、介类、叶蝉、蓟马、椿象以及鳞翅目、鞘翅目害虫的卵及低龄幼虫。

生活习性　食虫椿象与有害椿象的区别：有害椿象有臭味，其喙由头顶下方紧贴头下，直接向体后伸出，不呈钩状。而食虫椿象大多无臭味，喙坚硬如锥，基部向前延伸，弯曲或呈钩状，不紧贴头下。在北方果区多数食虫椿象1年发生4代，发生期4~10月，若虫孵化后即可以取食，专门吸食害虫的卵汁或幼虫、若虫体液。捕食能力很强，1头小黑花蝽成虫日平均捕食各种虫态叶螨20头，卵20粒，蚜虫27头。以雌成虫在果树枝、干的翘皮下越冬，翌年4月开始活动取食。

利用方法　①创造适于天敌活动的环境条件，招引和诱集。②人工繁殖和释放。③果园用药要选用对天敌杀伤力小的农药，保护天敌。

08　螳螂（图4-8-1至图4-8-4）

属螳螂目螳螂科。俗称砍刀。种类多，分布广，我国有50多种，常见的有广腹螳螂、大刀螳螂、薄翅螳螂、中华螳螂等。

防治对象　捕食蚜虫类、蛾蝶类、甲虫类、椿象类等60多种果园害虫，食性很杂。

生活习性　北方果区1年发生1代，以卵在树枝上越冬。每年5月下旬至6月下旬孵化为若虫，8月羽化为成虫，成虫交尾后，雌成虫即将雄成虫吃掉，9月后产卵越冬。自春至秋田间均有发生，成、若虫期100~150天，其间均可捕食害虫。若虫具有跳跃捕食习性，1~3龄若虫喜食蚜虫，特别是有翅蚜，3龄以后嗜食体壁较软的鳞翅目害虫，成虫则可捕食各类虫态的害虫。螳螂食量大，1只螳螂一生可捕食害虫2000多头。其捕食有两大特点，一是只捕食活的猎物；二是即使吃饱了，见到猎物不吃也要杀死，即螳螂特有的杀死性。

利用方法 ①人工繁殖和释放。螳螂产卵后，采集产有螳螂卵的枝条，放在室内保护越冬，第二年待初孵若虫出现时，释放到果园，每亩释放200~300头。②注意化学药剂的品种选择、喷药量和喷药时期，尽量避免在杀死害虫的同时也杀死螳螂。

⑨ 白僵菌（图4-9-1）

虫生真菌，属半知菌类，是昆虫的主要病原真菌。

防治对象 可防治鳞翅目、鞘翅目、半翅目、同翅目、直翅目、膜翅目等200多种害虫的幼虫。如危害果树的桃小食心虫、桃蛀螟、刺蛾类、夜蛾类、梨虎象、柑橘卷叶蛾、拟小黄卷蛾、褐带长卷蛾、后黄卷叶蛾、荔枝蝽等。

作用机理 白僵菌菌剂一般为白色至灰白色粉状物，是白僵菌的分生孢子，国产白僵菌粉剂，每克含活孢子50亿~80亿个。菌剂喷洒到害虫体上后，菌丝穿透幼虫体壁，在体内大量繁殖，经2~3天致害虫死亡。死虫体壁坚硬，体表长满白色菌丝及孢子，称为白僵虫。虫体上的孢子随风扩散，遇到其他害虫又可传染，使害虫致病死亡。白僵菌寄主专一性强（对桃小食心虫的自然寄生率可达20%~60%），持效性强，可保护天敌，致死害虫速度虽不及化学农药效果明显，但对环境不会造成污染。

利用方法 ①用于防治桃小食心虫和蛴螬。在果园桃小越冬幼虫出土和脱果初期，以及蛴螬活动盛期，树下地面喷洒白僵菌粉每平方米8克，与25%辛硫磷微胶囊剂每平方米0.3毫升混合液，防效明显。②用白僵菌高效菌株B-66处理地面，可使桃小食心虫出土幼虫大量感病死亡，幼虫僵死率达85.6%，并显著降低蛾、卵数量。③防治蚜虫。在蚜虫发生严重时，喷洒白僵菌制剂，感染该菌的蚜虫死后表面呈白色，症状明显。

注意 利用白僵菌制剂防治害虫，菌液要随配随用，配好的菌液应在2小时内喷完，以免孢子过早萌发，失去致病力；田间湿度大、菌剂与虫体接触，防治效果才好。

⑩ 苏云金杆菌

属细菌。又叫Bt，亦称"424"。另外，杀螟杆菌、青虫菌、松毛虫杆菌、

"7216"等都属于苏云金杆菌类。利用其制成的杀虫剂称为细菌杀虫剂。

防治对象 能杀死农林、果树等多种害虫，尤其对鳞翅目幼虫如刺蛾类、卷叶蛾类、桃蛀螟、桃小食心虫、枣尺蠖等防治效果好。且对草蛉、瓢虫等捕食性天敌无害。

作用机理 是目前世界上产量最大的微生物杀虫剂。已有100多种商品制剂。其制剂因采用的原料和方法不同，呈浅黄色、黄褐色或黑色粉末，每克含活孢子100亿~300亿个。可以喷雾、喷粉、泼浇或制成毒土和颗粒剂。杀虫细菌是一种好气性细菌，芽孢对高温忍耐力较强，制剂不受潮湿、保存适当可数年不丧失毒力。其杀虫机理是害虫食菌后破坏害虫的肠道，影响取食，致害虫死亡。杀虫效果对老熟幼虫比幼龄害虫好。

利用方法 ①喷雾防治桃蛀螟、刺蛾和卷叶蛾类。选择有露水的早晨或空气湿度较大的傍晚，用每克含活孢子数为100亿的菌粉300~500倍液喷雾，使用时加0.1%的洗衣粉或豆面作黏着剂，提高防治效果。②菌粉应放在干燥阴凉处保存，避免水湿、暴晒，对家蚕有毒，严禁在桑园使用。因杀虫速度比化学农药慢，施药期应稍加提前。

⑪ 核多角体病毒

感染昆虫的病毒有三大类，即多角体病毒（NPV）、颗粒病毒和无包涵病毒，利用最多的是多角体病毒。

防治对象 感染近200种昆虫发病，主要是鳞翅目昆虫幼虫，如大袋蛾等。

利用方法 饲养健康的幼虫至3龄末时，用带病毒的饲料喂食使其感染，3天后幼虫开始死亡。将死虫收集在棕色瓶里，即制成毒剂，贮存备用。防治大袋蛾时，可在卵盛期喷布。每亩用30~50头死虫研碎，用二层纱布过滤后再用少量清水冲洗加至所需水量，每亩所用病毒制剂内加30克充分研碎的活性炭保护剂提高防效。每代需喷2~3次，相隔5~7天。防治2次的防效达84%以上，高于其他化学农药，且可以保护天敌。

⑫ 食虫鸟类（图4-12-1至图4-12-6）

我国以昆虫为主要食料的鸟类约有600种。常见的有大山雀、燕子、大杜鹃、大斑啄木鸟、灰喜鹊、喜鹊、戴胜、黄鹂、柳莺等。

防治对象 可啄食多种农、林、果害虫，主要有叶蝉、叶蜂、蚜虫、木虱、椿象、金龟甲、蝶蛾类幼虫等，果园内所有害虫都可能被取食，对害虫的控制作用非常大。虽然鸟类也啄食成熟的果实，使果实失去食用价值，但利大于弊。

生活习性

大山雀 山区、平原均有分布,地方性留鸟,喜在果园及灌木丛中活动,善跳跃和飞翔。多在树洞、墙洞中筑巢,产卵3~5枚。食量很大,1头大山雀一天捕食害虫的数量相当于自身体重,在大山雀的食物中,农林害虫数量约占80%。

大杜鹃 夏候鸟或旅鸟,和鸽子大小相近,喜栖息在开阔的林地,以取食大型害虫为主,特别喜食一般鸟类不敢啄食的毛虫,如刺蛾等害虫的幼虫,1头成年杜鹃一天可捕食300多头大型害虫。

大斑啄木鸟 身体上黑下白,尾下呈红色。在树上活动时,一面攀登,一面以嘴快速叩树,叩树之声不绝于耳,若树上有虫,则快速啄破树皮,用舌钩出害虫吞食,主要捕食鞘翅目害虫、椿象、天牛蛀干幼虫等。食量很大,每天可取食1000~1400头害虫幼虫。

灰喜鹊 留鸟。全体灰色,灵活敏捷,善飞翔,喜在密集的果园和森林中群居和筑巢。喜食金龟子、刺蛾、蓑蛾等30余种害虫,1只灰喜鹊全年可吃掉1.5万头害虫。

保护利用 ①禁止人为破坏鸟巢,禁止捕猎、毒害鸟类。②招引鸟类。冬季在果园为食虫益鸟给饵、在干旱地区给水、在果园栽植益鸟食饵植物、在果园内设置人工鸟巢箱等,为益鸟的栖息和繁殖创造条件。③避免频繁使用广谱性杀虫剂,以免误伤鸟类。④人工饲养和驯化当地鸟类,必要时可操纵其治虫。

⑬ 蟾蜍(癞蛤蟆)、青蛙 (图4-13-1,图4-13-2)

蟾蜍是无尾目蟾蜍科动物的总称,全国各地均有分布,有300多种。青蛙是无尾目蛙科动物的总称,有650余种。蛙和蟾蜍的区别:皮肤比较光滑、身体比较苗条、善于跳跃、会游泳的称为蛙;而皮肤比较粗糙、身体比较臃肿、不善跳跃、不会游泳的称为蟾蜍。

防治对象 主要捕食蚱蜢、蝶蛾类幼虫、象鼻虫、蝼蛄、金龟甲、蚜虫等多种害虫。

生活习性 蛙和蟾蜍冬季多潜伏在水底淤泥里或烂草里,也有的在陆上泥土里越冬。从春末至秋末,白天栖息于石块下、草丛、土洞或池塘、水沟、小河内。黄昏和夜间捕食,有的昼夜均可取食,但以夜间的为多,尤其喜雨后捕食各种害虫,捕食量大,一头青蛙日捕食70多头害虫,对控制果园害虫效果明显。

利用方法 ①禁止捕食青蛙和捕捞蝌蚪。②合理使用农药,禁止使用高毒、高残留农药,保护蛙类。③有目的地饲养。当田埂边或将要断水的沟渠中有蛙卵和蝌蚪时,及时捞取,放入有水沟渠中,使蛙卵正常孵化和蝌蚪正常生长。

第5章

果园病虫草无公害综合防治

01 适宜果园使用的农药种类及其合理使用

无公害果品生产使用的农药药剂，必须是经国家正式登记的产品，不能使用有致癌、致畸、致突变的危险的或有嫌疑的药剂。

（一）允许使用的部分农药品种及使用要求

在果园无公害果品生产中，要根据防治对象的生物学特性和危害特点合理选择允许使用的药剂品种。主要种类有：

1. 植物源杀虫、杀菌素

包括除虫菊素、鱼藤酮、烟碱、苦参碱、植物油、印楝素、苦楝素、川楝素、茼蒿素、松脂合剂、芝麻素等。

2. 矿物源杀虫、杀菌剂

包括石硫合剂、波尔多液、机油乳剂、柴油乳剂、石悬剂、硫黄粉、草木灰、腐必清等。

3. 微生物源杀虫、杀菌剂

如 Bt 乳剂、白僵菌、阿维菌素、中生菌素、多氧霉素和农抗120等。

4. 昆虫生长调节剂

如灭幼脲、除虫脲、卡死克、性诱剂等。

5. 低毒低残留化学农药

（1）主要杀菌剂有5%菌毒清水剂、80%喷克可湿性粉剂、80%大生 M-45可湿性粉剂、70%甲基硫菌灵可湿性粉剂、50%多菌灵可湿性粉剂、40%氟硅唑乳油、1%中生菌素水剂、70%代森锰锌可湿性粉剂、70%乙膦铝锰锌可湿性粉剂、834康复剂、15%三唑酮乳油、75%百菌清可湿性粉剂、50%异菌脲可湿性粉剂等。

（2）主要杀虫杀螨剂有1%阿维菌素乳油、10%吡虫啉可湿性粉剂、25%灭幼脲3号悬浮剂、50%辛脲乳油、50%蛾螨灵乳油、20%杀铃脲悬浮剂、50%马拉硫磷乳油、50%辛硫磷乳油、5%尼索朗乳油、20%螨死净悬浮剂、15%哒螨灵乳油、40%蚜灭多乳油、99.1%加德士敌死虫乳油、5%卡死克乳油、25%噻嗪酮可湿性粉剂、25%抑太保乳油等。

允许使用的化学合成农药每种每年最多使用2次，最后一次施药距安全采收间隔期应在20天以上。

（二）限制使用的部分农药品种及使用要求

限制使用的化学合成农药品种主要有48%哒嗪硫磷乳油、50%抗蚜威可湿性粉剂、25%辟蚜雾水分散粒剂、2.5%三氟氯氰菊酯乳油、20%甲氰菊酯乳油、30%桃小灵乳油、80%敌敌畏乳油、50%杀螟硫磷乳油、10%歼灭乳油、2.5%

溴氰菊酯乳油、20%氰戊菊酯乳油、40%乐果乳油等。

无公害果品生产中限制使用的农药品种，每年最多使用1次，施药距安全采收间隔期应在30天以上。

（三）禁止使用的农药

在无公害果品生产中，禁止使用剧毒、高毒、高残留、致癌、致畸、致突变和具有慢性毒性的农药，主要包括：

有机磷类杀虫剂：甲拌磷、乙拌磷、久效磷、对硫磷、甲基对硫磷、甲胺磷、甲基异柳磷、特丁硫磷、甲基硫环磷、治螟磷、内吸磷、氧化乐果、磷胺、灭线磷、硫环磷、蝇毒磷、地虫硫磷、氯唑磷、苯线磷、水胺硫磷。

氨基甲酸酯类杀虫剂：克百威、涕灭威、灭多威。

二甲基甲脒类杀虫剂：杀虫脒。

取代苯类杀虫剂：五氯硝基苯、五氯苯甲醇。

有机氯杀虫剂：滴滴涕、六六六、毒杀芬、二溴氯丙烷、林丹。

有机氯杀螨剂：三氯杀螨醇、克螨特。

砷类杀虫、杀菌剂：福美胂、甲基砷酸锌、甲基砷酸铁铵、福美甲、砷酸钙、砷酸铅。

氟制类杀菌剂：氟化钠、氟化钙、氟乙酰胺、氟铝酸钠、氟硅酸钠、氟乙酸钠。

有机锡杀菌剂：三苯基醋酸锡、三苯基氯化锡。

有机汞杀菌剂：氯化乙基汞（西力生）、醋酸苯汞（赛力散）。

二苯醚类除草剂：除草醚、草枯醚。

以及国家规定无公害果品生产禁止使用的其他农药。

（四）无公害果品生产中允许和禁止使用的天然植物生长调节剂及使用要求

允许使用的植物生长调节剂及使用要求：如赤霉素类、细胞分裂素类（如苄基腺嘌呤［BA］、玉米素等），要求每年最多使用一次，施药距安全采收期间隔应在20天以上。也可使用能够延缓生长、促进成花、改善树体结构、提高果实品质及产量的其他生长调节物质，如乙烯利、矮壮素等。

禁止使用污染环境及危害人体健康的植物生长调节剂。如比久（B9）、萘乙酸、2，4-二氯苯氧乙酸（2,4-滴）等。

（五）科学合理使用农药

1. 对症施药

根据田间的病虫害种类和发生情况选择农药，防治病虫害以保护性杀菌剂为基础。

2. 适时施药

根据预测预报和病虫害的发生规律，确定使用药剂的最佳时期。

3. 使用农药要喷布均匀周到

选择合适的药械和使用方法，保证使用的农药准确、均匀、到位。

4. 严格按照农药的使用剂量使用农药

同一种类的允许使用的药剂、一个生长周期：一般保护性杀菌剂可以使用3~5次；具有内吸性和渗透作用的农药可以使用1~2次，最好只使用1次；杀虫剂可以使用1~2次，最好使用1次。

5. 严格按农药的安全间隔期使用农药

允许使用的农药品种，禁止在采收前20天内使用。限制使用的农药禁止在采收前30天内使用。如果出现特殊情况，需要在采收前安全间隔期内使用农药，必须在植物保护专家指导下采取措施，确保食品安全。

6. 严格对使用农药的安全管理

每一个生产者，必须对果园中使用农药的时间、农药名称、使用剂量等进行严格、准确的记录。

7. 严禁使用未经国家有关部门核准登记的农药化合物

8. 其他情况按国家标准《农药合理使用准则》GB/T8321（所有部分）规定执行

02 病虫害无害化综合防治

（一）病虫害防治的基本原则

病虫无公害防治的基本原则是综合利用农业的、生物的、物理的防治措施，创造不利于病虫害发生而有利于各类自然天敌繁衍的生态环境，通过生态技术控制病虫害的发生。优先采用农业防治措施，本着"防重于治""农业防治为主、化学防治为辅"的无公害防治原则，选择合适的可抑制病虫害发生的耕作栽培技术，平衡施肥、深翻晒土、清洁果园等一系列措施控制病虫害的发生。尽量利用灯光、色彩、性诱剂等诱杀害虫，采用机械和人工以及热消毒、隔离、色素引诱等物理措施防治病虫害。病虫害一旦发生，需采用化学方法进行防治时，注意严禁使用国家明令禁止使用的农药、果树上不得使用的农药，并尽量选择低毒低残留、植物源、生物源、矿物源农药。

（二）病虫害防治的基本措施

1. 农业防治

农业防治是根据农业生态环境与病虫发生的关系，通过改善和改变生态环境，调整品种布局，充分应用品种抗病、抗虫性以及一系列的栽培管理技术，有目的地改变果园生态系统中的某些因素，使之不利于病虫害的流行和发生，达到控制病虫危害，减轻灾害程度，获得优质、安全的果品的目的。农业防治方法是果园生产管理中的重要部分，不受环境、条件、技术的限制，虽不如化学防治那样能够直接、迅速地杀死病虫，却可以长期控制病虫害的发生，大幅度减少化学药剂的使用量，有利于果园长期的可持续发展。

（1）植物检疫。植物检疫是贯彻"预防为主、综合防治"的重要措施之一，即凡是从外地引进或调出的苗木、种子、接穗、果品等，都应进行严格检疫，防止危险性病虫害的扩散。

（2）清理果园，减少病源。果园中多数病虫在病枝或残留在园中的病叶、病果上越冬、越夏，及时清理果园，可以破坏病虫越冬的潜藏场所和条件，有效地减少病害侵染源，降低害虫发生基数，可以很好地预防病害的流行和虫害的发生。秋季或早春清扫枯枝落叶，集中高温堆沤，可消灭其中越冬病菌和害虫。结合修剪，剪除病虫枝条、病芽，摘除病虫果、叶，剪除病虫枝条可以有效地防治天牛类、刺蛾类、食心虫、介壳虫等。对于病虫株残体和落在地面上的病虫果，应及时清除并高温堆沤或深埋，可以大大减少病虫的传播与危害。此外，及时清除田间杂草，不但减少杂草种子在果园的残留，亦可以大大减少害虫寄生的机会。

（3）合理整形修剪，改善果园通风透光条件。果园在密闭条件下病虫害发生严重，过于茂盛的枝叶常成为小型昆虫繁衍的有利场所。合理整形修剪，使树体枝组分布均匀，改善了树冠内通风透光条件，可以有效地控制病虫害的发生。

（4）科学施肥，合理灌溉。加强肥、水管理对提高树体抵抗病虫害能力有明显的效果，特别是对具有潜伏侵染特点的病害和具有刺吸口器害虫的抵抗作用尤其明显。施肥种类及用量与病虫害发生有密切关系，不要过量施用氮肥，避免引起枝叶徒长，树冠内郁闭，而诱发病虫发生。厩肥堆积过多，常成为蝇、蚊、蛴螬等土栖昆虫的栖息繁殖所。因此，提倡配方施肥、平衡施肥、多施充分腐熟的有机肥、增施磷钾肥，以提高植株抗病性，增强土壤通透性，改善土壤微生物群落，提高有益微生物的生存数量，并保证根系发育健壮。此外，减少氮肥，增施磷钾肥，能增强树体对病害侵染的抵抗力。

果园湿度过大，易导致真菌类病害疫情的发生，湿度越大病害越重。而果树生长中后期灌水过多，易使果树贪青徒长，枝条发育不充实，冬季抵抗冻害的能力差。因此，果园浇水应尽量避免大水漫灌，以免造成园内湿度过大，诱发病害发生，宜尽量采用滴灌等节水措施。利用滴灌技术、覆盖地膜技术可以有效地控制园内空气湿度，防止病害的发生。遇大雨后应及时排水，避免影响果树生长和降低抵抗病虫害能力。

（5）刮树皮，刮涂伤口，树干涂白。危害果树的多种害虫的卵、蛹、幼虫、成虫，以及多种病菌孢子隐居在树体的粗翘皮裂缝里休眠越冬，而病虫越冬基数与来年危害程度密切相关，应刮除枝、干上的粗皮、翘皮和病疤，铲除腐烂病、干腐病等枝干伤害的菌源，同时还可以促进老树更新生长。刮皮一般以入冬时节或第二年早春2月间进行，不宜过早或过晚，以防止树体遭受冻害以及失去除虫治病的作用。幼龄树要轻刮，老龄树可重刮。操作动作要轻，防止刮伤嫩皮及木质部，影响树势。一般以彻底刮去粗皮、翘皮，不伤及白颜色的活皮为限。刮皮后，皮层集中烧毁或深埋，然后用石灰水涂白剂，在主干和大枝伤口处进行涂白，既可以杀死潜藏在树皮下的病虫，还可以保护树体不受冻害。石灰涂白剂的配制材料和比例：生石灰10千克，食盐150~200克，面粉400~500克，加清水40~50千克，充分溶化搅拌后刷在树干伤口处，以不流淌、不起疙瘩为度。由虫伤或机械伤引起的伤口，是最容易感染病菌和害虫喜欢栖息的地方，应将腐皮朽木刮除，用刀削平伤口后，涂上5波美度石硫合剂或波尔多液消毒，促进伤口早日愈合。

（6）刨树盘。刨树盘是果树管理的一项常用措施，该措施既可起到疏松土壤、促进果树根系生长作用，还可将地表的枯枝落叶翻于地下，把土中越冬的害虫翻于地表。

（7）树干绑缚草绳，诱杀多种害虫。不少害虫喜在主干翘皮、草丛、落叶中越冬，利用这一习性，于果实采收后在主干分枝以下绑缚3~5圈松散的草绳，诱集消灭害虫。草绳可用稻草或谷草、棉秆皮拧成，绑缚要松散，以利于害虫潜入。

（8）人工捕虫。许多害虫有群集和假死的习性，如多种金龟子有假死性和群集危害的特点，可以利用害虫的这些习性进行人工捕捉。再如黑蝉若虫可食，在若虫出土季节，可以发动群众捕而食之。

（9）园内种植诱集作物，诱集害虫集中危害而消灭。利用桃蛀螟、桃小食心虫对玉米、高粱趋性更强的特性，园内种植玉米、高粱等，诱其集中危害而消灭。

（10）园内放养鸡、鸭等家禽，啄食害虫，减轻危害。

2. 物理防治

是根据害虫的习性而采取防治害虫方法。

（1）灯光诱杀（图5-1-1，图5-1-2）。①黑光灯诱杀。常用20瓦或40瓦黑光灯管做光源，在灯管下接一个水盆或一个广口瓶，瓶中放些毒药，以杀死掉落的害虫。此法可诱杀晚间出来活动的害虫，如桃蛀螟、黄刺蛾、茎窗蛾成虫等。②频振式杀虫灯。利用大多数害虫晚上有趋光的特性，运用光、波、色、味4种诱杀方式杀灭害虫，它的主要元件是频振灯管和高压电网，频振灯管能产生特定频率的光波，引诱害虫靠近，高压电网缠绕在灯管周围能将飞来的害虫杀死或击昏，即近距离用光，远距离用波、黄色光源、性信息等原理设计的杀虫灯，以达到防治害虫的目的。

频振式杀虫灯使用方法：可利用路两旁的电线杆或吊挂在牢固的物体上。

灯间距离180～200米，离地面高度1.5～1.8米，呈棋盘式分布，挂灯时间为5月初至10月下旬。接通电源，按下开关，指示灯亮即进入工作状态。

（2）糖醋液诱杀。许多成虫对糖醋液有趋性，因此，可利用该习性进行诱杀。方法是在成虫发生的季节，将糖醋液盛在水碗或水罐内制成诱捕器，将其挂在树上，每天或隔天清除死虫。糖醋液的制备方法：酒、水、糖、醋按1：2：3：4的比例，放入盆中，盆中放几滴农药，并不断补足糖醋液。

（3）黏虫板诱杀害虫（图5-2-1）。利用昆虫的趋黄性诱杀害虫，可防治潜蝇成虫、粉虱、蚜虫、叶蝉、蓟马等小型昆虫；而蓝色板诱杀叶蝉效果更好，配以性诱剂可扑杀多种害虫的成虫。

黏虫板制作方法：购买黏虫纸，或用柠檬黄色塑料板、木板、硬纸箱板等材料，大小约20厘米×30厘米，先在板两面涂抹柠檬黄色油漆后，再均匀涂上一层黏虫胶或黄油、机油即可。

挂板方法及时间：于4月初至10月下旬挂板。田间用竹（木）细棍支撑固定，每亩均匀插挂20块黄板，呈棋盘式分布，高度比植株稍高，太高或太低效果均较差。当纸或板上粘虫面积占板表面积的60%以上时更换，板上胶不黏时及时更换。为保证自制黄板的黏着性，需1周左右重新涂1次。悬挂方向以板面东西方向为宜。

（4）树干缠粘虫带。利用害虫在树干上爬行，上树为害、下树栖息或化蛹等习性，在树干上缠普通塑料带或缠上涂有粘虫胶、黄油、机油的塑料胶带，设置阻截障碍，达到杀灭害虫的目的，对防治尺蠖类害虫及一些频繁上下树的害虫防治效果很好，减少了用药，又避免了对人、益虫、鸟类、环境造成的危害和污染（图5-3-1至图5-3-3）。

（5）涂捕虫圈（图5-4-1）。用捕虫胶在树干与树杈交界处，涂一圈，宽3～4厘米，捕杀天牛效果好。天牛产卵前在树的枝干多次来回爬行找适宜产卵的地方。一般选择斜着向上光滑部位，用嘴扒开树皮长约1.5厘米、宽约0.8厘米的小穴，将一粒卵产入，再用树皮盖住，产一粒卵换一个地方。在树干上涂几道捕虫圈，捕杀天牛的效率非常高，将天牛等害虫消灭在产卵之前，使林果类树体少受危害。

（6）高浓度虫胶、黏鼠板捕鼠。鼠害重的果园在老鼠经常出没走道上，放置黏鼠板或摊一小块高浓度虫胶，又不引起老鼠注意。老鼠通过时踩上就被粘住。

（7）防虫网（图5-5-1）。通过覆盖在棚架上的防虫网，构建人工隔离屏障，将害虫拒之网外，切断害虫传播途径，有效控制被保护地各类害虫的发生危害和与害虫传播有关的病害发生，减少了果园化学农药的施用，并具有抵御暴风、雨冲刷和冰雹侵袭等自然灾害的功能，是一种简便、科学、有效的防虫、防病措施。防虫网的孔径，以20～32目为宜，好的防虫网，正确使用和保管可利用3～5年。

（8）性外激素诱杀（图5-6-1，图5-6-2）。昆虫性外激素是由雌成虫分泌的用以招引雄成虫来交配的一类化学物质。通过人工模拟其化学结构合成的昆虫性外激素已经进入商品化生产阶段。性外激素已明确的果树害虫种类有30多种。目前国内外应用的性外激素捕获器类型有5大类20多种。如黏着型、捕获型、杀虫剂型、电击型和水盘型。我国在果树害虫防治上已经应用的有桃蛀螟、桃小食心虫、桃潜蛾、梨小食心虫、苹果小卷叶蛾、苹果褐卷叶蛾、梨大食心虫、金纹细蛾等昆虫的性外激素。捕获器的选择要根据害虫种类、虫体大小、气象因素等，确定捕获器放置的地点、高度和用量。①利用性外激素诱杀。在果园放置一定数量的性外激素诱捕器，能够诱捕到雄成虫，导致雌、雄成虫的比例失调，减少了自然界雌、雄虫交配的机会，从而达到治虫的目的。②干扰交配（成虫迷向）。在果园内悬挂一定数量的害虫性外激素诱捕器诱芯，作为性外激素散发器。这种散发器不断地将昆虫的性外激素释放到田间，使雄成虫寻找雌成虫的联络信息发生混乱，从而失去交配的机会。在果园的试验结果表明，在每亩内栽植110棵果树的情况下，每棵树上挂3~5个桃小食心虫性外激素诱芯，能起到干扰成虫交配的作用。打破害虫的生殖规律，使大量的雌成虫不能产下受精卵，从而极大地降低幼虫数量。

（9）水喷法防治。在果树休眠期（11月中下旬）用压力喷水泵喷枝干，喷到流水程度，可以消灭在枝干上越冬的介壳虫。

（10）果实套袋（图5-7-1至图5-7-3）。果实套袋栽培是近几年我国推广的优质果品技术。果实套袋后，既能增加果实着色、提高果面光洁度、减少裂果，还能防止病菌和害虫直接侵染果实，减少农药在果品中的残留。目前国内用于果实套袋用袋按材质分主要有塑料薄膜袋、白色木浆纸袋、无纺布袋、双层纸袋等。

3. 生物防治

运用有益生物防治果树病虫害的方法称为生物防治法。生物防治是进行无公害果品生产、有效防治病虫害的重要措施。在果园自然环境中有数百种有益天敌昆虫资源和能促使果树害虫致病的病毒、真菌、细菌等微生物。保护和利用这些有益生物，是果品病虫无公害防治的重要手段。生物防治的特点是不污染环境，对人、畜安全无害，无农药残留，符合果品无公害生产的目标，应用前景广阔。但该技术难度较大，研究和开发水平较低，目前应用于防治实践的有效方法还较少。各果园可以因地制宜，选择适合自己的生物防治方法，并与其他防治方法相结合，采取综合治理的原则防治病虫害。

（1）利用寄生性天敌昆虫防治虫害（图5-8-1）。寄生性昆虫活动特点，是以雌成虫产卵于寄主体内或体外，以幼虫取食寄主的体液摄取营养，从而导致寄主（害虫）死亡。而它的成虫则以花粉、花蜜等为食或不取食。除了成虫以外，其他虫态均不能离开寄主而独立生活。果园害虫天敌主要有：寄生卷叶虫的中国齿腿姬蜂、卷叶蛾瘤姬蜂、卷叶蛾绒茧蜂；寄生梨小食心虫的梨小蛾姬蜂、梨小食心虫聚瘤姬蜂；寄生潜叶蛾、刺蛾的刺蛾紫姬蜂、刺蛾白跗姬蜂、潜叶蛾姬小蜂等寄生蜂类。寄生鳞翅目害虫幼虫和蛹的寄生蝇类，如寄生梨小食心虫的稻苞虫赛寄蝇、日本追寄蝇；寄生天幕毛虫的天幕毛虫追寄蝇、普通怯寄蝇等。

（2）利用捕食性天敌昆虫防治害虫。捕食性天敌昆虫靠直接取食猎物或刺吸猎物体液来杀死害虫，致死速度比寄生性天敌快得多。如捕食叶螨类的深点食螨瓢虫、腹管食螨瓢虫、大草蛉、中华通草蛉、食蚜瘿蚊等；捕食蚜虫的七星瓢虫；捕食介壳虫的黑缘红瓢虫、红点唇瓢虫等。此外，还有螳螂、食蚜蝇、食虫椿象、胡蜂、蜘蛛等多种捕食性天敌，抑制害虫的作用非常明显。

（3）利用食虫鸟类防治虫害。鸟类在农林生物多样性中占有重要地位，它与害虫形成相互制约的密切关系，是害虫天敌的重要类群。我国以昆虫为主要食料的鸟有600多种，如大山雀、大杜鹃、大斑啄木鸟、灰喜鹊、家燕、黄鹂等主要或全部以昆虫为食物，对控制害虫种群作用很大。

（4）利用病原微生物防治病虫害。①利用病原微生物防治害虫。在自然界中，有一些病原微生物，如细菌、真菌、病毒、线虫等，在条件合适时能引发害虫流行病，致使害虫大量死亡。利用病原微生物防治虫害主要有细菌、真菌、病毒三大类制剂。②利用病原微生物防治病害。主要是利用某些真菌、细菌和放线菌对病原菌的杀灭作用防治病害。方法是直接把人工培养的抗病菌施入土壤或喷洒在植物表面，控制病菌发育。目前国外已制成对部分病原微生物有抑制作用的微生物产品，如美国生产的防治根癌病的放射性土壤杆菌菌系K84，应用效果显著。国内也已分离了一些菌株。在土壤中多施用有机肥，促进多种天然存在的抗生菌的大量繁殖，可有效防治果树根系病害，也是利用病原微生物防治病害的可行措施。

目前国内应用病原微生物防治病虫害的制剂主要有苏云金杆菌、白僵菌制剂、病原线虫。

（5）利用昆虫激素防治害虫。对危害相对简单的关键害虫，以及对世代较长、单食性、迁移性小、有抗药性、蛀茎蛀果害虫更为有效。昆虫激素主要有保幼激素、蜕皮激素、性信息激素三大类。其杀虫机理是使害虫生长发育异常而死亡。利用性外激素不仅可以诱杀成虫、干扰交配，还可根据诱虫时间和诱虫量指导害虫防治，提高防效。

4. 化学防治

使用化学药剂防治病虫害具有作用迅速、见效快、方法简便的特点，在现阶段果品生产中仍具有不可替代的作用。然而化学药剂的长期使用，存在着引起害虫抗性、污染环境、减少物种多样性、在果品中残留有危害人体健康有毒物质等多方面的副作用。尤其随着人民生活水平的提高，消费者越来越注重食品安全问题，如何科学合理、正确的使用化学药剂，生产无公害果品日益受到重视。

无公害果品生产并非完全禁止使用化学药剂，使用时应当遵守有关无公害果品生产操作规程和农药使用标准，合理选择农药种类，正确掌握用药量。加强病虫测报工作，经常调查病虫发生情况，选择有利时机适时用药。选择对人、畜安全、不伤害天敌、不污染环境、同时又可以有效杀死有害病虫的农药品种。严禁使用一切汞制剂农药以及其他高毒、高残留、致畸、致癌、致残农药，严禁使用未取得国家农药管理部门登记和没有生产许可证的农药。

参考文献

1. 冯玉增,张存立,张卫东. 石榴病虫草害鉴别与无公害防治[M]. 北京:科学技术文献出版社,2009.

2. 吕佩珂,等. 中国果树病虫原色图谱[M]. 2版. 北京:华夏出版社,2002.

3. 邱强. 中国果树病虫原色图鉴[M]. 郑州:河南科学技术出版社,2004.

4. 冯明祥. 无公害果园农药使用指南[M]. 2版. 北京:金盾出版社,2013.

5. 中国农业科学院果树研究所. 中国果树病虫志[M]. 北京:农业出版社,1960.

6. 北京农业大学. 果树昆虫学:下册[M]. 北京:农业出版社,1981.

7. 中国林业科学院. 中国森林昆虫[M]. 北京:中国林业出版社,1980.

附录

附录一　波尔多液的作用与配制方法

1. 作用

波尔多液是目前使用最广泛的保护性杀菌剂，其杀菌力强，防病范围广，对农作物、果树、蔬菜上的多种病害，如霜霉病、褐斑病、黑痘病、锈病、黑星病、轮纹病、果腐病、赤斑病病菌等有良好的杀灭作用。

2. 配制方法

（1）1%等量式：硫酸铜、生石灰和水按1：1：100比例备好料，其配制方法有：

①稀硫酸铜注入浓石灰水法。用4／5水溶解硫酸铜，另用1／5水溶化生石灰，然后将硫酸铜液倒入生石灰水，边倒边搅即成。

②两液同时注入法。用1／2水溶解硫酸铜，另用1／2水溶化生石灰，然后同时将两液注入第三容器，边倒边搅即成。

③各用1／5水稀释硫酸铜和生石灰，两液混合后，再加3／5水稀释，搅拌方法同前。

上述3种配制方法以第一种方法最好。

（2）非等量式：根据防治对象有目的地配制，用水数量根据施用作物的种类而异，一般在大田作物上用水100~150份，果树上200份，蔬菜上240份。

3. 注意事项

①选料要精，配料量要准，在混合时要等石灰乳凉后，再将硫酸铜液慢慢倒入石灰乳中，以保证产品质量。

②波尔多液为天蓝色带有胶状悬浊的药液，呈碱性反应。注意不能与酸性农药混用，以免降低药效。

③药液要随配随用，久置易发生沉淀，会降低药效。残效期一般为10~15天。

附录二　石硫合剂的作用与熬制方法

1. 作用

石硫合剂是常用的杀菌、杀螨、杀虫剂。适用于多种农作物和果树上的病、虫、螨害防治。

2. 熬制方法

（1）配方与选料：生石灰1份、硫黄粉1~2份、水10份。生石灰要求为纯净的白色块状灰，硫黄以粉状为宜。

（2）熬制步骤

①把硫黄粉先用少量水调成糊状的硫黄浆，搅拌越匀越好。

②把生石灰放入铁锅中，用少量水将其溶解开（水过多漫过石灰块时石灰溶解反而更慢），调成糊状，倒入铁锅中并加足水量，然后用火加热。

③在石灰乳接近沸腾时，把事先调好的硫黄浆自锅边缓缓倒入锅中，边倒边搅拌，并记下水位线。在加热过程中防止溅出的液体烫伤眼睛。

④然后强火煮沸40~60分钟，待药液熬至红褐色、捞出的灰渣呈黄绿色时停火，其间用热开水补足蒸发的水量至水位线。补足水量应在撤火15分钟前进行。

⑤冷却过滤出灰渣，得到红褐色透明的石硫合剂原液，测量并记录原液的浓度值。土法熬制的原液浓度一般为15~28波美度。熬制好后如暂不用装入带釉的缸或坛中密封保存，也可以使用塑料桶运输和短时间保存。

3. 注意事项

①桃、李、梅、梨等蔷薇科植物和紫荆、合欢等豆科植物对石硫合剂敏感，应慎用。可采取降低浓度或选用安全时期用药以免产生药害。

②本药最好随配随用，长期贮存易产生沉淀，挥发出硫化氢气体，从而降低药效。必须贮存时应在石硫合剂液体表面用一层煤油密封。

③要随配随用，配置石硫合剂的水温应低于30℃，热水会降低药效。气温高于38℃或低于4℃均不能使用。气温高，药效好。气温达到32℃以上时慎用，稀释倍数应加大至1000倍以上。

④石硫合剂呈强碱性，注意不能和酸性农药混用。忌与波尔多液、铜制剂、机械乳油剂、松脂合剂等农药混用。与波尔多液前后间隔使用时，必须有充足的间隔期。先喷石硫合剂的，间隔10~15天后才能喷波尔多液。先喷波尔多液的，则要间隔20天后才可喷洒石硫合剂。

4. 使用方法

（1）使用浓度要根据植物种类、病虫害对象、气候条件、使用时期不同而定，浓度过大或温度过高易产生药害。树木、花卉休眠期（早春或冬季）喷雾浓度一般掌握在3~5波美度，生长季节使用浓度为0.1~0.5波美度。

（2）常用方法：①喷雾法。②涂干法。在休眠期树木修剪后，使用石硫合剂原液涂刷树干和主枝。③伤口处理剂。石硫合剂原液涂抹剪锯伤口，可减少病菌的侵染，防止腐烂病、溃疡病的发生。

（3）使用前必须用波美比重计测量好原液浓度数，根据所需浓度，计算出加水量，加水稀释。

石硫合剂稀释可由下列公式计算：

重量稀释倍数＝原液浓度－需用浓度/需用浓度

溶量稀释倍数＝原液浓度×（145－需用浓度）/需用浓度×（145－原液浓度）

石硫合剂稀释还可直接用查表法，见附表1。

附表1　石硫合剂稀释倍数表（按容量计算）

原液浓度	使用浓度																	
	0.1	0.2	0.3	0.4	0.5	0.6	0.7	0.8	0.9	1.0	1.5	2.0	2.5	3.0	3.5	4.0	4.5	5.0
	稀释倍数																	
10	106	53	31.7	25.8	20.4	16.8	14.2	12.4	10.8	9.7	6.1	4.32	3.23	2.51	1.96	1.62	1.31	1.08
13	142	70	46.5	35.6	27.4	22.7	19.3	16.7	14.7	13.2	8.5	6.1	4.62	3.66	2.98	2.47	2.07	1.76
15	166	82	56	40.7	32.5	26.8	22.7	20	17.4	15.6	10.1	7.6	5.6	4.46	3.66	3.07	2.6	2.24
17	191	95	64	47	37.3	30.9	26.3	22.9	20.2	18.1	11.7	8.5	6.6	5.3	4.37	3.68	3.14	2.72
20	231	114	77	57	45.1	37.5	31.9	27.8	24.6	22	14.4	10.5	8.1	6.6	5.5	4.65	3.99	3.49
22	248	128	86	64	51	42	35.8	31.2	27.6	24.7	16.2	11.8	9.2	7.5	6.2	5.3	4.58	4.03
25	300	150	101	77	59	49.1	42	36.5	32.3	29	18.9	13.9	10.9	8.9	7.4	6.4	5.5	4.84
26	315	157	106	78	62	52	44	38.4	33.9	30.4	19.9	14.7	11.5	9.3	7.8	6.7	5.8	5.1
27	330	165	110	82	65	54	46.1	40.2	35.6	31.9	20.9	15.4	12.1	9.8	8.3	7.1	6.1	5.42
28	345	172	116	86	68	57	48.4	42.1	37.2	33.3	21.9	16.2	12.7	10.3	8.7	7.4	6.5	5.7
29	361	179	120	89	71	59	50	44.1	38.9	34.8	23	16.9	13.3	10.8	9.1	7.8	6.8	6
30	377	188	126	93	74	62	53	46	40.7	36.5	24	17.7	13.9	11.3	9.5	8.2	7.1	6.3
31	393	196	131	97	77	64	55	48	42.5	38.1	25.1	18.5	14.5	11.9	9.9	8.6	7.5	6.6
32	409	204	137	101	81	67	57	50	44.2	39.7	26.2	19.3	15.2	12.4	10.5	9.0	7.8	7
33	426	212	142	106	84	70	60	52	46.1	41.4	27.3	20.2	15.8	12.9	10.9	9.4	8.2	7.3
34	442	221	148	110	87	73	62	54	48.6	43.7	28.4	21	16.5	13.5	11.4	9.8	8.6	7.6

附录三 果园（落叶果树）允许使用农药通用名、商品名、剂型、毒性、防治对象简表

农药类型	常用名	又名	常用剂型	毒性	防治对象
有机磷杀虫剂	敌百虫	三氯松、毒霸	80%、90%原粉，80%、50%可湿性粉剂，90%、95%晶体	低毒。对多数天敌、昆虫、鱼类和蜜蜂低毒	各种食心虫、杏仁蜂、杏虎象、桃蛀螟、卷心虫、刺蛾、各种毛虫、舞毒蛾等
	辛硫磷	肟硫磷、倍腈松、腈肟磷、巴赛松	40%、45%、50%乳油，25%微胶囊剂，5%、10%颗粒剂	对高等动物低毒，对蜜蜂、鱼类以及瓢虫、捕食螨、寄生蜂等天敌昆虫毒性大	各种食心虫、杏仁蜂、李实蜂、杏象甲、蚜虫、卷叶虫、各种毛虫、刺蛾、尺蠖、舞毒蛾、叶蝉等
	杀螟硫磷	杀螟松、速灭松、扑灭松、杀螟松、苏米松、灭蟑百特	50%乳油	对高等动物低毒，对鱼毒性中等，对青蛙无害，对蜜蜂高毒	各种食心虫、蠹蛾、桃蛀螟、李实蜂、杏仁蜂、卷毛虫、星毛虫、刺蛾、苹掌舟蛾、介壳虫、蚜虫等
	二嗪磷	地亚农、二嗪农、大利松、大亚仙农	40%、50%乳油	对高等动物中毒，对皮肤和眼睛有轻微的刺激作用。对鱼毒性中等，对蜜蜂高毒	桃小食心虫、蚜虫、卷毛虫、介壳虫、盲蝽、叶螨等
	毒死蜱	乐斯本、氯吡硫磷	40%、40.7%、48%乳油，14%颗粒剂	对高等动物中毒，对眼睛、皮肤有刺激性。对鱼、虾等有毒，对蜜蜂毒性较高	桃小食心虫、介壳虫、卷叶蛾、毛虫、刺蛾、潜叶蛾等

农药类型	常用名	又名	常用剂型	毒性	防治对象
有机磷杀虫剂	哒嗪硫磷	苯哒磷、苯哒嗪硫磷、哒净松、哒净硫磷	20%乳油，2%粉剂	对高等动物低毒	各种食心虫、蚜虫、叶蝉、盲蝽、叶螨、毛虫、刺蛾等
	乙酰甲胺磷	高灭磷、杀虫灵、全效磷、多灭磷、杀虫磷	30%、40%乳油，25%可湿性粉剂，4%粉剂	低毒。对鱼类、家禽和鸟类低毒	各种食心虫、杏仁蜂、李实蜂、桃蛀螟、刺蛾、苹小卷叶蛾、黄斑卷叶蛾、蚜虫、介壳虫等
	马拉硫磷	马拉松、马拉赛昂、4049、防虫磷	45%、50%、70%乳油，5%粉剂，25%油剂	低毒。对眼睛和皮肤有刺激性，对蜜蜂高毒，对鱼中毒，对寄生蜂、瓢虫及捕食螨等天敌昆虫毒性高	木虱、盲蝽、刺蛾、毛虫、蚜虫、介壳虫、小绿叶蝉、害螨等
	丙硫磷	低毒硫磷	50%乳油，40%可湿性粉剂	低毒。对鱼类和鸟类有一定毒性，对蜜蜂低毒	蚜虫、蓟马、食心虫、卷叶蛾等鳞翅目害虫
拟除虫菊酯类	甲氰菊酯	灭扫利	20%乳油	中毒。对鱼类、蜜蜂、家蚕以及天敌昆虫高毒，对皮肤和眼睛有刺激性	各种食心虫、毛虫类、刺蛾、桃潜蛾、害螨等
	氯氰菊酯	灭百克、安绿宝、兴棉宝、赛波凯、阿锐克	10%乳油	中毒。对家禽和鸟类低毒，对蜜蜂、家蚕和天敌昆虫高毒，对鱼、虾等水生物高毒	各种食心虫、蠹蛾、蚜虫、卷叶虫、刺蛾、毛虫、梨木虱等

农药类型	常用名	又名	常用剂型	毒性	防治对象
拟除虫菊酯类	溴氰菊酯	敌杀死、凯素灵、凯安保	2.5%乳油	中毒。对鱼类、蜜蜂和家蚕剧毒，对寄生蜂、瓢虫、草蛉等天敌昆虫毒性大，对鸟类毒性低	各种食心虫、桃蛀螟、褐卷蛾、褐带卷蛾、黄斑长翅蛾、蚜虫等
	联苯菊酯	天王星、氟氯菊酯、虫螨灵、毕芬宁	2.5%和10%乳油	中毒。对蜜蜂、家禽、水生生物及天敌昆虫毒性大，对鸟类低毒	各种食心虫、蚜虫、害螨等
	氟氯氰菊酯	百树菊酯、百树得、百治菊酯、氟氯氰醚菊酯	5.7%乳油	低毒。对鱼、蜜蜂、蚕高毒，对天敌昆虫杀伤力大，对鸟类低毒	各种食心虫、各种卷叶蛾、刺蛾、舟型毛虫、蚜虫等
	氰丙菊酯	罗速发、杀螨菊酯	2%乳油	低毒。对天敌小花蝽、草蛉、食螨瓢虫、鸟类安全，对鱼类剧毒	各种害螨、桃小食心虫等
	氰戊菊酯	速灭杀丁、氰戊菊酯、敌虫菊酯、速灭菊酯、中西氰戊菊酯、虫畏灵、百虫灵	20%乳油	低毒。对鱼、虾等水生生物和蜜蜂、家蚕高毒，对害虫天敌毒性较大	各种食心虫、各种卷叶蛾、毛虫、刺蛾等
	顺式氰戊菊酯	来福灵、S-氰戊菊酯、高效氰戊菊酯	5%乳油	中毒。对水生生物、家禽、蜜蜂均有毒	防治蝶、刺蛾、尺蠖等，但对螨无效
	氯菊酯	二氯苯醚菊酯、苄氯菊酯、除虫精、克死命	10%乳油	低毒。对眼睛有轻微刺激，对蜜蜂、鱼、蚕毒性高	各种食心虫、尺蠖、刺蛾、蝽、毛虫、葡萄二斑叶蝉、蚜虫等

农药类型	常用名	又名	常用剂型	毒性	防治对象
拟除虫菊酯类	乙氰菊酯	杀螟菊酯、赛乐收、稻虫菊酯	10%乳油,2%颗粒剂	低毒。对家蚕和蜜蜂有毒,对鱼类、鸟类毒性低	金龟子、卷叶虫、各种食心虫、毛虫、蚜虫等
	醚菊酯	苄醚菊酯、多来宝、MT1500	10%悬浮剂,20%乳油,5%可湿性粉剂	低毒。对鱼毒性中等,对鸟类低毒,对蜜蜂和家蚕毒性较高	各种食心虫、各种食叶害虫、卷叶虫、蚜虫、盲蝽、尺蠖、刺蛾等
	戊菊酯	中西除虫菊酯、杀虫菊酯、多虫畏、戊酯醚酯	20%乳油	低毒。对鱼类、蚕和蜜蜂毒性较高	各种食心虫、蚜虫、刺蛾、凤蝶、尺蠖等
氨基甲酸酯类	甲萘威	西维因、胺甲萘、US-7744、OMS-29	25%可湿性粉剂,2%粉剂	低毒。对鸟类和鱼低毒,对蜜蜂毒性大	各种食心虫和刺蛾、毛虫等害虫
	抗蚜威	辟蚜雾、PP602	50%可湿性粉剂、50%颗粒剂	中毒。对天敌和蜜蜂无影响,对鱼类和鸟类低毒	多种果树上的蚜虫,但对棉蚜无效等
	异丙威	叶蝉散、灭扑威、异灭威	2%粉剂、10%可湿性粉剂、20%乳油、4%颗粒剂	中毒。对鱼类低毒,对蜜蜂和寄生蜂高毒	多种果树上的飞虱、叶蝉、蓟马、蚜虫、椿象、潜叶蛾等
	仲丁威	巴沙、丁苯威、BPMC	25%、50%乳油,2%粉剂	低毒。对鱼类低毒	叶蝉、椿象、卷叶蛾、蚜虫、食叶毛虫等

农药类型	常用名	又名	常用剂型	毒性	防治对象
沙蚕毒素类	杀螟丹	巴丹、派丹、卡塔普	50%可溶性粉剂	中毒	各种食心虫、桃蛀螟、苹果蠹蛾等
	杀虫双	杀虫丹	18%、25%、30%水剂,5%颗粒剂	中毒。对鱼类低毒,对家蚕剧毒,残效期达2个月左右	多种蚜虫、叶蝉、梨星毛虫、卷叶蛾、害螨等
昆虫生长调节剂类	噻嗪酮	扑虱灵、优乐得、稻虱净、亚得乐	25%可湿性粉剂	低毒。对鱼类和鸟类低毒,对家蚕、蜜蜂和天敌昆虫安全	多种果树上的介壳虫、蛴螬、粉虱等
	抑食肼	虫草死净	20%可湿性粉剂、25%悬浮剂	中毒	卷叶蛾类、凤蝶、尺蠖等
	灭幼脲	灭幼脲3号、苏脲1号	25%悬浮剂	低毒。对鱼类、蜜蜂、鸟类及天敌昆虫安全	各种食心虫、桃蛀螟、潜叶蛾类及毒蛾、刺蛾、苹掌舟蛾、剑纹夜蛾等
	除虫脲	灭幼脲1号、敌灭灵	20%悬浮剂、25%可湿性粉剂、5%乳油	低毒	卷叶蛾、毛虫、刺蛾、桃潜蛾类等
	氟苯脲	农梦特、伏虫隆、特氟脲、CME134	5%乳油	低毒。对鱼、鸟低毒,对蜜蜂无毒,对作物安全、对天敌昆虫和捕食螨安全	潜叶蛾类、卷叶蛾、刺蛾、尺蠖等
	氟啶脲	定虫隆、抑太保、定虫脲、氯氟脲	5%乳油	低毒。对鱼类低毒,对蜜蜂、鸟类安全	潜叶蛾类、卷叶蛾类、尺蠖、各种食心虫、桃蛀螟等

农药类型	常用名	又名	常用剂型	毒性	防治对象
昆虫生长调节剂类	氟虫脲	卡死克、氟虫隆	5%乳油	低毒。对鱼类和鸟类低毒	各种食心虫、桃蛀螟、卷叶蛾类、潜叶蛾类、螨类等
	米满	RH5992	24%悬浮剂	低毒。对鱼中毒。对捕食螨、食螨瓢虫、捕食性黄蜂、蜘蛛等天敌安全	卷叶蛾类、尺蠖等
	虱螨脲		5%乳油	低毒	各种食心虫、卷叶蛾、食叶害虫、潜叶蛾类、凤蝶等
其他类	吡虫啉	大功臣、一遍净、扑虱蚜、蚜虱净、康福多	10%、20%、25%可湿性粉剂, 2.5%、5%乳油	中毒。对鱼低毒	各种果树蚜虫、飞虱、蓟马、粉虱、叶蝉、绿盲蝽、潜叶蛾类等
	啶虫脒	乙虫脒、莫比朗	20%可湿性粉剂, 3%乳油, 2%颗粒剂	中毒。对鱼和蜜蜂低毒	蚜虫、叶蝉、粉虱、蚧类、蓟马、潜叶蛾类等
	阿克泰	—	25%水分散粒剂	低毒	各种蚜虫、飞虱、粉虱、介壳虫、潜叶蛾类等
	机油	绿颖、敌死虫、机油乳剂	99%乳油	低毒	多种果树上的害螨、介壳虫、粉虱、蓟马、潜叶蛾、蚜虫、木虱、叶蝉等害虫,也可控制白粉病、煤烟病、灰煤病等

农药类型	常用名	又名	常用剂型	毒性	防治对象
复配剂	辛·阿维	辛·阿维乳油	15%、20%乳油	低毒	蚜虫、叶螨、潜叶蛾、食心虫等
	辛·氰	辛·氰乳油	20%、30%、40%、50%乳油	20%、30%为中毒，40%、50%为低毒	蠹蛾、蛀果害虫、刺蛾、天幕毛虫、苹掌舟蛾、食叶性害虫、蚜虫等
	辛·甲氰	辛硫·甲氰菊酯、克螨王	20%、30%乳油	中毒。对鱼、蜜蜂和家蚕高毒	多种食心虫、蚜虫和螨类等
	辛·溴	杀虫王、常胜杀、扑虫星、多格灭除、铃蛾虫清	15%、25%、26%、50%乳油	低毒	各种食心虫、星毛虫、天幕毛虫、舞毒蛾、尺蠖、刺蛾、蚜虫、卷叶蛾类、叶斑蛾等
	乐·氰	菊乐合酯、速杀灵、蚜青灵、多歼、杀虫乐、灭虫乐	15%、25%、30%、40%乳油	中等偏低	多种食心虫、多种食叶性害虫、潜叶蛾类
	菊·马	灭杀毙、增效氰马、桃小灵、害克杀、杀特灵	20%、40%、21%乳油	对哺乳动物毒性中等。对鱼、虾、蜜蜂、家蚕和天敌毒性很高	各种蚜虫、多种食心虫、卷叶蛾、杏仁蜂、李实蜂、杏虎象、桃蛀螟
	菊·杀	菊·杀乳油	20%、40%乳油	低毒	各种卷叶蛾、梨星毛虫、刺蛾、蚜虫、多种食叶害虫等
	克螨·氰戊	克螨·氰菊、克螨虫、灭净菊酯	20%乳油	低毒	多种害螨、多种食心虫、蚜虫、潜叶蛾类等

农药类型	常用名	又名	常用剂型	毒性	防治对象
复配剂	马·联苯	马·联苯乳油、药王星	14%乳油	中毒	食心虫类、害螨等
	尼索·甲氰	农螨丹	7.5%乳油	中毒。对鱼类、蜜蜂、家蚕有毒	多种食心虫、害螨等
	蚜·氯	农地乐、除虫净、虫多杀、迅杀、虫地乐、易虫锐	25%、52.25%、55%乳油	对人畜中毒，对蜜蜂、家蚕剧毒	食心虫类、梨木虱、各种蚜虫、潜叶蛾类等
	吡·毒	拂光、保护净、赛锐、爱林、千祥	22%乳油	对人畜毒性中等，对鱼低毒，对天敌昆虫和作物安全	各种蚜虫、木虱、叶蝉等
	烟·参碱	烟·参碱乳油	1.2%乳油	低毒	各种蚜虫、卷叶蛾、叶蝉、螨类、蓟马、蜡类等
植物源	烟碱	—	40%硫酸烟碱，自制烟草水	中毒。对鱼类等水生动物毒性中等，对家蚕高毒	蚜虫、卷叶蛾、叶蝉、螨类、蓟马、蜡类等
	鱼藤酮	鱼藤精	4%粉剂, 2.5%、7.5%乳油	中毒，对鱼类、家蚕高毒，对蜜蜂低毒，对作物安全	果、菜、茶等多种植物上的尺蠖、毛虫、卷叶蛾、蚜虫等
	苦参碱	苦参素	0.2%、0.26%、0.3%、0.36%、1.1%水剂	低毒	各种蚜虫、兼治毛虫等食叶害虫幼虫

农药类型	常用名	又名	常用剂型	毒性	防治对象
微生物源	苏云金杆菌	Bt乳剂、青虫菌、敌宝、灭蛾灵、先得力、先力	100亿活芽孢悬浮剂、100亿活芽胞可湿性粉剂、100亿孢子/毫升Bt乳剂	低毒。对家禽、鸟类、鱼类和猪等低毒。对天敌安全但对蚕高毒	卷叶虫、食叶性毛虫、刺蛾、凤蝶、尺蠖等
	阿维菌素	害极灭、阿巴尔、阿维虫清、爱福丁、虫螨光、齐螨素、螨虫素、杀虫素、虫螨克、农哈哈、爱比菌素、阿发米丁、除虫菌素	2%、1.8%、1%、0.9%、0.6%、0.5%、0.2%乳油	高毒。对蜜蜂高毒，对鱼类中毒，对鸟类安全	螨类、蚜虫、蝇类、潜叶蛾、食心虫、梨木虱等
	白僵菌	—	含活孢子50亿~80亿个/克可湿性粉剂	对人、畜毒性极低。对蚕有毒	防治桃小食心虫、蛾类、蝶等多种害虫
性外激素	桃小食心虫性外激素	—	500微克/诱芯	无毒。作用：预测预报，指导用药	桃小食心虫
	苹果小卷蛾性外激素	—	500微克/诱芯	无毒。作用：预测预报，指导用药，干扰成虫交配	苹果小卷蛾
	桃潜蛾性外激素	—	200微克/诱芯	无毒。作用：预测预报，指导用药	桃潜蛾
	桃蛀螟性外激素	—	500微克/诱芯	无毒。作用：预测预报，指导用药，干扰成虫交配	桃蛀螟

农药类型	常用名	又名	常用剂型	毒性	防治对象
性外激素	枣镰翅小卷蛾性外激素	—	150微克/诱芯	无毒。作用:预测预报,指导用药,干扰成虫交配	枣镰翅小卷蛾
	金纹细蛾性外激素	—	200微克/诱芯	无毒。预测预报,指导用药	金纹细蛾
	葡萄透翅蛾性外激素	—	300微克/诱芯	无毒。作用:预测预报,指导用药	葡萄透翅蛾
杀螨剂	双甲脒	螨克、双虫脒	20%乳油,25%、50%可湿性粉剂	低毒。对鱼类中毒,对蜜蜂、鸟及天敌昆虫低毒	害螨、梨木虱、蚜虫、介壳虫等
	苯丁锡	托尔克、克螨锡、螨完锡、SD14114	25%、50%可湿性粉剂,20%悬浮剂	低毒。对鱼高毒,对蜜蜂和鸟低毒	防治多种果树上的害螨
	四螨嗪	阿波罗、螨死净	20%悬浮剂	低毒	多种果树上的叶螨、瘿螨、跗线螨
	哒螨灵	扫螨净、哒螨酮、速螨酮、牵牛星、哒螨尽、NC-129	20%可湿性粉剂,15%乳油	低毒。对鱼类毒性较高	多种害螨及蚜虫、叶蝉、介壳虫等
	炔螨特	克螨特、丙炔螨特	73%乳油	低毒。对鱼类高毒,对蜜蜂低毒	果树、茶树、多种作物上的害螨
	苯螨特	西斗星	5%、10%、20%乳油	低毒。对鱼类中毒	防治果树上多种叶螨,但对锈螨无效

农药类型	常用名	又名	常用剂型	毒性	防治对象
杀螨剂	苯硫威	排螨净、苯丁硫威、克螨威	35%乳油	低毒。对鸟类和蜜蜂低毒	防治多种果树上的害螨
	唑螨酯	霸螨灵、杀螨王	5%悬浮剂	中等毒性。对鱼、虾、贝类高毒,对家蚕有拒食作用	叶螨、瘿螨、跗线螨等
	吡螨胺	必螨立克、MK-239	20%乳油,10%和20%可湿性粉剂	低毒。对鱼类高毒,对鸟类和蜜蜂低毒	叶螨、锈螨、跗线螨、细须螨和蚜虫、粉虱等
	噻螨酮	尼索朗、除螨威	5%乳油,5%可湿性粉剂	低毒。对鱼类中毒,对蜜蜂和天敌安全	叶螨、二斑叶螨、全爪螨
	螨威多	—	24%悬浮剂	对人、畜低毒,对鱼类急性毒性较高,对鸟类和蜜蜂成虫毒性低	叶螨、锈螨
无机类杀菌剂	硫黄	硫	45%、50%悬浮剂	对人、畜安全,对水生生物低毒,对蜜蜂几乎无毒	多种病害,也可杀螨
	石硫合剂	多硫化钙、石灰硫黄合剂、可隆	45%结晶体、20%膏体、29%水剂	低毒	多种病害、介壳虫、害螨等
	波尔多液	硫酸铜-石灰混合液	石灰半量式、等量式、倍量式	低毒。对蚕毒性较大	多种真菌病害,如干腐病、黑斑病、煤污病
	多硫化铜	石钡合剂、硫钡粉	70%粉剂	低毒	炭疽病、疮痂病、黑星病、轮纹病、黑斑病、腐烂病、干腐病等

农药类型	常用名	又名	常用剂型	毒性	防治对象
无机类杀菌剂	氢氧化铜	可杀得、冠菌铜、丰护安、根灵	77%可温性粉剂，53.8%、61.4%干悬浮剂，7.1%根灵悬浮剂	低毒	炭疽病、白粉病、黑痘病、落叶病、黑斑病、锈病等
	王铜	氧氯化铜、碱式氯化铜、好宝多	30%悬浮剂，10%、25%粉剂，84.1%可湿性粉剂	低毒	多种病害
	碱式硫酸铜	绿得保、保果灵、杀菌特、铜高尚	80%可湿生粉剂，27.12%、30%、35%悬浮剂	低毒	溃疡病、黑痘病、霜霉病等
	氧化亚铜	铜大师、靠山、氧化低铜	56%水分散粒剂，86.2%可湿性粉剂，86.2%干悬浮剂	低毒	白腐病、黑痘病、叶病、轮纹病、黑斑病等
有机硫、有机磷类杀菌剂	福美双	秋兰姆、赛欧散	50%可湿性粉剂	中毒	白腐病、炭疽病、黑星病、穿孔病等
	代森锌	什来特、锌来特	65%、80%可湿性粉剂	低毒	多种病害
	代森锰锌	大生、大生M-45、喷克、速克净、大生富、新万生、百乐、大丰、山德生	50%、70%、80%可湿性粉剂	低毒	落叶病、花腐病等多种病害
	福美锌	—	65%可湿性粉剂	低毒	花腐病、炭疽病、褐腐病等
	丙森锌	安泰生、甲基代森锌	70%可湿性粉剂	低毒	斑点落叶病、霜霉病、炭疽病等

农药类型	常用名	又名	常用剂型	毒性	防治对象
取代苯基类杀菌剂	百菌清	达科宁、大克灵、克劳优、桑瓦特、霉必清	50%、75%可湿性粉剂,40%悬浮剂,30%、45%烟剂,10%乳油	低毒	炭疽病、褐腐病、疮痂病、轮纹病、斑点病、褐斑病、白粉病等
	乙霉威	硫菌霉威、保灭灵、万霉灵、抑霉灵、抑菌威	25%可湿性粉剂	低毒	斑点病、青霉病、绿霉病等
	甲基硫菌灵	甲基硫菌灵	50%、70%可湿性粉剂,36%、50%悬浮剂	低毒	炭疽病、花腐病、霉心病、黑点病等
	甲霜灵	瑞毒霉、雷多米尔、阿普隆、瑞毒霜、甲霜安	25%可湿性粉剂	低毒	苗期立枯病、霜霉病等
杂环类杀菌剂	多菌灵	苯骈咪44号、棉萎灵、棉萎丹、保卫田、枯萎立克	25%、50%、80%可湿性粉剂,40%悬浮剂	低毒	果树上的多种真菌性病害
	噻菌灵	特克多、硫苯唑、腐绝、涕灭灵、噻苯灵	45%、42%悬浮剂,60%可湿性粉剂	低毒	青霉病、炭疽病、黑星病等
	粉锈宁	三唑酮、百理通、百菌酮	15%、25%可湿性粉剂,20%乳油	低毒	白粉病、炭疽病、黑星病等
	腈菌唑	迈可尼	25%、40%可湿性粉剂,12.5%、25%乳油	低毒	黑星病、锈病、青霉病、绿霉病等
	烯唑醇	速保利、达克利、特灭唑、特普唑	12.5%可湿性粉剂	低毒	黑星病、轮纹病、叶斑病、黑腐病等

农药类型	常用名	又名	常用剂型	毒性	防治对象
杂环类杀菌剂	氟硅唑	福星、克攻星	40%乳油	低毒	黑星病、白粉病、黑痘病等
	异菌脲	扑海因、咪唑霉、依扑同	50%可湿性粉剂，25%悬浮剂	低毒	水果贮藏期病害、花腐病、灰霉病等
	腐霉利	速克灵、二甲基核利、杀霉利、扑灭宁	50%可湿性粉剂	低毒	霜霉病、褐腐病、灰霉病等
	乙烯菌核利	农利灵、烯菌酮、免克宁	50%可湿性粉剂	低毒	褐腐病、灰霉病、褐斑病、核果类菌核病等
	唑菌腈	应得、腈苯唑、苯腈唑	24%悬浮剂	低毒	褐腐病、黑星病、叶斑病等
	噁醚唑	世高	10%水分散颗粒剂	低毒	斑点落叶病、炭疽病、疮痂病、叶斑病等
	氯苯嘧啶醇	乐必耕、异嘧菌醇	6%可湿性粉剂	低毒	黑星病、炭疽病、白粉病、锈病、轮纹病等
其他杀菌剂	溴菌清	炭特灵、休菌清	25%可湿性粉剂，25%乳油	低毒	炭疽病、褐腐病、白腐病等
	菌毒清	环中菌毒清、菌必净	5%水剂	低毒	腐烂病、轮纹病、根部病害、炭疽病等
	双胍辛胺	双胍辛胺、别腐烂、派克定、百可得	25%水剂，3%糊剂（涂布剂），40%可湿性粉剂	中等毒性	果实腐烂病、落叶病、黑痘病等

农药类型	常用名	又名	常用剂型	毒性	防治对象
其他杀菌剂	霜脲氰	清菌脲、霜疫清、菌疫清	10%可湿性粉剂	低毒	霜霉病、白粉病、霜疫霉病等
	嘧菌酯	阿米西达	25%悬浮剂	低毒	霜霉病、白粉病、枝枯病、黑腐病、褐斑病、轮纹病。苹果果实生长期喷雾，果实无病斑
	银果	绿帝、银泰	10%乳油，20%可湿性粉剂	低毒	黑星病、白粉病、腐烂病、轮纹病等
复配杀菌剂	腈菌唑·代森锰锌	仙生	62.25%可湿性粉剂	低毒	黑星病、白粉病、落叶病、黑斑病、疮痂病、炭疽病等
	代森锰锌·波尔多液	科博	78%可湿性粉剂	低毒	落叶病、白粉病、黑斑病、褐斑病等
	噁霜灵·代森锰锌	噁霜锰锌、杀毒矾	64%可湿性粉剂	低毒	褐斑病、黑腐病等
	烯酰吗啉·代森锰锌	安克锰锌、安克	69%可湿必粉剂、69%水分散颗粒剂	低毒	霜霉病、疫霉病等
	多菌灵·代森锰锌	多·锰、多·代	40%可湿性粉剂	低毒	轮纹病、黑斑病、黑星病、褐腐病、疮痂病等
	霜脲·锰锌	克露、克抗灵	72%可湿性粉剂	低毒	霜霉病等
	乙膦铝·锰锌	乙锰	70%可湿性粉剂	低毒	落叶病、霜霉病等

农药类型	常用名	又名	常用剂型	毒性	防治对象
复配杀菌剂	甲霜灵·锰锌	雷多米尔锰锌、瑞毒霉锰锌	58%可湿性粉剂	低毒	霜霉病、白粉病、炭疽病、干腐病等
	福美双·多菌灵	福·多、葡灵	40%、50%可湿性粉剂	低毒	白腐病、炭疽病、霜霉病、黑星病等
	多菌灵·硫黄	多·硫、多菌灵Ⅱ、灭病威	40%、50%悬浮剂	低毒	轮纹病、白粉病、灰霉病等
	多菌灵·井冈霉素	多井悬浮剂	28%悬浮剂	低毒	黑星病、褐枯病、黑痘病等
	甲基硫菌灵·福美双	甲·福、福·甲、甲硫·丰米	70%可湿性粉剂	低毒	轮纹病、炭疽病、早期落叶病、霉心病、白粉病等
	甲基硫菌灵·硫磺	混杀硫	50%悬浮剂、70%可湿性粉剂	低毒	白粉病、霉心病、轮纹病、炭疽病、黑星病、褐腐病等
	硫菌·霉威	抗霉威、克得灵	65%可湿性粉剂	低毒	黑星病、灰霉病等
	炭疽福美	锌双合剂	80%可湿性粉剂	低毒	多种果树上的炭疽病
	百菌清·福美双	百·福	70%可湿性粉剂	低毒	炭疽病、白腐病、霜霉
	宝丽安·克丹	多克菌	65%可湿性粉剂	低毒	落叶病、灰霉病、炭疽病等
	甲霜灵·二羧酸铜	甲霜铜、瑞毒铜	40%可湿性粉剂	低毒	霜霉病等

农药类型	常用名	又名	常用剂型	毒性	防治对象
复配杀菌剂	腐植酸·铜	腐植酸·硫酸铜、843 康复剂	2.12%、2.2%、3.3%水剂	低毒	腐烂病等
	春雷霉素·王铜	加瑞农	47%、50%可湿性粉剂	低毒	炭疽病、白粉病、霜霉病等
微生物源杀菌剂	春雷霉素	春日霉素、加收米	2%液剂、2%、4%可湿性粉剂、0.4%粉剂	低毒	溃疡病、脚腐病等
	井冈霉素	多效霉素	5%、10%水剂,10%、12%、15%、17%、20%水溶性粉剂	低毒	轮纹病、褐斑病、缩叶病、立枯病等
	多抗霉素	多氧霉素、宝丽安、多效霉素、多克菌	2%、3%、5%可湿性粉剂、10%、3%水剂	低毒	斑点落叶病、黑星病、灰霉病等
	农抗120	抗霉菌素120、120农用抗菌素、	2%、4%水剂	低毒	轮纹病、斑点落叶病、炭疽病、白粉病、疮痂病等
	中生菌素	克菌康、农抗751	1%水剂,3%可湿性粉剂	低毒	轮纹病、落叶病、炭疽病、黑点病、穿孔病等
	链霉素	农用硫酸链霉素、农用链霉素	72%、10%可湿性粉剂	低毒	穿孔病、溃疡病等

农药类型	常用名	又名	常用剂型	毒性	防治对象
植物生长调节剂	赤霉素	九二O、GA	10%、85%粉剂，40%水水溶性乳剂	无毒	打破休眠、促进种子发芽、果实早熟、调节开花、减少花果脱落、延缓衰老、保鲜等
	氯吡脲	吡效隆、施特优、CPPU	0.1%溶液	对人畜安全	促进植物细胞分裂、分化和器官形成、增强抗逆性、抗衰老、促进果实膨大、诱导单性结实等
	乙烯利	一试灵、催熟剂	40%水剂	低毒	调节植物生长、发育，促进果实成熟，加快叶片、果实脱落、促进植株矮化等
	多效唑	PP$_{333}$、氯丁唑	15%可湿性粉剂	低毒	抑制根系和植株生长，抑制顶芽生长、促进侧芽萌发和花芽的形成，提高坐果率，增强抗逆性等
	抑芽丹	青鲜素、马来酰肼	25%钠盐水剂、50%可湿性粉剂	低毒	暂时性植物生长抑制剂，抑制细胞分裂，控制芽和枝梢的生长
除草剂	草甘膦	镇草宁、草克灵、农达、奔达、飞达、罗达普、农旺、春多多	5%、10%、31%、41%、65%水剂，50%可溶性粉剂	低毒	杀草谱广，可灭除禾本科、莎草科、阔叶杂草及藻类、蕨类和灌木等

农药类型	常用名	又名	常用剂型	毒性	防治对象
除草剂	噁草铜	噁草灵、农思它、G－315、RP－17623	12%、25%乳油	低毒	一年生禾本科及阔叶杂草等
	灭草松	排草丹、苯达松、噻草平、百草克、百草丹	25%、48%水剂，50%可湿性粉剂，10%颗粒剂	低毒	多年生的莎草科杂草和阔叶杂草等
	萘氧丙草胺	大惠利、草萘胺、敌草胺、萘丙酰草胺	50%可湿性粉剂、20%水剂，10%颗粒剂	低毒	一年生禾本科、莎草科和阔叶杂草
	异丙甲草胺	都尔、甲氧毒草胺、杜耳、稻乐思、屠莠胺	50%、72%、96%乳油	低毒	一年生禾本科、阔叶杂草和碎米莎草等
	吡氟禾草灵	稳杀得、氟草除、氟草灵、吡氟丁禾灵	15%、25%、35%乳油	低毒	一年生和多年生禾本科杂草
	乙氧氟草醚	果尔、割地草、杀草狂、乙氧醚、割草醚	23.5%、24%乳油，24%粉剂，0.5%颗粒剂	低毒	莎草科、禾本科和阔叶杂草
	稀禾定	拿捕净、乙草丁、西杀草、禾莠净、硫乙草灭	20%乳油，12.5%机油乳剂	低毒	一年生和多年生禾本科杂草等
	氟乐灵	特福力、氟利克、氟特力、茄科宁	24%、48%乳油，2.5%、5%、50%颗粒剂	低毒	一年生禾本科杂草、种子繁殖的多年生杂草、阔叶草等
	茅草枯	达拉朋	60%、65%钠盐，85%可湿性粉剂	低毒	禾本科杂草